U0215135

从树上到人间

黄之题

菌中之王白桦茸

徐向群 著

浙江科学技术出版社·杭州

图书在版编目(CIP)数据

从树上到人间:菌中之王白桦茸/徐向群著.

杭州:浙江科学技术出版社,2024.8.(2024.10重印)

——ISBN 978-7-5739-1310-4

Ⅰ.Q949.32

中国国家版本馆CIP数据核字第2024H10Y46号

书　　名　从树上到人间:菌中之王白桦茸
著　　者　徐向群

出版发行　**浙江科学技术出版社**
　　　　　地址:杭州市拱墅区环城北路177号　邮政编码:310006
　　　　　办公室电话:0571-85176593
　　　　　销售部电话:0571-85176040
　　　　　E-mail:zkpress@zkpress.com
排　　版　杭州兴邦电子印务有限公司
印　　刷　浙江海虹彩色印务有限公司

开　　本　710 mm×1000 mm　1/16　　印　　张　24.5
字　　数　338千字
版　　次　2024年8月第1版　　　印　　次　2024年10月第2次印刷
书　　号　ISBN 978-7-5739-1310-4　定　　价　78.00元

责任编辑　刘　丹　　**责任校对**　张　宁
责任美编　金　晖　　**封面设计**　严予隽　　**责任印务**　吕　琰
如发现印、装问题,请与承印厂联系。电话:0571-85095376

著 者 简 介

徐向群，浙江理工大学生命科学与医药学院教授。厦门大学生物化学学士，浙江医科大学（现浙江大学医学院）生物化学硕士，英国 University of Keele 生物医学工程博士，英国 Cranfield University 生物技术博士后。英国 University of Surrey 国家公派访问学者，美国 University of California, Irvine 高级访问学者。

获得国家科学技术进步奖二等奖，获得中国授权发明专利7项，发表学术论文80余篇，学术论文被引2000余次，H指数26。连续五年入选 Elsevier（爱思唯尔）中国高被引学者。

2024年9月，在由美国 Stanford University 和 Elsevier 数据库发布的第七版《全球前2%顶尖科学家榜单》中，入选全球前2%顶尖科学家"终身科学影响力榜单"和"年度科学影响力榜单"。

自我实现者的创造性首先强调的是个性，而不是它的成就。它强调的是个性品质，如大胆、勇敢、自由、主动、清晰、融合、自我认可等。

　　自我实现者的创造性像放射一样，是"散发"出来的；它还像一个快乐的人，无论什么问题，都会散发出快乐，没有目的，没有心机；它又像阳光一样散发出来，遍布各地，使万物生长，同时，也照射在岩石和其他没有生命的东西之上。

　　——摘自亚伯拉罕·马斯洛等著的《人的潜能和价值》

前　言

　　从我开始接触白桦茸（学名为桦褐孔菌）算起，已过了 **18** 年。这些年来，在命运天启般的召唤下，我乐此不疲研究白桦茸，我是幸运的，感谢这期间得到了政府和许多朋友的支持。

　　我越研究，越发现白桦茸的应用前景无限。白桦茸有多种用途，除了可以应用于健康产业，还可以应用于环保产业，以及其他许多产业，称它为"菌中之王"一点不为过。但是就目前来说，研究白桦茸的人太少了，一个人的力量毕竟有限，独木不成林，我希望有更多的人来了解白桦茸，进一步研究白桦茸，并积极把研究成果转化为好的产品，让白桦茸尽早造福人类。因此，我一直有个念头，就是写一本关于如何进行白桦茸研究的科普书，这或许是一个可行的好办法。

　　但一直以来工作忙碌，我没有时间实现它。直到今年初春的一个机缘，在中国经历抗疫三年迎来春天之际，梁宗锁教授（浙江理工大学生命科学与医药学院院长）、盛清教授积极建议我写一写白桦茸，他们的热情让我下定了决心。

　　我要感谢王河金董事长（浙江吉天合堂中医药研究院），他出生在长白山脚下，是一位土生土长的药材专家，在人参等细贵药材领域深耕数十年，特别是他在俄罗斯的 **10** 年，收集了许多野生白桦茸进行研发，并将其出口到日本、韩国。因此，他对野生白桦茸的功效非常熟悉。当他听闻我有写书的想法，就毫不犹豫地资助本书的出版，我深表感谢。

也要感谢西泠印社社员、浙江省书法家协会原副会长、著名书法家骆恒光先生为本书书名"从树上到人间"题字。

还要感谢浙江科学技术出版社领导们的真切关心和相关人员的辛勤劳动；感谢所有在我实验室度过青春时光的研究生们。

最后至高无上的感谢要给我家人，感谢我父母对我寄予厚望，感谢他们在我幼小心灵里种下成为科学家的种子，并精心培育终成一棵不畏艰难的白桦树。感谢我生命中的另一半严先生和我亲爱的女儿保莲，他们细水长流的精神支持和静水流深的点滴关心，让我活在爱中，成为自在的行者，心无旁骛，一心徜徉在对未知世界的探索中、随性而为、其乐无穷，直至独立舒展、云淡风轻，有时间欣赏沿途景色，慢下来体味生命真谛。

感谢自己在漫长的岁月中，努力把真诚的爱写成诗句！

徐向群于杭州

2023 年 10 月

目　录

第一章　从初识到恋上白桦茸 　　001

第一节　初识白桦茸 　　002

第二节　恋上白桦茸 　　009

第二章　培养与野生 　　019

第一节　发酵工程的前世今生 　　020

第二节　微生物来源药物的发现 　　022

第三节　菌丝体潜水培养 　　026

第四节　营养与环境 　　028

第五节　野生多糖与发酵多糖 　　037

第六节　野生多酚与发酵多酚 　　053

第七节　野生三萜与发酵三萜 　　072

第八节　总结 　　096

第三章　杂食与偏食　097

第一节　液体培养桦褐孔菌能否消化木质纤维素　099

第二节　尝试用五种农作物副产物作为碳源　102

第三节　探索胞外液多种单糖的产生　108

第四节　探究正邪两赋的羟基自由基　113

第五节　杂食对桦褐孔菌活性多糖积累的促进作用　122

第六节　杂食能否促进桦褐孔菌产生高活性多酚类
　　　　化合物　144

第七节　杂食能否同时提高桦褐孔菌多糖和多酚产量　187

第八节　杂食对桦褐孔菌产生三萜的影响　192

第四章　调节与促进　197

第一节　促进剂对液体发酵桦褐孔菌合成和释放多糖
　　　　的作用　200

第二节　促进剂对液体发酵桦褐孔菌合成和释放多酚
　　　　的作用　212

第三节　诱导剂对液体发酵桦褐孔菌合成三萜的作用　230

第四节　促进剂和木质纤维素对桦褐孔菌合成多糖的
协同作用　241

第五节　表面活性剂对桦褐孔菌降解木质纤维素的
作用　260

第五章　大显身手降解酶　271

第一节　液体发酵桦褐孔菌木质纤维素降解酶的产生　275

第二节　表面活性剂提高液体发酵桦褐孔菌木质纤维素
降解酶活性　281

第三节　固体发酵桦褐孔菌木质纤维素降解酶的产生　288

第四节　绿色氧化反应提高桦褐孔菌木质纤维素降解酶
活性　294

第五节　桦褐孔菌纤维素酶的固体发酵制备工艺　301

第六章　变废为宝万能菌　317

第一节　桦褐孔菌降解木质纤维素及麦秆饲料转化　320

第二节　桦褐孔菌发酵提高杜仲胶提取率和糖化效率　332

第三节　桦褐孔菌发酵促进杜仲叶有效成分释放　342

第四节　绿色氧化反应－桦褐孔菌固体发酵联合提高

　　　　秸秆糖化效率　　　　　　　　　　　　　　348

第五节　桦褐孔菌发酵在笋竹绿色资源化利用中的

　　　　应用　　　　　　　　　　　　　　　　369

第一章

从初识到恋上
白桦茸

第一节 初识白桦茸

2005年暑期，我应邀到吉林长春参加了一个国际会议。这是2003年秋我回到浙江理工大学任教授以来，第一次去北方出差。之前，在英国经历了5年国家公派访问、博士、博士后研学生活，回国后担任学校的教学和研究工作，我一直都是忙忙碌碌的，不得空闲，所以，当时就想好要借此次机会，去好好感受一下北国风光。

在朋友的陪同之下，我第一次见识了一个南方人想象中浪漫的白桦林，见识了长白山白桦树上多情的眼睛。

据朋友说，我们的运气很好，不是所有人都可以见到树上长着的树瘤，远远望去，它黑不溜秋的，近距离看，奇形怪状的，但它竟然有一个好听的名字——白桦茸，因它的寄主而得名。

这次与白桦茸的偶遇，让我感叹大自然的奇迹，也开启了我对白桦茸世界近20年的好奇探秘之旅。

一、互惠互利菌根真菌

白桦茸从得天地之精华的白桦树上来到人间，对人类来说是一种珍稀食药用真菌，所以，先来说说真菌吧。

真菌是个大家族，它是自然界不可或缺的组成部分。真菌被认为是低等植物，但它们实际上更接近动物。真菌不会像植物那样从阳光中获取能量，而是像动物一样需要觅食。然而，真菌往往是慷慨的，它在摄取养分的时候也为周边的生物创造生存空间。这是因为真菌营细胞外消化，会把消化酶排出体外，将食物分解成营养物质。

从菌根真菌的角度来看，它的目标是一顿美餐，依赖于从植物根部摄取碳水化合物，但它不完全是自私的，它又促进了植物生长。真菌（和细菌一起）创造植物生长的土壤，同时真菌也消化木材，否则，朽木将永远堆积在森林里。真菌将它们分解成营养物质，这些营养物质可以被循环利用于创造新的生命。因此，真菌是世界的建设者，为自己和其他生物塑造环境。

当1945年广岛被原子弹摧毁时，据说先从一片废墟中出现的生物就是松茸，一种生长在森林中的野生珍贵菌菇。所谓菌菇，就是真菌的子实体，子实体产生孢子就像植物产生种子一样，是一种繁殖行为。被人类当作美味珍馐或药物的部位都是菌菇的子实体。

世界上许多颇受欢迎的菌菇，如牛肝菌、鸡油菌、松露，还有松茸，都是外生菌根真菌产生的子实体。

它们如此美味，但人类很难培植，因为它们与宿主共同茁壮成长。在松树林的土地上，寻找和采摘松茸是充满乐趣的。

二、植物杀手木腐菌

与需要寻寻觅觅的松茸不同，有一类真菌的子实体显而易见，它们不同于寄生在树根的外生菌根真菌，它们生长在活立木、枯立木、倒木和腐木上，被称为木腐菌。

木腐菌不像外生菌根真菌与宿主是互惠互利的关系，它被称为植物杀手。

木腐菌包括多种真菌，它们的孢子落在木材上萌发形成菌丝，菌丝生长蔓延，分解木材细胞作为养料，因而造成木材腐朽。

菌丝密集交织时，肉眼可见，呈分枝状、块状、片状、绒毛状或绳索状等，以后发展到一定阶段形成子实体，子实体能产生亿万个孢子（如同高等植物产生种子），孢子数量巨大且小而轻，能随气流飘到任何角落。每个孢子发芽后形成菌丝，又可以蔓延而危害木材。

木腐菌通过孢子繁殖，速度惊人，因此杜绝木材染菌极困难。

木腐菌借助菌丝体在木材内蔓延，菌丝端头能分泌胞外酶，分解木材细胞壁组织中的纤维素、半纤维素和木质素，使长链大分子断裂，同时还能消化胞腔中的内含物的淀粉、葡萄糖等，使木材组织腐朽。

根据所利用成分和造成结果的不同，木腐菌可分为白腐菌、褐腐菌、软腐菌。

白腐菌在使木材腐朽过程中同时破坏多糖（纤维素、半纤维素）和木质素，在一定条件下将上述成分全部降解为二氧化碳和水。

木腐菌引起树木或木材腐朽，可以说它是有害的大型真菌，然而有害和有益往往是相对的。木腐菌被视为森林清洁工，它们能使枯枝、落叶分解，归还于大自然，参与物质循环，同时促进森林树木的新老更替，维持生态平衡。

特别是白腐菌，它是地球生物化学循环的重要组成部分，在环境保护等方面具有重要作用。

三、与众不同的白桦茸

为什么我当时对白桦树上的树瘤非常感兴趣，是因为从真菌学角度来说，它属于木腐菌中的白腐菌，正好在我的研究范畴之内。并且，我敏感地意识到，与其他我已知的木腐菌相比，白桦茸是如此的与众不同。

除了在中国东北（长白山、大兴安岭等地）能发现它的身影，它在俄罗斯西伯利亚、日本北海道、北欧东欧、北美阿拉斯加等北纬45°～50°极寒地区零下30 ℃的低温原始森林之中都能被发现，寄生树种有白桦、银桦、榆木、赤杨等，以白桦为主要宿主。

白桦茸孢子通过白桦树树皮上的伤口侵染，刺入活立木树干之后数年，可以产生粗糙且形状不规则、表面有裂纹、棕黑色的菌核（不育子实体，见图1-1）。

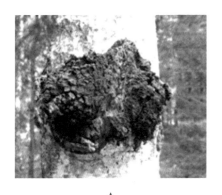 

A   B

图1-1 生长在白桦树上的白桦茸菌核

菌核内部由非常致密的带黄纹的鼻烟色菌丝体构成。菌核生长非常缓慢，需要10～15年直径才能达到10 cm左右，在树龄长的树木上，直径可达50 cm以上。

经过多年后，宿主树木死亡，有性阶段的一年生子实体出现，这个阶段的子实体几乎不长在活立木上，而是在温暖季节的腐烂物中发育，形成非常庞大的子实体，长度可达3～4 m、宽度达50 cm左右，而且会迅速被昆虫吃掉，这被认为是除了风之外主要的孢子传播载体。担孢子是白桦茸的生殖细胞，飘落到白桦树上，萌发出菌丝，菌丝进一步发育形成菌核，然后形成子实体，子实体发育的后期分化出担子层，每个担子上又产生担孢子。这个由孢子到孢子的过程就是白桦茸不凡的生活史（见图1-2）。

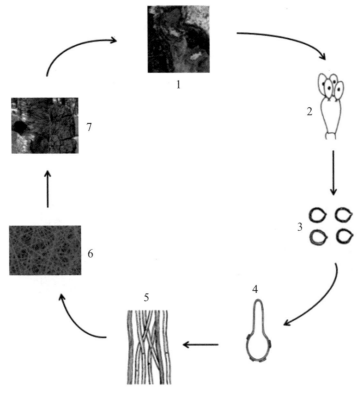

1. 成熟白桦茸子实体切面；2. 成熟担孢子；3. 担孢子；4. 担孢子的萌发；5. 菌丝体的形成；6. 菌丝体紧密缠绕形成菌核；7. 白桦活立木上的白桦茸菌核。

图1-2 白桦茸的生活史（模式图）

与传说中长在悬崖峭壁上的仙草——灵芝相比，白桦茸的求生更为艰难。灵芝孢子是飘落到朽木等适合菌丝萌发生长的地方，而白桦茸偏偏选择长在坚硬的白桦树上，并且不是死亡腐朽的树木上，而是生机盎然的白桦树活立木上。我很好奇白桦茸是如何突破或破坏有生命的白桦树细胞壁屏障求生的。

灵芝生长在15～35 ℃的温暖环境中，是一年生真菌，而白桦茸的生存环境极端恶劣，极寒且季节性温差给它的萌发和生长带来了很多的困难，导致它生长极其缓慢。但也许正是这种低温环境下的多年生长过程，逐渐积累天地之精华，让它表现出来的活性极强。

灵芝可以在段木或人工培养基上进行人工栽培，而白桦茸至今没有被人类成功驯化，它的菌核或子实体，是一种无法通过人工栽培得到的珍稀食药用菌。两者更详细的不同，见表1-1。

表1-1 白桦茸与灵芝特性比较

菌类	形态特征	分布范围	生长环境	生长周期	人工栽培	药用部位	主要有效成分
白桦茸	菌核直径可达25～50 cm，子实体长度可达3～4 m，宽度达50 cm左右	中国东北、日本北海道、俄罗斯西伯利亚、北欧东欧、北美阿拉斯加	低温性菌，-30 ℃能生长	菌核多年生，子实体一年生	未实现	菌核	多糖三萜（桦褐孔菌醇、白桦脂醇、栓菌酸等）多酚、黄酮
灵芝	大型个体的菌盖为20 cm×10 cm、厚约2 cm，一般个体为4 cm×3 cm，厚0.5～1 cm	中国普遍分布，欧洲、美洲、非洲、亚洲东部有量产	高温性菌，15～35 ℃均能生长，适温为25～30 ℃	子实体一年生	段木栽培、袋栽培	子实体孢子	灵芝多糖灵芝三萜（灵芝酸等）

四、研途缘定白桦茸

通过文献检索，我了解到，平均每2万棵桦树上大约只有1棵生长着白桦茸，故而其自然资源十分稀缺。

在极寒严苛环境下生长的冬虫夏草、天山雪莲，它们的药用价值一直被各国学者推崇，而白桦茸生长的环境温度比它们还要低。所以我当时猜想，能承受如此低温的白桦茸，是否能积聚更多的功能成分，具有更好的药用前景？

我被这样的一种真菌所吸引，尤其是了解到，"野生白桦茸的成年菌会吸干桦树等寄主的精华，导致树木干枯"，则让我更加渴望探索它的奥秘。我的科研生涯，从此缘定白桦茸。

研究白桦茸的药用价值和功能成分、解决白桦茸野生资源枯竭与人类对天然药物需求之间的矛盾，让白桦茸的独特之处为世人知晓，就这样成了我接下来20年一直在做的事情。这个过程充满挑战，且喜且忧，我先生将它总结为"恋上白桦茸"。

第二节　恋上白桦茸

一、咖啡味的民间药物

民以食为天，食以愉悦味蕾为先。我很好奇，既然它被称为白桦茸，是否像松茸一样是舌尖上的美味？我饮用白桦茸水煎剂或浸泡长达八年之久的白桦茸浸液，尝到了略带苦味、类似咖啡的味道，但随后就甘之如饴。

千年前，西伯利亚人就尝过白桦茸煎剂和浸液，对于饥渴的猎人和伐木工人来说，白桦茸水被用来代替茶饮用，成为天然而奢侈的古代饮料。据记载，饮用白桦茸水可以缓解饥饿、消除疲劳、恢复精神、提高工作效率，故白桦茸又被称为桦褐灵芝、西伯利亚灵芝。

白桦茸是否像灵芝一样能强身健体，成为人们的养生保健佳品呢？带着这个疑问，我查阅了相关文献，了解到白桦茸作为民间药物颇有传奇色彩。

早在公元12世纪，俄罗斯文献就记载了白桦茸煮水喝治好了一位俄罗斯大公的唇癌。从16世纪开始，在东欧，尤其是俄罗斯，白桦茸是被用作治疗癌症、糖尿病、心脑血管疾病和消化道疾病的传统民间药物。

白桦茸在亚洲（中国、日本、韩国等国）是被公认的对糖尿病、传染性疾病及多种癌症具有神奇疗效的传统民间药物。

诺贝尔文学奖获得者 Alexander Solzhenitsyn（1970 年获奖）的一部著名小说中有这样一段描述："有一俄罗斯村庄，多年来熬一种气味和色泽类似咖啡的白桦茸，结果村庄里无一人得糖尿病、肠癌及胃癌。"

这样的描述大大加速了白桦茸的传播。自 20 世纪中叶起，白桦茸不仅成为西伯利亚人眼中的"西伯利亚灵芝"，而且开始在全世界受到瞩目。白桦茸被制成茶煎剂、气雾剂、抗菌肥皂，用于抗寄生虫、抗结核、抗炎，以及治疗肠胃、心脏和肝脏疾病。

二、学界对白桦茸的认知

国内较早关注白桦茸的专著是 1980 年出版的《真菌与人》，书中提到了"桦褐孔菌能复活人体免疫力，对多种肿瘤有抑制作用，并能治疗糖尿病"；在我国出版的《中国抗肿瘤大型药用真菌图鉴》中，详细记载了白桦茸增强人体免疫力、抗肿瘤的功效。为了与文献中对白桦茸的称呼保持一致，下文中我们统一称白桦茸为桦褐孔菌。

2015 年由 Springer 出版的系列丛书的 *Emerging Bioresources with Nutraceutical and Pharmaceutical Prospects* 中专门介绍桦褐孔菌，明确指出它富含具有生物活性且结构多样的天然物质，是独特的生物资源。

2017 年《中药新药与临床药理》期刊刊登《它可不是一种普通的药用真菌——桦褐孔菌》一文，系统介绍了传统中药野生桦褐孔菌的十大功效。

其实早在 1955 年，苏联政府就批准了桦褐孔菌用于医药品开发，莫斯科医科院宣布桦褐孔菌为抗癌物质。

之后，日本把桦褐孔菌作为肝癌、艾滋病和 O-157 大肠杆菌中毒的治疗剂。

美国纪念斯隆-凯特琳癌症中心的临床实践表明，桦褐孔菌是一种安全、有效的预防药物。

中国著名菌物学家魏江春院士指出，受俄罗斯人青睐的桦褐孔菌等大型药用真菌，是有利于人类健康的宝贵资源，呼吁要重视与灵芝有亲缘关系的大型真菌，它们含有抗癌多糖以及多种多样有利于健康的活性物质。

大医菌方首席科研专家张文彭教授指出，桦褐孔菌与灵芝、茯苓一样同属于药用真菌，它是被遗忘千年的"菌王"，是深藏在极寒地带的妙药，是慢性疾病的"克星"。结合自己近 30 年的应用体会，从中医理论来看，张文彭教授认为："桦褐孔菌味微苦，性偏凉；功效以扶正为主，体现在具有一定的益气养血、滋阴生津、健脾和胃、滋肝补肾及养心安神作用；兼以祛邪，体现在具有一定的清热解毒、疏肝解郁、活血散结作用。"

从上文可以看出，无论是居住在西伯利亚的人还是世界各国的专家学者，都已经通过实践证明了，桦褐孔菌确实具有多种多样有利于人体健康的活性物质。

桦褐孔菌历经风霜雨雪，吸收天地之精华，产出了许多活性物质，这些活性物质具有神奇的功效。那么这些活性物质是什么呢？

三、满腹宝藏的白桦茸

在世界药物研究趋势由化学合成药物转向天然药物的今天，人们对"生物活性多糖"的研究方兴未艾。

自 20 世纪 60 年代末报道了"香菇多糖"的抗肿瘤活性以后，全世界兴起了从真菌中寻找抗肿瘤药物的热潮。

为了寻找新的、低毒的抗肿瘤物质，人们从各种不同的生物来源获得了许许多多不同的"多糖及其衍生物"。

我由此推测，既然"生物活性多糖"是有效的，那么，是否可以从生物学活性的角度来选择桦褐孔菌的成分（见表1-2），作为研究方向呢？

表1-2　桦褐孔菌的生物学活性与成分

生物学活性	成分
抗癌、抗炎、抗病毒、抗氧化、免疫调节、降血糖、降血脂、保护肝脏等	多糖
抗氧化等	多酚
抗癌、抗炎、抗病毒、抗氧化等	三萜

由此，我把目光聚焦到了具有"生物学活性"的多糖、多酚和三萜上。

（一）此糖非彼糖的真菌活性多糖

何为多糖？人们每天吃的米面所含的淀粉、蔬菜和杂粮所含的膳食纤维都是多糖类化合物，即由10个以上单糖通过糖苷键连接而成的聚合物。构成它们的单糖都是葡萄糖，只是糖苷键不同，前者的葡萄糖通过α-糖苷键连接，后者的葡萄糖由β-糖苷键连接。

在"谈糖色变"的现代社会，碳水化合物已然成为健康大敌。高糖高脂饮食导致诸多文明病，特别是升糖指数高的碳水化合物如精制米面、加工淀粉食品、蔗糖、果糖等的过多摄入是糖尿病等代谢综合征的罪魁祸首，这些糖类物质在体内被淀粉酶和α-糖苷酶快速降解成单糖后吸收而升高血糖。被称为人类第六类营养素的膳食纤维，因人体不产生β-糖苷酶而不会降解纤维素，所以人类食用纤维素不会直接引起血糖升高。

不同于淀粉和纤维素这类结构多糖，真菌多糖被称为活性多糖，此糖非彼糖。在化学组成上，它往往不是单一的葡萄糖，而是杂多糖，即由几种单糖构成，而且可以由 α-糖苷键或 β-糖苷键连接而成。在功能上，它不作为植物或真菌结构而存在，而是真菌的次生代谢产物，参与真菌的"防御工事"，并意外地也能为人类所用，参与人体的免疫调节。

目前，很多含有食用菌成分的降血糖药物，被研发并进入医疗市场。如舞茸（也叫灰树花）提取物，是美国非处方药市场上常见的增强机体免疫力和预防糖尿病的药物。它是从食用菌中分离得到的，含有 β-D-1，3-葡聚糖和 β-D-1，6-葡聚糖的多糖类药物，在1998年被美国食品和药物管理局（FDA）作为"试验性新药（IND）"正式批准进入医疗市场。

到目前为止，科学界已对100余种植物和微生物的多糖进行了活性研究，香菇多糖、猪苓多糖、云芝多糖、灵芝多糖等一批质量稳定、疗效确切、毒性和不良反应小的多糖类新药已用于临床。

桦褐孔菌多糖非单一组分，而是由多种物质构成，包括甘露聚糖、葡聚糖、杂多糖、糖蛋白和多糖肽等物质共同组成的高分子聚合物；相对分子量为13.6～48.8 kDa不等，低分子量多糖具有溶解性好、活性强的优点；单糖组成包括葡萄糖、甘露糖、半乳糖、鼠李糖、阿拉伯糖、木糖等；存在 α 型糖苷键和 β 型糖苷键；化学结构呈现为致密球状、分支状、细长棒状等。

高级结构的复杂性决定了生物活性的多样性，因此，桦褐孔菌多糖在抗氧化、降血糖、抗癌、增强免疫力等方面，均呈现出了优秀的性能，预计在食品、化妆品、保健品和医药领域都具有很好的应用潜力。

目前被称为天然胰岛素的桦褐孔菌多糖产品见表1-3。

表1-3　目前面市的桦褐孔菌多糖产品

产品	功效
保健品	降血糖
保健品	提高免疫力
保健品	降血糖
茶	提高免疫力
茶	提高免疫力，抗氧化
药酒	-

（二）多酚类化合物

多酚类化合物是指分子结构中有若干个酚性羟基的化合物总称，主要包括黄酮类、酚酸类、木脂素、芪类、单宁和鞣质类等。

多酚是具有潜在促进健康作用的抗氧化剂。流行病学研究证实，人类慢性和代谢疾病的发生率与黄酮类化合物的摄入呈负相关。国际上市售的多酚类制品包括茶多酚、甘草油性提取物、洋葱提取物、大豆多酚、杨梅提取物、蓝莓提取物、葡萄籽提取物、生苹果提取物、松树提取物、月见草提取物、紫花地丁提取物、甜菜多酚等。

多酚中黄酮类化合物数量最多。黄酮类化合物对于植物、真菌具有多种重要的生物功能，如抵御寒冷、紫外辐射和病虫害。这让我联想到桦褐孔菌的生存环境，可以很好地解释桦褐孔菌富含黄酮类化合物，而灵芝不含黄酮类化合物的原因。

桦褐孔菌含有丰富的多酚，包括小分子酚酸类化合物（没食子酸、咖啡酸、阿魏酸、原儿茶酸、对香豆酸等）、黄酮苷元（柚皮素、山奈酚、异鼠李素、木犀草素等）和黄酮苷（柚皮苷、芦丁、柚皮芸香苷等），黄烷醇类化合物表没食子儿茶素没食子酸酯（EGCG）和表儿茶素没食子酸酯（ECG），亦是茶多酚中的主要有效成分，以及styrylpyrone多酚。部分化合物结构式见图1-3。

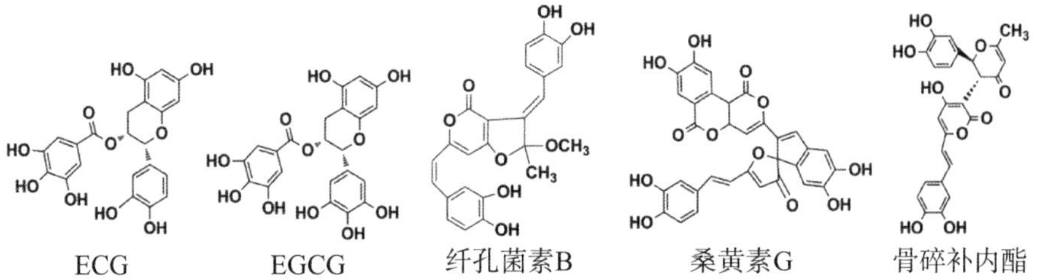

ECG　　　　EGCG　　　纤孔菌素B　　　桑黄素G　　　骨碎补内酯

图1-3　桦褐孔菌几种多酚类化合物的结构式

桦褐孔菌多酚和黄酮类化合物都是强自由基清除剂，具有很强的生物学活性。

（三）特有的桦褐孔菌三萜

三萜类化合物是一类基本母核由30个碳原子所组成的萜类化合物，其结构根据异戊二烯定则可视为6个异戊二烯单位的聚合体。它们以游离形式或者以与糖结合成苷的形式存在，被称为三萜皂苷，如人参中的主要功效成分人参皂苷。

目前已发现的三萜类化合物，多数为四环三萜和五环三萜。四环三萜大部分具有环戊烷骈多氢菲的基本母核；母核的C-17位上有一个由8个碳原子组成的侧链。

桦褐孔菌含有多种三萜类成分，是其抗肿瘤、抗炎、抗突变、抗病毒的主要活性成分，多以四环三萜分类中的羊毛脂烷型三萜类化合物为主。

这类羊毛脂烷型三萜类化合物绝大多数具有3-OH，C-8位上多含有双键，其典型化合物结构如图1-4所示。桦褐孔菌五种重要的三萜类化合物分别为桦褐孔菌醇、栓菌酸、3β-羟基羊毛甾-8，24-二烯-21-醛、羊毛甾醇、白桦脂醇（五环三萜）。

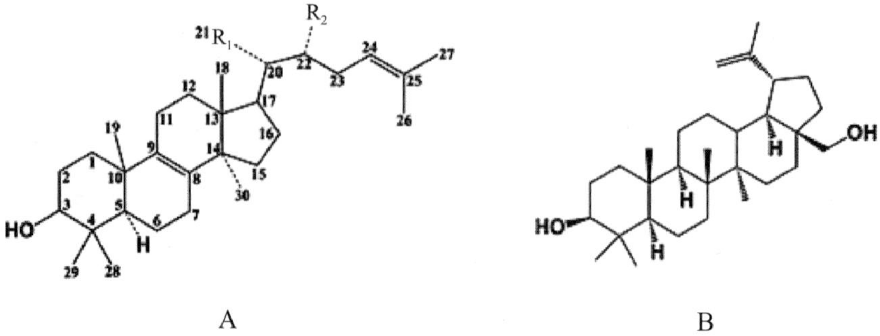

A. 四环三萜。化合物 1：桦褐孔菌醇，$R_1=CH_3$，$R_2=H$；化合物 2：栓菌酸，$R_1=COOH$，$R_2=H$；化合物 3：3β-羟基羊毛甾-8，24-二烯-21-醛，$R_1=$CHO，$R_2=H$；化合物 4：羊毛甾醇，$R_1=CH_3$，$R_2=H$。B. 五环三萜。化合物 5：白桦脂醇。

图 1-4　桦褐孔菌几种三萜类化合物的结构式

　　桦褐孔菌醇只在桦褐孔菌中被发现，是其特有的三萜类化合物，是桦褐孔菌所含三萜类化合物中研究较早的，也是三萜类化合物中功能活性研究较为明确的。

　　我又一次发现桦褐孔菌与灵芝的关系，即灵芝的主要功效成分灵芝酸和灵芝烯酸也属于四环三萜类中的羊毛脂烷型三萜类化合物，而且有研究表明，桦褐孔菌中的多种羊毛脂烷型三萜，其结构与功能性的关系可能与茯苓皮羊毛脂烷型三萜类似。

　　体外实验证明了桦褐孔菌三萜类化合物具有一定的抗癌功能，但是活体实验的缺乏使其抗癌性能并不明确，未来需要研究人员进行动物实验乃至临床试验才能准确评估桦褐孔菌三萜类化合物的抗癌功能。

四、研究任务任重道远

　　由于桦褐孔菌野生资源十分稀缺，自然生长周期漫长，采集不便，且极易受其生存环境的影响，又因它对土壤条件、森林类型、寄生树种要求较高，从而难以进行人工培育，故而在世界市场上桦褐孔菌的价格为桑黄（另一种珍贵药用真菌，已可以进行人工栽培）的2～3倍，是灵芝的7～8倍。桦褐孔菌野生资源在波兰已被列为保护品种。因此，桦褐孔菌资源的开发利用程度远不及灵芝、桑黄，目前桦褐孔菌尚未广泛应用于医疗及保健食品行业。

而且，尽管桦褐孔菌已经被研究了几十年，但与灵芝等真菌不同，尚有许多作用机制未明确，大多数抗癌、抗糖尿病研究还停留在实验室生物学活性确定阶段，对体内的作用机制的研究较少。

实现桦褐孔菌菌丝体的人工培养，既是降低成本、提高资源开发利用程度的迫切需要，也是研究桦褐孔菌生物作用机制的一个很好的机会。而生物作用机制的明确，对于桦褐孔菌的医用性、食用性研究将起到很大的促进作用。如果将来有人还能从临床验证角度齐头并进，那一定会在提高人类的生活质量与疾病治疗方面前进一大步。

所以，如何通过绿色生物制造技术实现桦褐孔菌的人工培育，同时探秘桦褐孔菌的作用机制，成了我科研生涯致力探索的主要方向。

第二章

培养与野生

第一节　发酵工程的前世今生

人类利用微生物发酵技术获取其代谢产物的历史非常悠久。自古人们借酒载悲欢、叙情仇，悲观者"百年愁里过，万感醉中来"，豁达者"人生得意须尽欢，莫使金樽空对月"，遇良友"酒逢知己千杯少"，别故人"悲欢聚散一杯酒，南北东西万里程"。这些说的都是"酒"的作用。那么"酒"的前世今生又是什么呢？这都源于一种微生物——酵母菌调动细胞中的多种酶，将酿酒原料中的糖类逐步分解，生成了酒精和二氧化碳，这个过程被称为"发酵"。

糖类是多羟基的醛类或酮类化合物，由碳（C）、氢（H）、氧（O）元素组成，在化学式的表现上类似于"碳"与"水"聚合，故又称之为碳水化合物，例如葡萄糖的化学分子式是$C_6H_{12}O_6$，水的化学分子式是H_2O，葡萄糖正好是6组CH_2O。酵母可以发酵的糖主要就是葡萄糖这样的六碳糖，也叫己糖，或者是两三个己糖单位组成的分子量更大一些的糖。六碳糖被酵母吸收后，先被逐步拆成两个三碳化合物，每个三碳化合物再逐步被分解成二碳化合物酒精，学名乙醇（C_2H_5OH）和一碳化合物二氧化碳（CO_2）。

水果、蜂蜜甜甜的，糖分自然不少，但谷物里的糖在哪里？其实谷物最主要的成分是淀粉。淀粉正是多个葡萄糖分子由一种叫作糖苷键的化学键连接而成的大分子。谷物酿酒工艺有的是利用糖化酶、淀粉酶（如酒曲中的曲霉菌、根霉菌、毛霉菌等霉菌分泌）使淀粉变成葡萄糖或者两三个葡萄糖串起来的糖，这个过程被称为"糖化"。现代生物技术可以利用纤维素酶水解、糖化纤维素产生葡萄糖（我们的研究详见第六章），被用于发酵制备生物乙醇或第二代乙醇。

工业上所称的发酵是泛指利用微生物细胞制造某些产品或净化环境的过程，发酵产品有四个主要类别：菌体本身、微生物的酶、微生物的代谢产物、将一个化合物经过发酵改造化学结构——生物转化产物。

第二节 微生物来源药物的发现

也许桦褐孔菌对人类病痛有一种无动于衷的冷酷，所以它用一种不寻常的"活法"，让人类无法轻而易举地获取桦褐孔菌菌核或子实体。

尽管当时我很想利用现代生物技术获得桦褐孔菌有效成分，但人工培养菌丝体替代野生菌核的想法要实现，犹如暗夜行船，前路充满未知数。

回顾从微生物获得药物的历史，青霉素有些偶然，而他汀则是有意识的探索。这两个事件的主角，都是真菌，这让我从心里认定，桦褐孔菌这种真菌一定蕴藏着巨大的潜力，通过生物技术获得桦褐孔菌的次生代谢产物，一定会造福人类。

一、结束传染病时代——青霉素

英国微生物学家亚历山大·弗莱明（Alexander Fleming）关注到一篇由 Bigger 等发表于 1927 年的金黄色葡萄球菌（*Staphylococcus aureus*，医院内导致交叉感染的主要致病菌）变异的研究文献。文献称，金黄色葡萄球菌在琼脂糖平板培养基上，经历约 52 天长时期室温培养后，会得到多种变异菌落，甚至有白色菌落。出于对该文的疑惑，弗莱明决定重复该文的发现。

1928年7月下旬，弗莱明将众多培养皿未经清洗即摞在一起，放在实验台阳光照不到的位置，就去休假了。9月3日，度假归来的弗莱明刚进实验室，其前任助手普利斯来串门，寒暄中问弗莱明这段时间在做什么，于是弗莱明顺手拿起顶层第一个培养皿准备向他解释，发现培养基边缘有一块因溶菌而显示的惨白色……由此，弗莱明发现了青霉素，并于次年6月发表《关于霉菌培养的杀菌作用》，最终他因此而获得诺贝尔奖。

青霉素的发现，结束了传染病几乎无法治疗的时代。这看似偶然，其实源于弗莱明的专业素养和怀疑精神。

而我从这个事件中看到的是，真菌的次生代谢物，让人类找到了一种具有强大杀菌作用的药物。

二、里程碑式的心血管药物——他汀

第一个发现他汀的是日本年轻的微生物学家远藤章，受青霉素发现事件的启示，远藤章和他的同事们在1971—1972年间筛选了多达6000种真菌菌株。他们认为，既然真菌和动物一样需要胆固醇来建立细胞膜，那么有可能真菌之间会通过干扰彼此的胆固醇合成来抑制和攻击对方，从而为自身赢得生存空间。

1972年，在经历一整年的重复实验和失败之后，在三共公司的耐心和投入都接近极限的时候，来自京都粮食店的一只发霉的橘子拯救了远藤章。他们发现发霉的橘子表面附着一种真菌——橘青霉（*Penicillium citrinum*），并从中提取出活性物质——美伐他汀。美伐他汀能抑制3-羟基-3-甲基戊二酸单酰辅酶A还原酶（HMG-CoA还原酶），使胆固醇的合成量减少50%！

美国默沙东公司对远藤章的研究非常关注。受远藤章的研究的启发，他们从成千上万的土壤样本中找到了新的他汀——洛伐他汀，并对洛伐他汀开始了相关的临床试验。

1978 年，Alberts 在一种真菌——土曲霉中找到洛伐他汀并很快完成临床前研究，进入一期临床。这时传来日本三共公司在美伐他汀的动物实验中观察到了引起肿瘤的消息，这几乎吓退了所有制药公司的研究人员。默沙东公司立即停止了洛伐他汀的临床试验。

而后，Alberts 团队花了 3 年多时间证明，这个高剂量下的毒性是 HMG-CoA 还原酶被过度抑制后的正常药理反应，并非洛伐他汀本身有致癌性。

1983 年，洛伐他汀的临床试验重新开始，于 1987 年上市成为第一个他汀类药物。

他汀的发现过程非常复杂，从一开始的假说到后来的重磅药物，中间历尽千辛万苦，过程虽然曲折，但成果斐然。自 1987 年洛伐他汀由 FDA 批准上市以来，该药物被世界公认为治疗高脂血症，防治动脉硬化、冠心病和脑血管疾病的首选药物。

而我，最受启发的是发现他汀过程中的远藤章部分，它让我对发酵产生了全新的看法。

日本微生物学家远藤章于 1979 年第一个发现红曲霉（Monascus spp.）洛伐他汀，他从红色红曲霉（M. ruber）的发酵产物中分离得到洛伐他汀。在此之前，人们并不知道，中国古老的红曲中含有洛伐他汀。

红曲米是红曲霉实际应用中最早也是最广泛的发酵产物之一，中国古籍《天工开物》对红曲米的生产方法有着详细的记载。传统的红曲米发酵生产是将白粳米淘洗、浸泡并蒸熟，待冷却后加入含有红曲霉菌种的淀粉质粉碎料，混匀后让红曲霉开始生长，中间要经过多次的散温和再发酵，直至红曲米呈现深红色，最后经干燥得到。

红曲霉是红曲科红曲属的一类小型丝状腐生真菌，红曲霉的次生代谢产物洛伐他汀具有巨大的应用价值，红曲米长期以来是一种用于促进消化和血液循环的传统中药。

我由此受到启发，通过发酵获得真菌的次生代谢产物，也许是挖掘新药物的最好途径。

第三节　菌丝体潜水培养

前人的研究证明，通过固体发酵手段，可以从小型丝状真菌子囊菌中的青霉菌、橘青霉、土曲霉、红曲霉获得青霉素、美伐他汀和洛伐他汀。

桦褐孔菌也属于丝状真菌，但它属于大型丝状真菌。具体说来，它属于大型丝状真菌中的担子菌，属担子菌亚门、伞菌纲、刺革菌目、刺革菌科、纤孔菌属，与灵芝近缘。它是否也可以采用传承千年的固体发酵方法生产呢？

当时我和团队对于通过什么发酵方式，才能更有效地获得桦褐孔菌活性成分，进行了广泛的调研。

一篇英文文献 *Submerged fermentation* 落入了我的眼帘。20年前，当我看到这篇英文文献时，了解到20世纪40年代美国弗吉尼亚大学生物工程学家 Elmer L. Gaden Jr. 发明液体深层发酵技术生产抗生素，20世纪中叶美国在抗生素发酵技术的基础上，开始研究将液体深层发酵技术应用于食药用菌，培养蕈菌（大型担子菌）的菌丝体。

我国在20世纪六七十年代也开始研究蘑菇、侧耳、灵芝、香菇等的液体深层发酵技术，但尚未有人将液体深层发酵技术用于桦褐孔菌的培养。

液体深层发酵的特点是，菌丝体生长快速、生长周期短（2～7天，

固体发酵30～60天）、菌种污染率低、工厂化生产无季节性。而且食用菌
在液体深层培养中，代谢产物容易获取。有些次级代谢产物会从菌体细
胞分泌到液体培养基中，如胞外多糖、胞外多酚；有些会留在菌丝体细
胞中，被称为胞内产物，如胞内多糖、胞内多酚，都非常容易获取。

　　认识到液体深层发酵的优点后，我兴奋地想让桦褐孔菌的菌丝体也
像潜水艇一样潜水，液体深层发酵（submerged fermentation）培养对桦
褐孔菌应该是可行的。

　　图2-1是我们实验室培养的桦褐孔菌的菌丝体。我和团队用实际的
研究证实了利用发酵工程方法获得桦褐孔菌胞内功效成分和胞外功效成
分是可行的。

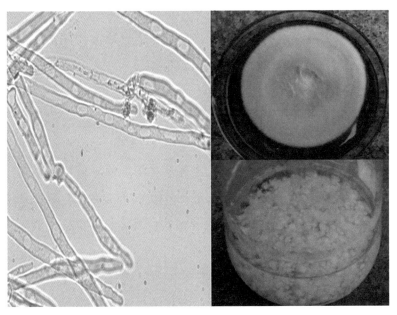

图2-1　潜水中的桦褐孔菌菌丝体

　　当然，具体的研究经过，并没有那么顺利。设置什么温度培养它比
较合适，用哪些物质来"喂养"桦褐孔菌才能让它顺利成长，这两个只
是我最先碰到的问题。

第四节　营养与环境

在自然界中，桦褐孔菌以白桦树细胞的木质纤维素和内容物为营养物，那么要将它在液体中培养，给它吃什么呢？在自然界，它生长在极寒环境中，那么液体培养它需要什么温度呢？

一、先用红曲霉练手

我首先要解决的是，给桦褐孔菌的液体培养确定最适合温度。弗莱明能偶然发现青霉素，是因为他把培养皿放在了室温中，而不是培养金黄色葡萄球菌的最适温度 37 ℃。我和团队打算先根据文献，重复"红曲霉产生洛伐他汀"的过程。

我们发现红曲霉最适的生长温度是 28 ℃，但洛伐他汀积累的最适温度是 25 ℃，因此在生产洛伐他汀时，可以采用两种温度，即前期 28 ℃让菌丝体生长，后期 25 ℃让菌丝体启动洛伐他汀的合成代谢。

在确定了红曲霉产洛伐他汀的最适温度后，我们对传统固体发酵的单一营养物质——粳米进行了补充，如加入麦麸等其他营养物质和固体载体，使传统固体发酵的 50 天周期降到 20 天，洛伐他汀含量达到 2% 以上，缩短了红曲霉产洛伐他汀的固体发酵时间，并提高了产量。

目前在工业化生产中，红曲霉发酵20天后，其培养物中洛伐他汀的含量小于1%，而要达到2%以上则需要延长1倍以上的发酵时间。由此可见，合适的温度和营养对微生物的生长以及代谢物的积累是极其重要的。

二、制定桦褐孔菌的培养研究方案

在结束了红曲霉发酵生产洛伐他汀的研究以后，我们首先对桦褐孔菌进行了五个温度（24 ℃、26 ℃、28 ℃、30 ℃、32 ℃）的实验研究，通过菌丝体生物量分析，确定了桦褐孔菌的最适生长温度是28 ℃。与大多数真菌一样，桦褐孔菌的菌丝体也喜欢适当温暖的环境。

以什么指标作为监测桦褐孔菌发酵最终产物质量的标准呢？前文讲到桦褐孔菌多糖是桦褐孔菌的主要生物活性物质，人们通过优化发酵培养基或发酵条件以获得较高的桦褐孔菌多糖产量。但我们考虑到发酵生产桦褐孔菌多糖的首要目的是获得其生物活性，以此来谈论产量的高低才更有意义。所以我们没有以多糖产量作为监测指标，而是以胞外多糖（以下称活性多糖）对羟基自由基的清除活性（抗氧化活性）作为监测指标。

食药用菌液体培养需要碳源、氮源、无机盐等营养成分。碳源的选择至关重要，碳源供给真菌生长和代谢所需的能量。若碳源过量，易形成较低的pH，影响菌体的生长速度；若碳源不足，菌体生长受限，会出现衰老、自溶等现象。氮是微生物生长发育必不可少的养分，微生物细胞中的氨基酸和碱基都是其利用氮合成的，随后合成蛋白质、核酸等细胞成分，以及含氮的代谢物。若氮源过多，菌体一味生长，反而不利于代谢产物的积累；若氮源不足，菌体生长缓慢，亦影响代谢产物产量。

为了提高桦褐孔菌多糖的产量并提高其活性，我们应用统计分析的方法，对基础培养基进行优化：以单因子实验法找出最优的碳源和氮源；用部分因子设计筛选培养基组分中对桦褐孔菌胞外多糖的羟基自由基清除活性影响大的组分；用中心组合设计及响应面分析法（RSM）确定对清除活性有显著作用的组分的浓度，最终确定优化的培养基组成。

三、神奇的玉米淀粉和蛋白胨

我们发现在给桦褐孔菌"吃"的六种碳水化合物和五种蛋白质或无机氮中，玉米淀粉（不仅提供能量，还提供生长营养）和蛋白胨（有机氮，不仅提供氮元素，还提供生长营养）更有利于桦褐孔菌产生活性多糖（见表2-1）。

表2-1　不同碳源和氮源对桦褐孔菌胞外多糖的羟基自由基清除率的影响

碳源	清除率（%）	氮源	清除率（%）
葡萄糖	10.20 ± 0.68^d	蛋白胨	35.52 ± 1.00^a
果糖	24.48 ± 0.98^c	KNO_3	9.42 ± 0.34^e
蔗糖	9.94 ± 0.46^d	$(NH_4)_2SO_4$	17.44 ± 0.98^d
麦芽糖	31.38 ± 1.32^b	黄豆粉	31.88 ± 0.88^b
玉米淀粉	34.20 ± 1.36^a	酵母膏	28.12 ± 1.72^c
可溶性淀粉	23.52 ± 1.32^c		

注：同一列中不同字母表明数据之间差异显著（$p < 0.05$）。

我们经过进一步的筛选得出，玉米淀粉、蛋白胨及KH_2PO_4对活性多糖的活性有显著性影响，表明钾盐对桦褐孔菌产生活性多糖很重要。

然后对主要因子进行优化，从数学模型的回归方程中确定培养基的组成（单位：g/100 mL）：玉米淀粉，5.30；蛋白胨，0.32；KH_2PO_4，0.26；$MgSO_4$，0.15；$CaCl_2$，0.01；水（见图2-2）。配制培养基时，玉米淀粉经过α-淀粉酶和糖苷酶水解。

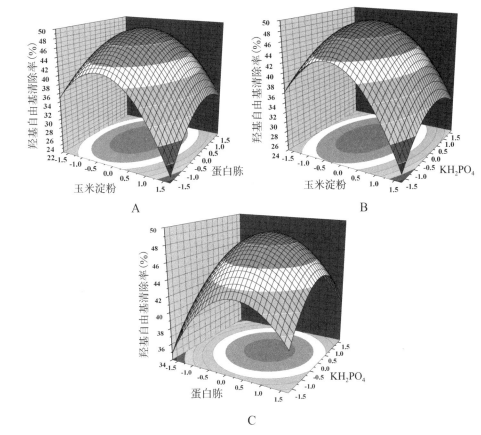

A. 玉米淀粉（X_1）、蛋白胨（X_2）对羟基自由基清除率（Y）的影响；B. 玉米淀粉（X_1）、KH_2PO_4（X_3）对羟基自由基清除率的影响；C. 蛋白胨（X_2）、KH_2PO_4（X_3）对羟基自由基清除率的影响。

图2-2　三种培养基组分对桦褐孔菌胞外多糖产生的影响：3D响应面图和
2D等高线图

　　为确证回归方程的准确性，利用优化后的培养基，在相同条件下进行发酵。得到的桦褐孔菌胞外多糖的羟基自由基清除率为49.4%，与理论清除率（49.2%）相当，这说明数学模型有较好的可靠性和有效性。RSM优化培养基与液体发酵基础培养基和单因子优化培养基中得到的发酵胞外多糖的羟基自由基清除率相比，分别提高了385%和39%（见图2-3）。

数据表明优化培养基确实能产生活性更强的胞外多糖。

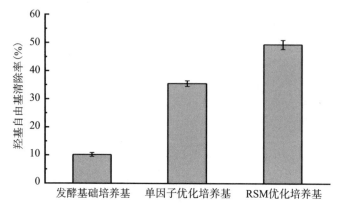

图2-3　三种培养基中发酵得到的胞外多糖的羟基自由基清除活性对比

四、认识到桦褐孔菌胞外多糖是一种次级代谢产物

微生物的生长过程可分为几个阶段。向培养基中接种菌种后，菌丝体并不立即开始生长，而是需要有一段时间来适应新的生长环境，这个阶段称为延缓期。然后细胞的生长率逐渐增加，进而达到最大生长速率，这时称为对数增长期。接着细胞生长停滞进入稳定期。随后，或细胞数下降，进入衰亡期。在对数增长期中，所产生的产物，主要是供细胞生长的物质，如氨基酸、核苷酸、蛋白质、核糖核酸、脂类和碳水化合物等。这些产物称为初级代谢产物。有些微生物的稳定期培养物中所含有的化合物，并不在对数增长期出现，而且不一定对细胞代谢功能有明显的影响。这些化合物称为次级代谢产物。只有在继续培养过程中，细胞处于不生长或缓慢生长状态时，才会实现次级代谢。

我们发现桦褐孔菌胞外多糖随着培养时间的增加呈对数级递增，在RSM优化培养基中，到第9天含量达到最大值1.2 g/L，而在基础培养基中含量只有0.76 g/L。

桦褐孔菌胞外多糖的产生与其生长曲线和还原糖的利用呈现相关性。在整个发酵过程中，前4天菌丝体基本呈现出快速生长期特点，生长速率较快。4～7天后桦褐孔菌生物量的增长速度减慢，呈现出稳定期的特点，至第7天后基本不变（见图2-4A）。随着时间的延长，发酵液中还原糖的浓度不断下降，前6天下降速度很快。从第8天开始，发酵液中还原糖的浓度基本保持不变，且维持在一个相对较低的水平上，表明此时发酵液中的还原糖已经基本耗尽（见图2-4B）。

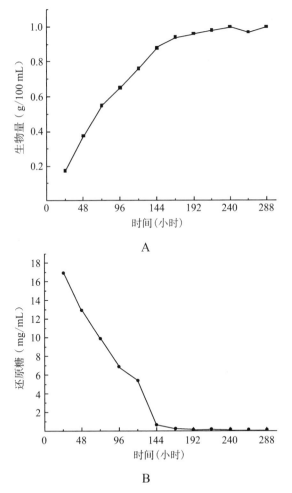

A

B

图2-4 桦褐孔菌生物量(A)、发酵液还原糖含量(B)随时间的变化情况

在整个发酵过程中的前4天，胞外多糖产量（即单位产量，下同）的增加不明显，第5天至第8天，增长速度加快。胞外多糖产量在第9天达到最大，且基本保持稳定。因此可推断，桦褐孔菌大量产生胞外多糖是在菌丝体生物量增速减慢后开始的，也就是说桦褐孔菌胞外多糖不是菌丝体细胞生长和繁殖所必需的物质，而是一种次级代谢产物。

五、桦褐孔菌胞外多糖的羟基自由基清除活性可能与组成它的单糖有关

桦褐孔菌在优化的培养基中产生的胞外多糖具有更强的羟基自由基清除活性（见图2-3），可能与构成其多糖的单糖成分有关（见表2-2）。在基础培养基中产生的多糖只由葡萄糖（Glu）、甘露糖（Man）、半乳糖（Gal）构成；而在单因子优化培养基中得到的多糖，增加了鼠李糖（Rha）、阿拉伯糖（Ara）组分；在RSM优化培养基中得到的多糖，增加了鼠李糖、阿拉伯糖、木糖（Xyl）组分。单糖种类和比例的不同会影响多糖的高级结构，从而影响多糖的活性。

表2-2 培养基对桦褐孔菌胞外多糖的单糖组成的影响

培养基种类	单糖（摩尔百分数）					
	Rha	Ara	Xyl	Man	Glu	Gal
基础培养基	0	0	0	23.33	36.67	40.00
单因子优化培养基	1.61	3.23	0	29.84	20.97	44.35
RSM优化培养基	1.45	3.63	2.17	15.94	50.00	26.81

六、三种培养基的不同

让我们来看看三种培养基的差异所在（见表2-3）。高碳、限氮、高钾的培养是桦褐孔菌产生活性多糖的关键；另一个重要因素是以玉米淀粉为碳源，而不是普遍使用的葡萄糖。尽管桦褐孔菌在利用玉米淀粉时是把它水解成葡萄糖进行代谢，但是玉米淀粉含有其他营养物质，如促进生长的微量元素和维生素，特别是生物素（维生素H）。

表2-3　三种培养基的组成和含量（g/100 mL）

组成	基础培养基	单因子优化培养基	RSM优化培养基
碳源	葡萄糖3.0	玉米粉3.0	玉米粉5.3
氮源	蛋白胨0.4	蛋白胨0.4	蛋白胨0.32
KH_2PO_4	0.15	0.15	0.26
$MgSO_4$	0.05	0.05	0.15
$CaCl_2$	0.01	0.01	0.01

令我们感到意外的是，这些优化居然改变了桦褐孔菌多糖生物合成的模式和一级结构。

玉米淀粉比起葡萄糖的另一优势是能降低工业化生产的成本。

2010年我们发表在国际SCI中国科学院（以下简称"中科院"）三区期刊 *Journal of Microbiology and Biotechnology* 的论文 *Optimization of hydroxyl radical scavenging activity of exopolysaccharides from Inonotus obliquus in submerged fermentation using response surface methodology*（见图2-5）被引50次以上（WOS: 00277144200029）。

2020年发表在国际顶级SCI中科院一区期刊 *Carbohydrate Polymers* 上的综述 *Antioxidant, antiradical, and antimicrobial activities of polysaccharides obtained by microwave-assisted extraction method: A review*，高度评价了我们在多糖糖苷结构中更低比例的葡萄糖可能提高多糖活性的发现。

J. Microbiol. Biotechnol. (2010), **20**(4), 835–843
doi: 10.4014/jmb.0909.09017
First published online 2 February 2010

Optimization of Hydroxyl Radical Scavenging Activity of Exopolysaccharides from *Inonotus obliquus* in Submerged Fermentation Using Response Surface Methodology

Chen, Hui[1], Xiangqun Xu[1*], and Yang Zhu[2]

[1]*School of Science, Zhejiang Sci-Tech University, Hangzhou 310018, China*
[2]*TNO Quality of Life, Department of Bioscience, P.O. Box 360, 3700 AJ Zeist, The Netherlands*

Received: September 15, 2009 / Revised: November 28, 2009 / Accepted: December 18, 2009

The objectives of this study were to investigate the effect of fermentation medium on the hydroxyl radical scavenging activity of exopolysaccharides from *Inonotus obliquus* by response surface methodology (RSM). A two-level fractional factorial design was used to evaluate the effect of different components of the medium. Corn flour, peptone, and KH$_2$PO$_4$ were important factors significantly affecting hydroxyl radical scavenging activity. These selected variables were subsequently optimized using path of steepest ascent (descent), a central composite design, and response surface analysis. The optimal medium composition was (% w/v): corn flour 5.30, peptone 0.32, KH$_2$PO$_4$ 0.26, MgSO$_4$ 0.02, and CaCl$_2$ 0.01. Under the optimal condition, the hydroxyl radical scavenging rate (49.4%) was much higher than that using either basal fermentation medium (10.2%) and single variable optimization of fermentation medium (35.5%). The main monosaccharides components of the RSM optimized polysaccharides are rhamnose, arabinose, xylose, mannose, glucose, and galactose with molar proportion at 1.45%, 3.63%, 2.17%, 15.94%, 50.00%, and 26.81%.

Keywords: *Inonotus obliquus*, exopolysaccharides, hydroxyl radical scavenging activity, medium optimization, response surface methodology, monosaccharides component

Basidiomycetes [22, 29], and has been a folk remedy for a long time in Russia and northern latitudes [11, 24, 29]. Many fungal triterpenoids, steroids, and phenolic compounds from *I. obliquus* have various biological activities [11, 18, 39]. In particular, polysaccharides from *I. obliquus* exhibit strong immunomodulating, antitumor, and antioxidant activities [22, 26, 31, 34].

The limited natural resource and difficult artificial cultivation of *I. obliquus* to obtain fruit body make it impossible to obtain a large quantity of polysaccharides. Submerged cultures offer a promising alternative. Many medicinal mushroom polysaccharides are being commercially produced by submerged culture [6, 14, 16] because of a high productivity compared with production from fruit bodies [20, 23]. In addition, submerged culture is fast, cost-effective, easy to control, and without heavy metal contamination [1]. In submerged fermentation, production of polysaccharides is sensitive to medium components and fermentation process parameters. The optimization of medium and fermentation process parameters has focused on getting the maximum biomass or yield of polysaccharides for most medicinal mushrooms in previous studies [8, 13, 14, 16, 21, 35]. Little is known about the qualitative effect of fermentation condition on the bioactivity of polysaccharides

图2-5　刊登在杂志上的《响应面法优化液体发酵桦褐孔菌胞外多糖的自由基清除活性》论文摘要

第五节 野生多糖与发酵多糖

本书中我们称野生桦褐孔菌菌核的多糖为野生多糖，桦褐孔菌经发酵培养所得的多糖为发酵多糖。

我们认识到液体深层发酵培养的桦褐孔菌菌丝体及其发酵液并不等同于野生桦褐孔菌菌核，所含有效成分及活性有待明确，因此我们对两者进行了比较研究。

我们不满足于两者粗多糖的比较研究，从粗多糖提取物，到脱蛋白多糖提取物，再到色谱分离纯多糖，意外发现发酵多糖在抗氧化和促进产生细胞因子方面的生物活性较天然的菌核多糖强。

初步的研究发现，发酵多糖总糖含量高、蛋白质含量低、种类多、单糖组成中甘露糖含量高、分子量大小合适等，体现了桦褐孔菌在人工配制的液体培养基中比在野生状态下有更强的生物合成能力。

一、发酵多糖的总糖含量高、蛋白质含量低

我们通过水提醇沉法获得桦褐孔菌菌核粗多糖（FSPS-1）、发酵胞外粗多糖（EPS-1）、发酵胞内粗多糖（IPS）提取物（以下数据都来自桦褐

孔菌液体深层发酵9天的提取物），进一步通过Sevage＋酶法脱游离蛋白得到桦褐孔菌菌核多糖（DFSPS）、桦褐孔菌发酵胞外多糖（DEPS）和发酵胞内多糖（DIPS）。

如表2-4所示，与桦褐孔菌菌核粗多糖（40.5%）相比，其发酵粗多糖的总糖含量（53.4%）较高，特别是胞内多糖的总糖含量高达64%以上，表明含量更高。

表2-4 野生菌核多糖提取物和发酵多糖提取物的主要成分含量

提取物	总糖（%）	蛋白质（%）
FSPS	40.5^e	51.3^a
DFSPS	59.8^c	32.3^b
EPS	53.4^d	21.3^d
DEPS	69.3^b	25.5^c
IPS	64.0^b	22.1^d
DIPS	80.9^a	12.9^e

注：同一列中不同字母表明数据之间差异显著（$p < 0.05$）。

经脱蛋白处理后，三种粗多糖提取物的总糖含量提高，蛋白质含量降低（除胞外多糖），对于胞外粗多糖提取物，应是去除了其他杂质导致。不论是否脱蛋白，发酵多糖的蛋白质含量远低于野生菌核多糖。经过Sevage＋酶法去蛋白处理后，DFSPS、DEPS、DIPS的紫外扫描图在260 nm和280 nm处都没有出现吸收峰，表明三种粗多糖提取物的游离蛋白已除尽，但它们依然含有蛋白质，表明桦褐孔菌多糖——不论野生菌核的还是发酵的都是多糖-蛋白质复合体，这与很多药用真菌多糖一致。

二、野生菌核多糖与发酵多糖在单糖组成上有差别

桦褐孔菌发酵胞外多糖DEPS单糖主成分是半乳糖、甘露糖、葡萄糖和少量的阿拉伯糖、鼠李糖及木糖，其中半乳糖所占比例很大，达

55.5%。发酵胞内多糖DIPS以葡萄糖、甘露糖为主成分，且有更多的阿拉伯糖、鼠李糖和木糖。

在野生菌核多糖中葡萄糖占最大比例（40.5%），很明显的是其木糖的比例较高，和半乳糖的比例相当。

总体来看，野生菌核多糖与发酵多糖在单糖组成上的差别是，前者葡萄糖和木糖占比高，后者的显著特点是甘露糖的含量更高（见表2-5）。

表2-5　桦褐孔菌各脱蛋白多糖提取物的单糖组成种类及比例

提取物	单糖（摩尔百分数）					
	Rha	Ara	Xyl	Man	Glu	Gal
DEPS	0.95	3.53	1.52	25.4	13.1	55.5
DIPS	7.09	10.3	8.81	21.3	37.8	14.7
DFSPS	3.4	5.17	14.4	20.3	40.5	16.2

三、发酵多糖的种类多

为了研究多糖提取物的理化性质和生物学活性，根据多糖的荷电性质和分子量大小不同，我们对三种脱蛋白多糖提取物进行阴离子交换色谱和凝胶渗透色谱分离纯化。

经DEAE-52阴离子交换柱层析分离后，野生菌核多糖DFSPS得到DFSPS1和DFSPS2两个级分，DFSPS1得率为23.3%，DFSPS2得率较低，未进入下一步研究。DEPS得到DEPS1、DEPS2、DEPS3和DEPS4四个级分；四个级分按顺序得率依次为28.3%、10.7%、13.8%和8.99%，总回收率为61.8%；DIPS得到DIPS1、DIPS2和DIPS3三个级分，得率依次为31.5%、13.3%、6.97%，总回收率为51.8%（见图2-6）。

我们发现发酵多糖的种类较野生菌核多糖多，而且得率较高，表明发酵培养的桦褐孔菌菌丝体比野生状态下具有更强的多糖合成能力，这

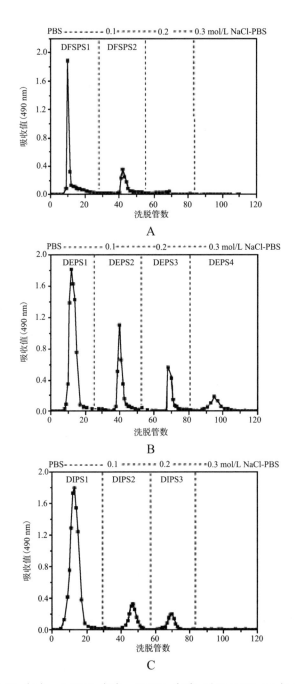

图 2-6 DFSPS（A）、DEPS（B）、DIPS（C）的 DEAE-52 柱层析洗脱曲线

可能与菌丝体生长在适合的环境中，而低温不利于生物合成有关。

与前文中 DEPS、DIPS、DFSPS 样品的总糖含量比较，最先被洗脱下来的即第一个级分的含糖量都得到提高，即三种分离级分 DEPS1、DIPS1、DFSPS1 的含糖量都在 70% 以上，而且蛋白质含量降低。其中 DIPS1 级分的糖含量是所有级分中最高的，为 86.1%，蛋白质含量最低，为 11.4%（见表 2-6）。随后洗脱下来的胞外和胞内多糖级分的糖含量依次降低，而且颜色加深，可能是多糖提取物中存在色素残留的缘故。

表2-6　三大类脱蛋白多糖提取物柱层析分离多糖级分的糖和蛋白质含量

多糖级分	糖（%）	蛋白质（%）
DEPS1	74.1	17.0
DEPS2	59.9	33.0
DEPS3	50.6	16.8
DEPS4	46.7	17.1
DIPS1	86.1	11.4
DIPS2	51.4	33.4
DIPS3	30.6	22.0
DFSPS1	72.3	24.7

经 DEAE-52 柱层析分离的各级分分别再经过 Sephadex G-200 柱层析纯化，从图 2-7 可以看到，无论是野生菌核多糖还是发酵的胞外多糖级分峰型都比较对称，而且都是单峰，说明采用 DEAE-52 阴离子交换层析柱能将脱游离蛋白粗多糖分离为单一的级分。

另外，从峰的形状来看，发酵胞外多糖的纯化级分峰对称性十分好，形状窄而尖，对应记作胞外多糖四个级分 PDEPS1、PDEPS2、PDEPS3、PDEPS4（见图 2-7A、C、E、G）；而野生菌核多糖级分 PDFSPS1 峰对称性要差些且峰宽（见图 2-7B）；有趣的是，人工发酵的胞内多糖与胞外多糖截然相反，而是与野生菌核多糖相似，且三个级分 PDIPS1、PDIPS2、PDIPS3 纯化峰对称性最差（见图 2-7D、F、H）。

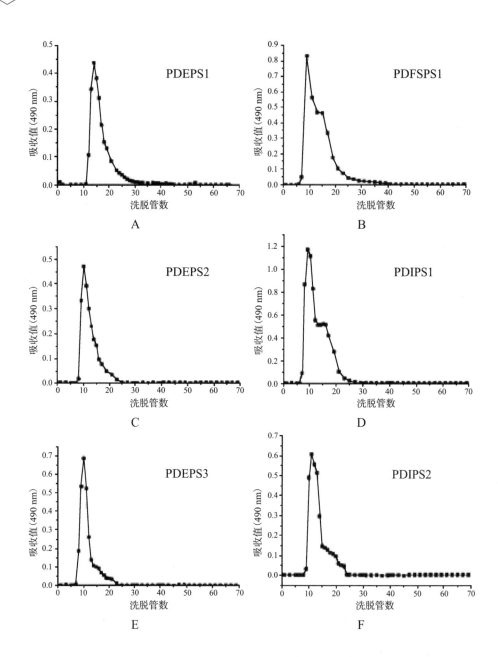

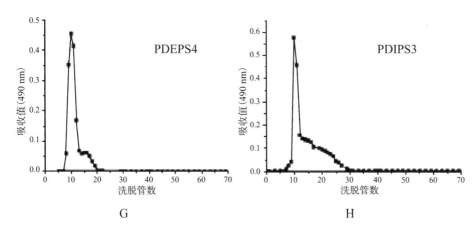

图 2-7　DEAE-52 柱层析分离后各级分的 Sephadex G-200 柱层析纯化结果

　　由于 Sephadex 凝胶渗透色谱是以被分离物质的分子量差异为基础的一种层析分离技术，所以实验结果反映的是分子量的分布信息，说明了DFSPS1 的分子量分布广，即分散度大，同样 DIPS 的级分分子量分布也都比 DEPS 的级分广，这点在后面的分子量测定数据中得到验证。

四、发酵多糖的分子量大

　　多糖是天然高分子聚合物，分子量都不是均一的——它们是分子量不同的同系物的混合物。

　　我们利用体积排阻与激光光散色法联用（size exclusion chromatography with laser light scattering，简称 SEC-LLS）测定各纯化多糖级分的分子量，并按分子数目统计平均分子量（M_N）和按分子重量统计平均分子量（M_W）。桦褐孔菌发酵胞外多糖的 M_N 范围是 28～58 kDa、M_W 范围是 36～58 kDa，胞内多糖的 M_N 范围是 89～120 kDa、M_W 范围是 108～120 kDa，菌核多糖级分 M_N 是 21 kDa、M_W 是 32 kDa（见表 2-7）。

表2-7　三大类脱蛋白多糖提取物经两种柱层析纯化的多糖级分分子量

多糖级分	M_N	M_W	M_W/M_N
PD-EPS1	40000	48000	1.20
PD-EPS2	28000	36000	1.29
PD-EPS3	47000	50000	1.06
PD-EPS4	55000	58000	1.05
PD-IPS1	90000	120000	1.33
PD-IPS2	96000	119000	1.24
PD-IPS3	89000	108000	1.21
PD-FSPS1	21000	32000	1.52

　　可见，发酵多糖分子量都高于野生菌核多糖，尤其是发酵胞内多糖级分，普遍具有很大的分子量，再次表明了桦褐孔菌在人工培养条件下比在野生条件下具有更强的多糖生物合成能力。

　　我们发现发酵多糖各级分分子量分散度（M_W/M_N）与DEAE-52洗脱峰顺序有关，一般为越靠前分散度越大，但总体情况是，野生菌核多糖级分分子量分散度最大，其次是胞内多糖级分，发酵胞外多糖的分散度最小。

　　具有大小合适的分子量是多糖具备生物活性的必要条件。这可能与多糖分子高级构型的形成有关。通常分子量在一定范围内的多糖才具有生物活性，多糖分子量过大会增大分子体积，不利于多糖跨越细胞膜进入细胞内。但多糖的分子量不是越低越好，分子量过低则无法形成产生活性的聚合结构。不同多糖产生生物活性的最佳相对分子量的范围不同，如裂褶菌多糖分子量大于100 kDa的具有较强抗肿瘤活性，而分子量小于50 kDa的无任何生物活性。

五、发酵胞外多糖具有α、β构型

　　结构决定性质，多糖的结构是其生物活性的基础，认识和了解多糖的结构有助于更好地利用和开发多糖。

我们利用傅里叶变换近红外光谱（Fourier Transform Infrared Spectroscopy，简称 FTIR）和核磁共振谱（Nuclear Magnetic Resonance，简称 NMR）法对各纯化多糖即四种发酵胞外多糖、三种发酵胞内多糖、一种野生菌核多糖进行结构表征，由 FTIR 图谱可知各多糖结构很相似，都在 3400 cm^{-1} 处有强的宽峰，为 O-H 伸缩振动吸收峰，在 3000～2800 cm^{-1} 处均有尖峰，为 C-H 的伸缩振动吸收峰，在 1200～1000 cm^{-1} 处均有 C-O（包括 C-O-H 和糖环的 C-O-C）的伸缩振动吸收峰，这些是多糖经典吸收峰，是判断物质是否为糖类的依据。

所有多糖在 1650～1550 cm^{-1} 处均有 N-H 变角振动所形成的吸收峰，说明多糖样品中含有蛋白质成分，即所有纯化样品是糖与蛋白质的复合物。所有级分在 930～960 cm^{-1} 区域都有吸收峰，说明桦褐孔菌多糖以吡喃糖为主。870 cm^{-1} 或 810 cm^{-1} 附近有吸收峰，说明其都含有甘露糖组分，这与气相色谱测得的组分分析数据一致（见表 2-6）。

从 ^1HNMR 谱图可得出，PD-EPS1 化学位移在 5.13～4.01 ppm 的峰是糖环上质子振动吸收峰，但在 4.8～5.0 ppm 处无吸收峰，说明 C_1 是 α 构型的，同样分析出 PD-EPS2 的 C_1 是 α 构型的，PD-EPS3 的 C_1 是 β 型的，PD-EPS4 的 C_1 α、β 构型都有，但是 α 构型的居多；PD-IPS1 的 C_1 α、β 构型都有，β 构型居多，PD-IPS2 的 C_1 是 β 型的，PD-IPS3 的 C_1 α、β 构型都有，α 构型的稍多；PD-FSPS1 的 C_1 α、β 构型都有，β 构型的为主，存在少量的 α 构型。

整体来看，发酵胞外多糖以 α 构型的为主，只有 PD-EPS3 的 C_1 是纯 β 构型的（IR 在 870 cm^{-1} 有强的吸收，其为 β-甘露吡喃糖特征吸收峰），有关分析还需借助于分辨率更高的 $^{13}CNMR$ 进一步验证。

六、发酵多糖抗氧化活性强

氧化反应是把电子从底物传递到氧化剂的化学反应，其可以产生自由基，这种自由基在生物体内连锁反应破坏细胞的正常生理活性，特别是对生物大分子脂类、蛋白质、核酸有破坏作用。

羟基自由基可以很容易地穿过细胞膜，并且对生物大分子如蛋白质、脂质和DNA具有很强的破坏作用，从而造成组织被破坏或细胞坏死。因此，清除羟基自由基对保护生物系统健康运行非常重要。

细胞膜磷脂极易被氧化，这是由于其不饱和脂肪酸含量高而且与细胞内产生自由基的酶系统和非酶系统联系紧密。脂质过氧化是个非常具有代表性的由不饱和脂肪酸引发的自由基链式反应，此反应是引起细胞膜损伤和细胞坏死的重要因素之一。因此，抑制脂质过氧化被作为一种非常重要的抗氧化活性的指标。

抗氧化剂可以通过清除自由基的中间产物以及通过同氧化剂的反应阻止其他的氧化反应。前文讲到白桦茸为了抵御不良生存环境的伤害，会产生抗氧化物质（多糖、多酚）来保护自己。我们比较研究了野生菌核多糖和发酵多糖对两种自由基（羟基自由基、脂质过氧化自由基）的清除能力。

我们欣喜地发现，桦褐孔菌发酵多糖清除羟基自由基和抑制脂质过氧化的活性都比野生菌核多糖强。

发酵多糖的半抑制浓度（IC_{50}）显著较低（见表2-8）。特别是胞外粗多糖（EPS）和胞内多糖（IPS）的羟基自由基清除能力及胞外脱游离蛋白多糖（DEPS）、胞外粗多糖、胞内多糖的脂质过氧化抑制能力都远强于野生菌核多糖，脱蛋白的野生菌核多糖（DFSPS）强于野生菌核粗多糖（FSPS），这可能是提纯的效果。

表2-8　野生菌核多糖和发酵多糖的抗氧化活性比较

抗氧化活性	IC_{50}（mg/mL）				
	FSPS	DFSPS	EPS	DEPS	IPS
清除羟基自由基	4.66[a]	1.85[b]	0.28[e]	1.48[c]	0.99[d]
清除脂质过氧化自由基	4.81[a]	3.30[b]	0.83[d]	0.22[e]	0.96[c]

注：同一栏中不同字母表明数据之间差异显著（$p < 0.05$）。

2011年我们发表在国际顶级SCI中科院一区期刊 *Food Chemistry* 的论文 *Comparative antioxidative characteristics of polysaccharide-enriched extracts from natural sclerotia and cultured mycelia in submerged fermentation of Inonotus obliquus*（见图2-8）被引60次（WOS:000288304900010）。

Food Chemistry 127 (2011) 74-79

Contents lists available at ScienceDirect

Food Chemistry

journal homepage: www.elsevier.com/locate/foodchem

Comparative antioxidative characteristics of polysaccharide-enriched extracts from natural sclerotia and cultured mycelia in submerged fermentation of *Inonotus obliquus*

Xiangqun Xu *, Yongde Wu, Hui Chen

School of Science, Zhejiang Sci-Tech University, Hangzhou 310018, China

ARTICLE INFO

Article history:
Received 10 October 2009
Received in revised form 20 December 2010
Accepted 22 December 2010
Available online 28 December 2010

Keywords:
Inonotus obliquus
Submerged fermentation
Polysaccharide
Antioxidant activity

ABSTRACT

The potential antioxidant property of polysaccharide-enriched extracts from the natural fungal sclerotia and the cultured mycelia in submerged fermentation of *Inonotus obliquus* was evaluated using three antioxidant assays. The extracts from both the natural sclerotia and cultured mycelia including extra- and intra-cellular extracts were effective in scavenging hydroxyl radicals, 2,2-diphenyl-1-picrylhydrazyl (DPPH) radicals, and in inhibiting lipid peroxidation. The content and type of polysaccharide present in the extracts from the natural sclerotia and the cultured mycelia were different. Both the extra- and intra-cellular extracts from the mycelia of *I. obliquus* with a higher polysaccharide content demonstrated a stronger free radical scavenger activity against hydroxyl radical and a greater inhibition of lipid peroxidation, shown as much lower IC50 values, than those from the natural sclerotia.

图2-8　刊登在杂志上的《桦褐孔菌野生菌核和液体发酵液多糖提取物的抗氧化性比较》论文摘要

2019年在国际SCI中科院二区期刊 *Phytotherapy Research* 发表的综述 *The pharmacological potential and possible molecular mechanisms of action of Inonotus obliquus from preclinical studies*（桦褐孔菌临床前研究的药理潜力和可能的分子机制）高度评价了我们在野生菌核多糖和发酵多糖由于多糖含量和类型不同导致的生物活性不同的发现。

七、发酵多糖促进细胞因子产生的活性强

细胞因子是机体内免疫或非免疫细胞产生的一组具有广泛生物活性的异质性调节因子，具有在体内激活和调节细胞免疫活性、产生和调节免疫应答的重要作用。很多复方和单一中药活性成分对白介素如IL-1、IL-2，干扰素如IFN-γ，集落刺激因子（CSF），肿瘤坏死因子（TNF）以及其他细胞因子的生成和表达有影响。多糖免疫作用的实现途径之一就是诱导细胞因子的分泌，从而进行上调或下调免疫应答。

所有的发酵多糖和野生菌核多糖均表现出增强人外周血单核细胞分泌细胞因子的作用，并且随着浓度的增大，这种促生作用加强。

对于粗多糖提取物，即发酵胞外多糖EPS、胞内多糖IPS、野生菌核多糖FSPS及各脱蛋白多糖DEPS、DIPS、DFSPS在各浓度下对TNF-α、IFN-γ、IL-1β和IL-2四种细胞因子的促生效果不完全一致，DFSPS在15 μg/mL时对TNF-α和IFN-γ的促生效果最好，EPS和DEPS在30 μg/mL时对IL-1β的促生作用最强（见图2-9）。

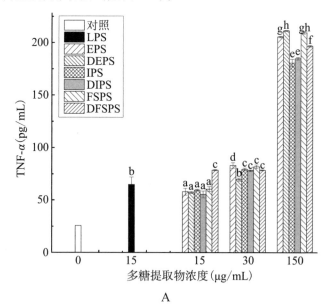

A

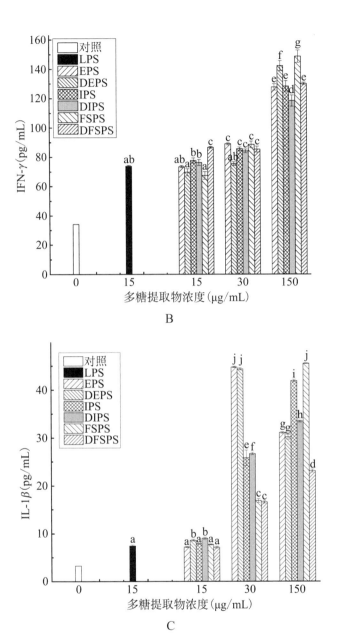

B

C

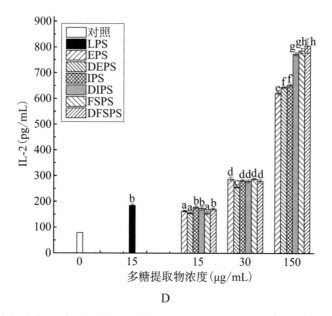

D

图2-9　野生菌核、发酵胞外和胞内的粗多糖、脱蛋白多糖对TNF-α（A）、
IFN-γ（B）、IL-1β（C）和IL-2（D）的促生效果

　　柱层析分离纯化后的八种多糖级分，即四种胞外多糖DEPS1～4、三种胞内多糖DIPS1～3、一种野生菌核多糖DFSPS1，在较低浓度下对细胞因子的调节作用没有大的差异，但是在浓度为150 μg/mL时，纯化级分之间的活性差异性变大，而且在此高浓度下活性最低的大多是来自野生菌核多糖的DFSPS1，发酵胞内多糖DIPS1和DIPS3在促进产生TNF-α上活性最强，发酵胞外多糖DEPS3对IFN-γ、IL-2的促生作用最强，DEPS4对IL-1β产生的效果最好。

　　发酵多糖更高的抗氧化活性和促进细胞因子产生的能力，可能与其总糖含量高、蛋白质含量低有关（见表2-5），以及单糖组成和比例，特别是甘露糖含量高（见表2-6）、分子量合适（见表2-7）、特别的一级结构和高级结构等有关。

　　多糖的生物活性机制复杂，有待进一步研究。

2014 年我们发表在国际顶级 SCI 中科院一区免疫学期刊 *International Immunopharmacology* 的论文 *Polysaccharides from Inonotus obliquus sclerotia and cultured mycelia stimulate cytokine production of human peripheral blood mononuclear cells in vitro and their chemical characterization*（见图 2-10）被引 40 次以上（WOS: 000340319100003）。

International Immunopharmacology 21 (2014) 269–278

Contents lists available at ScienceDirect

International Immunopharmacology

journal homepage: www.elsevier.com/locate/intimp

Polysaccharides from *Inonotus obliquus* sclerotia and cultured mycelia stimulate cytokine production of human peripheral blood mononuclear cells in vitro and their chemical characterization

CrossMark

Xiangqun Xu *, Juan Li, Yan Hu

Department of Chemistry, Zhejiang Sci-Tech University, Hangzhou 310018, China

ARTICLE INFO

Article history:
Received 5 January 2014
Received in revised form 29 April 2014
Accepted 11 May 2014
Available online 24 May 2014

Keywords:
Inonotus obliquus
Immunomodulator
Cytokine
Polysaccharides
Sclerotia
Submerged fermentation

ABSTRACT

Inonotus obliquus is an edible and medicinal mushroom to treat many diseases. In the present study, polysaccharides and fractions were isolated and purified by DEAE-52 and Sephadex G-200 chromatography from *I. obliquus* wild sclerotia, culture broth and cultured mycelia under submerged fermentation. The extracts and fractions could significantly induce the secretion of TNF-α, IFN-γ, IL-1β, and IL-2 in human peripheral blood mononuclear cells (PBMCs) and showed no toxicity to PBMCs. The stimulation effect of the six extracts and eight fractions on the four-cytokine production was dose-dependent. Sclerotial polysaccharides were more effective in the four-cytokine production at 150 μg/ml while exopolysaccharides and endopolysacchrides showed a much better effect on IL-1β production at 30 μg/ml. Purified fractions from exopolysaccharides and endopolysaccharides were more effective than the fraction from sclerotia in most cytokine production. These heteropolysaccharide-protein conjugates mainly contained glucose, galactose, and mannose. Protein content, molecular weight, monosaccharide molar ratio, and anomeric carbon configuration differed from each other and had effects on the cytokine induction activity of the polysaccharides to some extent.

© 2014 Elsevier B.V. All rights reserved.

图 2-10　刊登在杂志上的《桦褐孔菌野生菌核和液体发酵液多糖提取物的抗氧化活性比较》论文摘要

2021 年发表在国际顶级 SCI 中科院一区期刊 *International Journal of Biological Macromolecules* 的综述 *Classification, structure and mechanism of antiviral polysaccharides derived from edible and medicinal fungus* 高度评价了我们在液体发酵桦褐孔菌多糖对细胞因子产生的促进作用且对人外周血单核细胞无毒性作用的发现。

2018年发表在国际顶级SCI中科院二区期刊 *Biomedicine & Pharmacotherapy* 的综述 *Anticancer and other therapeutic relevance of mushroom polysaccharides: A holistic appraisal*（蘑菇多糖的抗癌和其他治疗作用：全面评估）高度评价了我们在桦褐孔菌野生菌核多糖和液体发酵多糖通过促进细胞因子产生起到免疫调节以及量效关系的发现。

第六节　野生多酚与发酵多酚

与上一节的多糖相同，本书中我们称野生桦褐孔菌的菌核多酚为野生多酚，称桦褐孔菌经发酵培养所得的多酚为发酵多酚。

多酚类化合物，特别是六大类多酚中的黄酮类化合物，具有良好的抗氧化活性，能在体内发挥抗氧化功效，清除有害人体健康的物质——自由基。

目前多酚及黄酮类化合物的获得主要依靠于低效、高成本（生产经济成本、环境成本）的植物提取。

Dey 等于 2016 年在国际顶级 SCI 中科院一区期刊 *Trends in Food Science & Technology* 的综述指出，运用生物技术从微生物发酵物中获取多酚和黄酮是一重要研究方向。微生物发酵可以解决植物多酚由于与细胞壁成分通过酯键、醚键或糖苷键形成不溶性的结合物而难以提取的问题。微生物可以将生物合成的物质跨膜（壁）分泌到培养液中而解决提取的困难。

人类膳食中很多食物都含有多酚类化合物，桦褐孔菌菌核含有多酚类化合物，特别是黄酮类化合物。

那么液体培养桦褐孔菌菌丝体是否能产生多酚类化合物呢？与野生

菌核中的成分是否一致呢？为了回答这些问题，我们比较研究了桦褐孔菌的野生菌核多酚和发酵多酚的组成成分和抗氧化活性。

第一章我们讲到桦褐孔菌菌核中多酚的种类较多，结构也比较复杂，用甲醇提取的粗提物，还需要按照多酚类化合物的极性，用不同极性的溶剂正己烷、氯仿、乙酸乙酯、正丁醇和水进行萃取。

我们将得到的乙酸乙酯、正丁醇萃取物（大部分多酚类化合物进入这两种溶剂），通过葡聚糖凝胶（Sephadex LH-20）柱色谱分离，得到组分较为单一的多酚，然后用高效液相色谱-质谱联用仪（HPLC-MS）对其进行分离与鉴定。

一、培养9天产发酵多酚

首先我们要确定液体培养的桦褐孔菌产生多酚与其菌丝体生长的关系。

在RSM优化培养基中的桦褐孔菌生物量随发酵时间的变化如图2-11A所示：菌丝体生长没有出现停滞期，在6天之前生长很快，这属于菌丝体的快速生长期；7~9天生长速度减慢，处于生长稳定期；到第9天时，生物量达到最大值11.5 g/L；第9天之后由于培养基中营养物质接近耗尽和大量代谢产物的影响，生物量从第10天开始极速下降，细胞开始死亡，进入衰亡期。

用乙酸乙酯和正丁醇分别萃取胞外多酚，随着发酵时间的增加，两种多酚的产量（即单位产量，下同）逐渐增加（见图2-11B）。对于两种不同极性的胞外多酚来说，乙酸乙酯层多酚（极性较弱）的产量要远低于正丁醇层（极性较强），表明发酵多酚中强极性的化合物所占比例较大。乙酸乙酯层和正丁醇层多酚产量均在第9天达到最大值，然后下降，这个变化过程与生物量的变化相似，这是由于发酵液中次级代谢产物的积累以及营养物质的耗尽，细胞开始自溶凋亡导致多酚的产量有所减少。

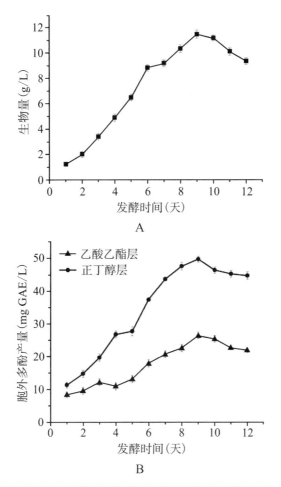

图 2-11　桦褐孔菌液体培养生物量（A）、多酚产量（B）（以没食子酸
　　　　GAE 为检测指标）随发酵时间不同的变化情况

因此我们获取桦褐孔菌液体发酵第 9 天的多酚萃取物开展成分和抗氧化活性研究。

二、胞外多酚与胞内多酚

（一）胞内、外多酚的产量

菌丝体在液体培养过程中，有一部分合成的多酚类物质会分泌到胞外液中，一部分保留在菌丝体中。为了搞清楚桦褐孔菌在液体培养过程中这两类多酚的产生和分泌情况，我们做了动态分析。

图 2-12 显示桦褐孔菌胞外多酚（A）和胞内多酚（B）产量与发酵时间的关系。胞外多酚在发酵培养的前 120 小时，含量相对较低。120 小时后，产量急剧上升，并在 216 小时达到最大值 34.7 mg GAE/L（以发酵液为检测样本）。而胞内多酚的情况则有很大不同，其在菌丝体中的含量在发酵的第 48 小时就处在相对较高的水平，72 小时后达到最大值 12.5 mg GAE/g（以菌丝体干重计算），产量约 48 mg GAE/L（以发酵液体积计），然后产量开始急剧下降到一个较低值。结果说明菌丝体在培养前期即合成大量多酚，后期多酚物质被分泌到胞外的培养液中。

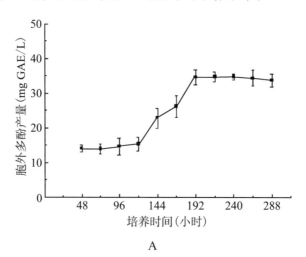

A

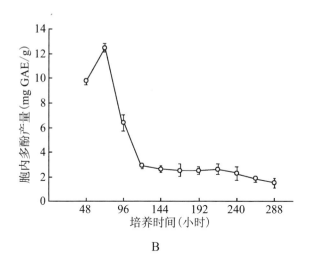

B

图 2-12　液体发酵中桦褐孔菌胞外多酚（A）、胞内多酚（B）的产量变化

（二）胞内、外多酚的抗氧化活性

前面的研究证实了发酵时间是影响胞外多酚和胞内多酚产量的关键因素，那么在最高产量的发酵时间产生的多酚是否具有最强的抗氧化活性呢？

图 2-13 显示桦褐孔菌胞外多酚和胞内多酚清除 DPPH 自由基（一种人工合成的、稳定的有机自由基，A）和羟基自由基（B）活性与发酵时间的关系。

在整个发酵过程中，胞内、外多酚提取物（相同浓度下）在抗氧化活性上有着较为显著的差异。发酵前期，胞内多酚显示出了较强的抗氧化活性，而在发酵后期胞外多酚的抗氧化活性更强。桦褐孔菌发酵72小时的胞内多酚、216小时的胞外多酚对 DPPH 自由基的最大清除率分别为52.5% 和 54.6%，对羟基自由基的清除率则高达 80.5% 和 66.2%，与获得最大产量的发酵时间一致。

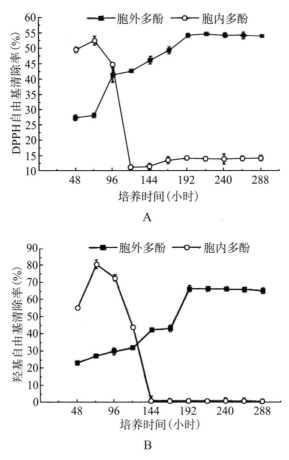

图 2-13　发酵培养桦褐孔菌得到的胞内、外多酚清除 DPPH 自由基（A）
和羟基自由基（B）的活性

（三）胞内、外多酚的组成

为什么多酚提取物在浓度相同的情况下，抗氧化活性不同呢？考虑
到多酚成分的复杂性，多酚提取物可能包含不同的活性成分，因此我们
利用 HPLC-MS 对两种多酚提取物的冷冻干燥物组成进行分析，来解释抗
氧化活性的差异。

　　表2-9列出了桦褐孔菌胞内、外多酚的组成和含量。如预期，胞内、外酚类物质在组成和含量上有很大差异，并且胞内、外多酚提取物主要酚类物质没食子酸，胞内比胞外含量高19.7%。胞外多酚中，表没食子儿茶素没食子酸酯（EGCG）、表儿茶素没食子酸酯（ECG）和桑黄素（Phelligridin）G的含量依次为10.6%、4.5%和10.2%，而胞内多酚没有这些组分。72小时发酵胞内多酚却含有骨碎补内酯这种活性较强的多酚，以及对香豆酸、阿魏酸、野漆树苷、异野漆树苷这类活性相对较高的酚类化合物，且含量较高，如阿魏酸和野漆树苷的含量分别达到15.2%和17.6%。

表2-9　桦褐孔菌发酵多酚（胞外、胞内）提取物的组成

多酚的种类	培养216小时后胞外多酚各单体的含量（%）	培养72小时后胞内多酚各单体的含量（%）
表没食子儿茶素没食子酸酯	10.6±0.7	–
表儿茶素没食子酸酯	4.5±0.9	–
骨碎补内酯	–	4.3±0.6
桑黄素G	10.2±1.1	–
4，5，7-三羟黄烷酮	8.3±0.8	–
芦丁	9.2±0.5	–
咖啡酸	0.9±0.0	7.0±1.4
没食子酸	17.2±1.0	38.2±2.5
山柰酚	5.7±0.4	–
槲皮素	3.6±0.3	3.8±0.7
异鼠李亭	4.8±0.6	–
异鼠李亭-3-O-芸香糖苷	3.1±0.0	–
芸香柚皮苷	5.8±1.3	–
原儿茶酸	2.4±0.2	4.9±1.2
对-香豆酸	–	2.3±0.1
阿魏酸	–	15.2±0.9
野漆树苷	–	17.6±2.1
异野漆树苷	–	3.1±0.0

发酵过程中胞内、外多酚的产量在不同时期有着显著的区别，这可能和胞内、外多酚不同的产生和分泌机制有很大关系，胞内、外多酚的产生主要和它对应的酶有很大关联。如果将取样时间定在216小时，可以获取最大量的胞外多酚类化合物，而在72小时取样，则可以得到最大量的胞内多酚，且此时的多酚也具有较强的抗氧化活性。

而一般野生菌核中多酚类化合物的含量为1.53%，发酵培养胞内多酚类化合物含量可以达到1.63%，胞外多酚为160 mg/L。与从野生菌核中提取多酚相比，发酵培养获取多酚成本低廉，生产操作简单，具有很大的优势。

桦褐孔菌胞内、外多酚的抗氧化活性有很大差异，这主要和胞内、外多酚的不同组成和结构有关。在整个发酵周期中，胞外多酚在发酵后期的抗氧化活性较高，这很可能是此时的多酚含量相对较高或者多羟基化合物较多而导致多酚的活性较高。

胞内多酚在发酵前期有很好的抗氧化活性，通过对此时样品的组分进行分析得知，胞内多酚新增了许多活性较强的多酚如骨碎补内酯、阿魏酸等，且含量较高。

总之，桦褐孔菌胞内、外多酚都有较强的抗氧化活性，如果合理利用自然资源控制好发酵条件，可以使得效益最大化。这为今后将此研究成果进行工业化转变提供了一定的依据，同时也为合理利用、保护稀缺资源和名贵物种提供了新思路。

三、发酵多酚萃取物的黄酮含量高

前文发现了发酵多酚提取物的组成和抗氧化活性，是否能匹敌野生菌核多酚呢？我们进一步通过分离纯化组分来比较研究野生菌核多酚和发酵胞外多酚的抗氧化活性与多酚成分之间的关系。

将桦褐孔菌菌核甲醇提取液制成水溶液，发酵液经离心取上清液并浓缩，然后依次用有机溶剂氯仿、乙酸乙酯、正丁醇进行萃取。萃取物经冷冻干燥后，分别得到菌核、发酵的乙酸乙酯层多酚和正丁醇层多酚。

用葡聚糖凝胶Sephadex LH-20分别对桦褐孔菌菌核、发酵的乙酸乙酯层多酚和正丁醇层多酚组分进行分离，菌核乙酸乙酯层多酚和正丁醇层多酚均得到5个级分SF1～5（见图2-14A、B），发酵乙酸乙酯层多酚和正丁醇层多酚分别得到5个SF1～5和6个级分SF1～6（见图2-14C、D）。

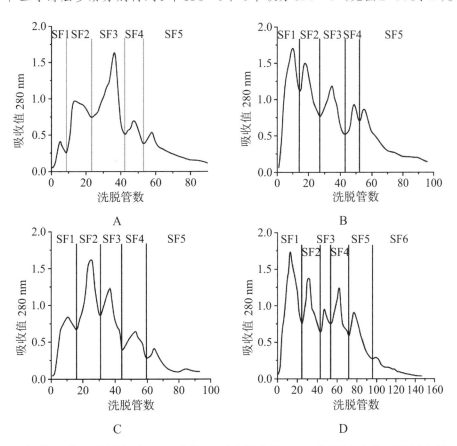

A. 菌核乙酸乙酯层多酚；B. 菌核正丁醇层多酚；C. 发酵液乙酸乙酯层多酚；
D. 发酵液正丁醇层多酚。

图2-14　多酚萃取物的葡聚糖凝胶Sephadex LH-20洗脱曲线

菌核乙酸乙酯层多酚的级分中 SF3 的多酚、黄酮含量最高，分别为 163.7 mg GAE/L 和 65.8 mg RE（芦丁）/L；正丁醇层多酚的级分中 SF2 的多酚含量最高，为 261.1 mg GAE/L，SF3 的黄酮含量最高，为 85.1 mg RE/L（见图 2-15A、B）。而发酵乙酸乙酯层多酚 SF3 的多酚含量为 238.2 mg GAE/L，黄酮含量为 74.6 mg RE/L；正丁醇层多酚 SF1 的多酚含量为 574.2 mg GAE/L，SF3 的黄酮含量为 356.4 mg RE/L（见图 2-15C、D）。结果表明发酵提取物的多酚、黄酮含量均远高于菌核提取物。

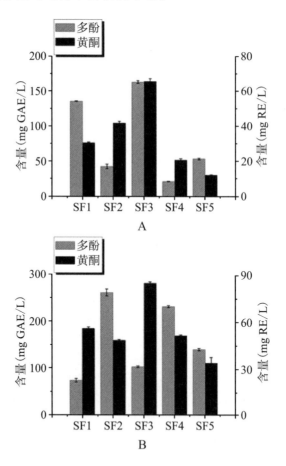

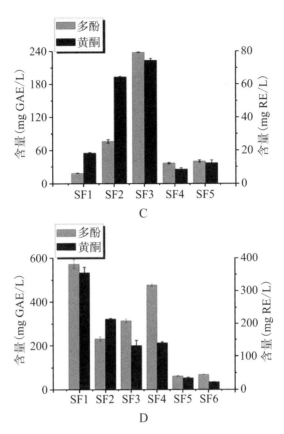

A. 菌核乙酸乙酯层多酚；B. 菌核正丁醇层多酚；C. 发酵乙酸乙酯层多酚；
D. 发酵正丁醇层多酚。

图 2-15 各种多酚萃取物的多酚和黄酮含量

四、发酵多酚萃取物抗氧化活性强

为了比较野生菌核和发酵多酚提取物的抗氧化活性，对来源于野生菌核和发酵胞外液的多酚乙酸乙酯层和正丁醇层萃取物的凝胶色谱分段级分（相同浓度下），我们分别进行了 DPPH 自由基的清除能力、TEAC

法 [ABTS·+ 自由基的清除能力，ABTS 为 2，2-联氮-二（3-乙基-苯并噻唑-6-磺酸）＝铵盐] 和 FRAP（铁还原和总抗氧化能力）三种抗氧化活性研究。清除 DPPH 自由基的 IC_{50} 越小，表示其清除 DPPH 自由基能力越强，抗氧化能力越强。TEAC 值越大，表示对 ABTS·+ 自由基的清除能力越强。FRAP 值越大，表示铁还原能力和总抗氧化活性越强。

从表 2-10 可见，菌核乙酸乙酯层多酚五个级分的三种抗氧化活性的强弱顺序为 SF3＞SF2＞SF1＞SF4＞SF5。SF3 具有最强的抗氧化活性。正丁醇层多酚五个级分的三种抗氧化活性的强弱顺序为 SF3＞SF1＞SF2＞SF4＞SF5。SF3 具有最强的抗氧化活性。

表2-10 野生菌核多酚萃取物色谱分离级分的三种抗氧化活性

样品		DPPH 自由基 IC_{50} （μg/mL）	TEAC （mmol TE/g GAE）	FRAP （mmol TE/g GAE）
乙酸乙酯层 级分	SF1	24.72±0.01[b]	2.25±0.02[b]	2.89±0.03[b]
	SF2	20.67±0.01[d]	2.72±0.04[c]	3.36±0.01[c]
	SF3	17.88±0.01[e]	3.32±0.01[d]	3.52±0.03[d]
	SF4	26.23±0.02[f]	1.96±0.04[e]	2.37±0.03[e]
	SF5	33.91±0.04[g]	1.86±0.02[d]	2.16±0.02[d]
正丁醇层 级分	SF1	17.30±0.22[i]	5.74±0.32[b]	3.55±0.05[c]
	SF2	20.97±0.33[f]	4.70±0.25[c]	3.27±0.07[c]
	SF3	15.00±0.14[j]	7.83±0.36[a]	4.06±0.15[a]
	SF4	23.59±0.46[e]	3.96±0.17[d]	2.99±0.04[c]
	SF5	27.87±0.57[b]	3.22±0.12[f]	2.76±0.08[h]

注：同一列不同字母表示数据间有显著性差异（$p<0.05$）。

从表 2-11 可见，发酵多酚乙酸乙酯层五个级分的三种抗氧化活性的强弱顺序为 SF3＞SF2＞SF1＞SF5＞SF4。SF3 具有最强的抗氧化活性。正丁醇层六个级分的三种抗氧化活性的强弱顺序为 SF1＞SF2＞SF3＞SF4＞SF5＞SF6。SF1 具有最强的抗氧化活性。

表2-11　发酵多酚萃取物色谱分离级分的三种抗氧化活性

样品		DPPH自由基IC$_{50}$ （μg/mL）	TEAC （mmol TE/g GAE）	FRAP （mmol TE/g GAE）
乙酸乙酯层级分	SF1	12.98±0.84^e	3.68±0.12^i	2.98±0.23^g
	SF2	5.16±0.53^h	4.34±0.28^g	3.30±0.21^f
	SF3	4.92±0.26^i	4.78±0.30^e	3.87±0.31^e
	SF4	30.12±1.30^a	3.06±0.24^k	2.40±0.24^j
	SF5	23.50±0.74^d	3.44±0.33^j	2.56±0.13^h
正丁醇层级分	SF1	2.13±0.09^k	19.92±0.41^a	7.45±0.49^a
	SF2	3.12±0.34^j	11.72±0.13^c	5.86±0.41^c
	SF3	7.34±0.60^g	9.75±0.44^d	4.97±0.37^d
	SF4	10.54±0.70^f	6.58±0.35^b	4.19±0.47^b
	SF5	26.18±1.10^c	4.87±0.26^f	2.38±0.11^i
	SF6	26.59±1.01^b	3.02±0.21^h	2.29±0.35^k

注：同一列不同字母表示数据间有显著性差异（$p<0.05$）。

发酵多酚正丁醇层的SF1～4级分和乙酸乙酯层的SF1～3级分的三种抗氧化活性远远强于菌核相应萃取物的所有级分。这表明桦褐孔菌在人工液体培养基中能产生抗氧化更强的多酚类物质。

五、抗氧化活性与黄酮含量有正相关性

与乙酸乙酯层相比，不论来自菌核还是发酵胞外液，正丁醇层级分大致表现出了更强的抗氧化活性，例如，菌核正丁醇层的最强抗氧化活性级分SF3相比于乙酸乙酯层的最强抗氧化活性级分SF3表现出了更强的抗氧化活性；发酵正丁醇层的SF1相比于乙酸乙酯层的最强抗氧化活性级分SF3表现出了更强的抗氧化活性，这可能是由于各个级分之中的黄酮含量不同所造成的，菌核正丁醇层SF3的黄酮含量为85.1 mg RE/L，大于乙酸乙酯层SF3的黄酮含量65.8 mg RE/L。发酵正丁醇层SF1的黄酮含量（356.39 mg RE/L）远远高于其他的级分，乙酸乙酯层SF3的黄酮含量

为 74.60 mg RE/L（见图 2-15）。

为了证实这个猜测，我们对野生菌核和发酵多酚乙酸乙酯层和正丁醇层的柱色谱分段 10 个和 11 个级分分别进行了清除 DPPH 自由基、ABTS$^{\cdot+}$自由基和 FRAP 三种抗氧化活性与组分黄酮含量（TFC）相关性分析，结果如表 2-12 所示，三种抗氧化活性的相关性系数 r 值的范围分别是 0.822～0.957（菌核多酚）、0.705～0.977（发酵多酚），抗氧化活性与黄酮含量有着很强的正相关性，表明黄酮是桦褐孔菌多酚提取物抗氧化活性的主导物质。

表2-12 野生菌核多酚和发酵多酚色谱分离级分的抗氧化活性与黄酮含量的相关性

菌核多酚	TFC	DPPH自由基	ABTS$^{\cdot+}$自由基	FRAP
TFC	1	0.909**	0.822**	0.957*
DPPH自由基	–	1	0.873*	0.954**
ABTS$^{\cdot+}$自由基	–	–	1	0.945*
FRAP	–	–	–	1
发酵多酚	TFC	DPPH自由基	ABTS$^{\cdot+}$自由基	FRAP
TFC	1	0.705*	0.978**	0.977**
DPPH自由基	–	1	0.731*	0.793**
ABTS$^{\cdot+}$自由基	–	–	1	0.960**
FRAP	–	–	–	1

进一步分析，清除 DPPH 自由基、ABTS$^{\cdot+}$自由基和 FRAP 三种抗氧化活性之间也显示了很强的相关性，r 值均高于 0.873（菌核多酚）、0.731（发酵多酚），这也验证了三种抗氧化活性的结果（见表 2-10、表 2-11）保持了一致性。

六、发酵多酚 ECG、EGCG 含量高

为了进一步比较野生菌核多酚和发酵多酚抗氧化活性级分的化学成

分，我们用高效液相色谱分析了各色谱分离级分中的五种多酚类物质：两种酚酸（没食子酸和阿魏酸），三种黄酮类化合物（黄酮苷以柚皮苷为代表、表儿茶素没食子酸酯ECG、表没食子儿茶素没食子酸酯EGCG），见表2-13、表2-14。

表2-13　菌核多酚色谱分离级分的成分组成

级分		成分（mg/g）					
		没食子酸	阿魏酸	柚皮苷	ECG	EGCG	总量
乙酸乙酯层	SF1	16.5±1.1[b]	30.7±0.8[a]	303.3±11.2[c]	67.3±3.1[b]	–	417.8
	SF2	3.1±0.8[a]	25.9±1.7[c]	323.2±10.4[a]	94.7±3.9[b]	318.9±14.3[b]	765.8
	SF3	18.5±1.6[b]	36.1±1.8[d]	375.4±13.8[b]	194.1±13.0[c]	143.7±7.9[a]	767.8
	SF4	–	4.6±0.8[b]	428.3±16.0[c]	56.1±3.2[a]	–	489.0
	SF5	22.8±1.4[c]	1.8±0.2[a]	517.2±18.3[d]	–	–	541.8
正丁醇层	SF1	36.4±0.9[a]	20.1±1.4[b]	148.6±8.6[a]	94.3±9.5[a]	–	299.4
	SF2	23.6±1.8[c]	26.8±2.8[a]	196.1±7.6[d]	196.5±10.3[a]	48.3±6.9[c]	491.3
	SF3	54.2±5.1[c]	41.9±2.7[c]	214.9±9.9[b]	289.5±11.3[b]	205.3±17.1[a]	805.8
	SF4	43.5±2.1[b]	9.8±0.4[a]	326.9±9.0[b]	–	–	380.2
	SF5	13.1±0.6[a]	24.4±0.8[b]	211.3±13.1[c]	–	–	248.8

注：同一列不同字母表示数据间有显著性差异（$p<0.05$）。

表2-14　发酵多酚色谱分离级分的成分组成

级分		成分（mg/g）					
		没食子酸	阿魏酸	柚皮苷	ECG	EGCG	总量
乙酸乙酯层	SF1	16.9±5.0[b]	18.9±2.0[c]	95.5±9.1[a]	145.4±6.2[b]	191.7±8.7[c]	468.4
	SF2	19.3±2.3[a]	26.8±2.4[b]	146.9±7.9[b]	219.3±12.9[c]	201.5±15.1[b]	613.8
	SF3	34.6±9.0[c]	30.9±5.6[c]	248.9±13.1[d]	256.1±14.5[d]	233.5±12.3[c]	804.0
	SF4	20.1±6.9[b]	23.3±0.9[a]	158.4±9.9[c]	63.0±8.6[b]	151.5±5.7[a]	416.3
	SF5	13.0±5.6[a]	19.6±1.9[a]	88.5±9.5[a]	107.6±1.9[a]	178.2±7.8[c]	418.5

续表

级分		成分（mg/g）					
		没食子酸	阿魏酸	柚皮苷	ECG	EGCG	总量
正丁醇层	SF1	16.7 ± 3.9^d	29.4 ± 4.5^d	218.0 ± 12.6^d	60.5 ± 5.5^a	143.1 ± 11.3^b	467.7
	SF2	21.9 ± 0.6^b	9.4 ± 0.3^a	142.7 ± 10.1^b	173.5 ± 10.4^b	118.3 ± 9.6^a	465.8
	SF3	–	7.1 ± 0.1^a	214.7 ± 5.7^a	302.4 ± 11.5^c	339.2 ± 12.0^d	863.3
	SF4	26.2 ± 1.4^a	16.8 ± 0.4^b	123.0 ± 2.0^a	198.2 ± 11.2^b	206.2 ± 13.4^c	570.4
	SF5	20.0 ± 1.5^c	22.2 ± 1.2^c	168.3 ± 9.5^c		99.3 ± 6.8^a	309.7
	SF6	–	8.1 ± 0.2^c	122.9 ± 5.9^b			131.0

注：同一列不同字母表示数据间有显著性差异（$p<0.05$）。

野生菌核多酚乙酸乙酯层的 SF2、SF3 和正丁醇层的 SF1、SF3 级分检测到这五种多酚化合物。乙酸乙酯层的五个级分，柚皮苷含量都比较高，其中 SF5（517.2 mg/g）的最高。EGCG 只在 SF2、SF3 被检测到，其中在 SF2 中的含量最高为 318.9 mg/g，ECG 在 SF3 中的含量最高达 194.1 mg/g。在这五个级分中 ECG 的含量顺序为 SF3＞SF2＞SF1＞SF4＞SF5，这与前文的抗氧化活性的顺序是一致的（见表 2-10），推测 ECG、EGCG 的存在对其抗氧化活性起着主导作用（见表 2-13）。

野生菌核多酚正丁醇层的五个级分，SF3 的 ECG 和 EGCG 含量分别达到了 289.5 mg/g 和 205.3 mg/g，与前文讲到正丁醇层五个级分的 SF3 抗氧化活性最强一致（见表 2-10），因此可以推论 ECG 和 EGCG 的存在对其抗氧化活性的结果有主导作用。SF4、SF5 都不含有 ECG 和 EGCG，但SF4 比 SF5 的柚皮苷的含量高很多，可能导致 SF4 的抗氧化活性要略强于SF5（见表 2-13）。

正丁醇层 SF3 的抗氧化活性强于乙酸乙酯层 SF3 的活性（见表 2-10），也应归功于较高的 ECG 和 EGCG 含量。另外，抗氧化活性也与五种多酚的含量有关，在乙酸乙酯层和正丁醇层的 SF3 中占到 76.8% 和 80.6%。

分析结果显示，不同组分多酚样品的抗氧化活性不同，可能要归因于各样品黄酮含量的高低不同，尤其是ECG和EGCG含量。

ECG和EGCG作为含有不饱和键的茶多酚，它们的化学结构之中存在C＝C和多个羟基，是强抗氧化剂，可以用来抑制氧化应激。柚皮苷是一种双氢黄酮类化合物，除了常被作为对照物用于新抗氧化物质的活性比较外，还显示了多种生物学活性和药理作用。它具有抗炎、抗病毒、抗癌、抗突变、抗过敏、抗溃疡、镇痛、降血压活性，能降血胆固醇、减少血栓的形成、改善局部微循环和营养供给，可用于生产防治心脑血管疾病的保健品和药物。

野生菌核多酚含有大量柚皮苷（见表2-13），这是桦褐孔菌重要的药效成分之一。另外，阿魏酸是很多中药的有效成分之一，是生产用于治疗心脑血管疾病及白细胞减少症等药品的基本原料，已经作为中成药的质量指标之一。没食子酸具有抗菌、抗病毒作用，而且是ECG和EGCG的前体物。

与野生菌核多酚提取物的成分比较发现，液体深层发酵能产生野生菌核中含有的这五种多酚类化合物，而且胞外多酚含有较高的ECG和EGCG，是菌核多酚的1.5和2.6倍（见表2-14）。前文已述ECG和EGCG是茶多酚生物活性的主要成分，特别是EGCG是绿茶中最有效的抗氧化多酚，具有抗氧化、抗癌、抗突变等活性。抗氧化活性至少是维生素C的100多倍，是维生素E的25倍。这两种儿茶素都是酯型儿茶素，结果表明桦褐孔菌在液体培养中具有利用没食子酸合成复杂黄烷醇的能力。但是发酵多酚中柚皮苷的量（见表2-14）则远低于野生菌核多酚（见表2-13）。

乙酸乙酯层SF3级分的五种多酚成分达80.4%，很好地解释了它最强的抗氧化活性（见表2-11），同时它也含有最大量的ECG和EGCG。SF2的含量和活性都居第二。

相关性分析表明，发酵多酚乙酸乙酯层级分的抗氧化活性与ECG和EGCG含量之间有很强的正相关性，相关性系数达到0.916以上（见表2-15）。

表2-15　发酵多酚乙酸乙酯层抗氧化活性与EGCG和ECG含量的相关性

	EGCG	ECG	DPPH自由基	ABTS·+自由基	FRAP
EGCG	1	0.658	0.916*	0.967**	0.973**
ECG	–	1	0.966**	0.997**	0.977**
DPPH自由基	–	–	1	0.942*	0.925*
ABTS·+自由基	–	–	–	1	0.983**
FRAP	–	–	–	–	1

胞外多酚正丁醇层的SF3中ECG和EGCG的含量最高，分别为302.4 mg/g和339.2 mg/g，四种多酚的总含量达86.3%，而SF1的两者含量为60.5 mg/g和143.1 mg/g，与正丁醇层六个级分的三种抗氧化活性的强弱顺序为SF1＞SF2＞SF3并不符合。

由于SF1中五种多酚的总含量仅仅达到46.8%，而从图2-15可见，SF1中的黄酮含量远远高于来自菌核的10个级分和来自发酵液的另外10个级分。

因此我们有理由推论，胞外多酚正丁醇层SF1中存在具有更强抗氧化活性的其他黄酮类物质，导致它是所有21个级分中抗氧化活性最强的。

另外，根据相关研究的学者报道，胞外多酚正丁醇层SF1的TEAC值（19.9 mmol TE/g GAE）大约是EGCG单体的TEAC值的2倍，FRAP值（7.5 mmol TE/g GAE）也高于EGCG单体或ECG单体的FRAP值（见表2-11）。这种结果表明抗氧化活性可以通过混合物组分之间的相互作用来改变，这是一种提高抗氧化活性的方式，而实际上黄酮抗氧化活性之间的这种协同作用很早就已经被证明过。SF1中未知的黄酮类化合物可能正起到这样的协同作用。

我们的研究证明，野生桦褐孔菌菌核所含有的五种多酚类化合物，利用液体深层发酵的技术也能够得到，而且液体培养的优点在于能够生产一些高附加值的次级代谢产物，如胞外多酚正丁醇层SF1的未知黄酮类化合物，并且节省了时间和空间。

黄酮类化合物是优质的抗氧化剂，因为它们作为氢和电子的供体时具有很高的反应活性，具有很广泛的药用功效。桦褐孔菌菌核和液体深层培养产生丰富的黄酮类化合物，同样具有很强的抗氧化活性。

论文《桦褐孔菌子实体多酚的分离及抗氧化性的研究》《桦褐孔菌子实体的抗氧化性活性》分别于2016年和2018年发表在《浙江理工大学学报》上。

第七节　野生三萜与发酵三萜

与前面几节一样，本书中我们称野生桦褐孔菌的菌核三萜为野生三萜，称桦褐孔菌经发酵培养所得的三萜为发酵三萜。

一、发酵产三萜的培养条件

前文通过响应面法优化桦褐孔菌培养条件，并进行了胞外多糖、胞外多酚与野生菌核多糖、多酚的比较研究，明确液体深层发酵是获取桦褐孔菌有效成分的可行技术。那么，对于三萜类化合物，两者的区别是怎么样的呢？

三萜类化合物不溶于水，因此不会像多糖和多酚一样被分泌到胞外溶于胞外液，三萜被限于菌丝体内。为了搞清楚桦褐孔菌生物合成三萜的最优条件，我们对培养基进行了响应面法优化，以下数据来自发酵9天的样品。

不同碳源和氮源对桦褐孔菌发酵菌丝体总三萜生成量的影响见表2-16，葡萄糖对三萜类化合物的合成是最有利的，总三萜类化合物含量达到41.7 mg/g。在氮源中，蛋白胨和酵母粉是三萜类化合物合成的最佳氮源，而单独使用无机氮源时桦褐孔菌基本不利用。因此采用葡萄糖作为碳源，蛋白胨和酵母粉作为混合氮源，进行进一步优化。

表2-16 不同碳源和氮源对桦褐孔菌发酵三萜含量的影响

碳源	三萜含量（mg/g）	氮源	三萜含量（mg/g）
葡萄糖	41.7±0.7[a]	蛋白胨	40.9±0.4[a]
蔗糖	27.2±1.1[c]	酵母粉	41.9±0.8[a]
果糖	37.8±0.6[b]	KNO$_3$	13.0±0.2[c]
麦芽糖	25.6±0.5[d]	(NH$_4$)$_2$SO$_4$	22.4±0.4[b]
玉米粉	25.8±0.5[d]	–	–
可溶性淀粉	23.2±0.3[e]	–	–

注：同一列中不同字母表示数据间差异显著（$p < 0.05$）。

通过部分因子实验设计，以菌丝体生物量（Y_B）和总三萜合成量（Y_{T1}）对培养基组分葡萄糖（X_1）、蛋白胨（X_2）、酵母粉（X_3）、KH$_2$PO$_4$（X_4）、MgSO$_4$（X_5）和CaCl$_2$（X_6）进行了考察。通过方差分析各因子对菌丝体生物量无显著作用，而对于三萜类化合物合成量，葡萄糖、蛋白胨、酵母粉和CaCl$_2$具有显著影响（$p < 0.05$），进行线性拟合得到回归方程（X_4和X_5不显著剔除）：

$$Y_{T1}(\%) = 4.17 + 0.20X_1 - 4.19X_2 - 2.01X_3 + 49.25X_6 \tag{1}$$

方程的决定系数为0.985，表明回归方程拟合良好。通过拟合方程的系数符号判断葡萄糖和CaCl$_2$的浓度对合成三萜类化合物呈正效应，蛋白胨和酵母粉浓度则呈负效应。因此要提高三萜类化合物合成量应当提高葡萄糖和CaCl$_2$的浓度，同时降低蛋白胨和酵母粉的浓度。

对三萜类化合物合成量具有显著影响的因子葡萄糖、蛋白胨、酵母粉和CaCl$_2$以及它们的正负效应进行最陡爬坡实验设计，通过软件拟合分别得到了生物量以及三萜类化合物产量的多元回归模型：

$$Y_B = 8.38 + 0.062A - 0.013B + 0.087C + 0.085D - 0.01AB$$
$$+ 0.046AC + 0.049AD - 0.017BC - 0.017BD + 0.001CD \qquad (2)$$
$$- 0.15A^2 - 0.085B^2 - 0.081C^2 - 0.15D^2$$

$$Y_{T2} = 5.57 + 0.13A - 0.084B + 0.13C - 0.052D + 0.011AB + 0.031AC$$
$$+ 0.16AD + 0.046BC + 0.12BD - 0.047CD - 0.15A^2 - 0.19B^2 \qquad (3)$$
$$- 0.20C^2 - 0.28D^2$$

其中 Y_B 为菌丝体生物量，Y_{T2} 为三萜类化合物产量，A、B、C 和 D 分别为葡萄糖、蛋白胨、$CaCl_2$ 和酵母粉的实验编码值。

根据响应面分析三维图和等高线图可以看出葡萄糖、蛋白胨、$CaCl_2$ 和酵母粉四个因素对生物量和三萜类化合物产量的影响。通过两个响应值的分析，葡萄糖、蛋白胨、$CaCl_2$ 和酵母粉四个因素的最优值为 58.9、2.9、0.5 和 1.2（g/L）。

二、不同培养基对发酵产三萜的影响

图 2-16 比较了两种培养基中桦褐孔菌的生物量（A）和三萜产量（B）。前 6 天时，基础和优化培养基中的生物量随着培养时间的增加而快速增加，在第 6 天到第 9 天期间，其生长速率开始减慢，到第 9 天以后生物量开始下降，这可能是由于菌丝体生长后期培养基营养物质逐渐耗尽，同时各类代谢产物不断积累，自身发生了一些变化，造成自溶、衰亡等，符合生长规律。在整个发酵过程中，优化培养基中的桦褐孔菌菌丝体生长明显要优于基础培养基中的，且在第 9 天时其菌丝体量达到最大值，为 10.3 g/L，高于基础培养基中的菌丝体量（9.36 g/L）。

从发酵第 3 天开始，在基础和优化培养基中桦褐孔菌胞内三萜含量开始有上升趋势。在对数期（第 2～7 天）中，三萜含量随发酵时间的增加而快速增加，7 天以后，三萜含量的增长率开始下降，直到第 9 天时其三萜含量达到最大值，即 75.0±3.2 mg/g，比基础培养基中的三萜含量（64.9±2.0 mg/g）提高了 15.5%。从三萜产量（即单位产量，下同）（以发酵液体积计）来看，与基础培养基相比，优化培养基中的总三萜产量（773.0±27.9 mg/L）提高了 27.2%。

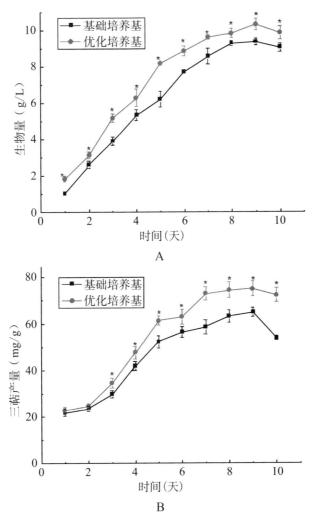

图 2-16 桦褐孔菌液体发酵生物量（A）和三萜产量（B）变化

研究证明了高碳限氮有利于桦褐孔菌生长和生物合成三萜类化合物。三萜类化合物在生物体内是通过甲、戊-二羟酸途径合成的，其含量受生物合成前体以及限制性步骤酶的量和活性共同影响，有研究表明葡萄糖代谢为三萜类化合物的生物合成提供前体，因此葡萄糖为桦褐孔菌发酵产三萜类化合物的最佳碳源。

我们的研究发现，酵母粉对三萜类化合物的合成有显著影响，原因可能是酵母粉中的酵母激发子能促进三萜类化合物合成途径中磷脂酶A2的活性。适当浓度钙离子能促进生物体内HMG-CoA还原酶的活性，而HMG-CoA还原酶是三萜合成途径中重要的限速酶。

桦褐孔菌菌丝体的三萜含量（7.50%）比野生菌核中三萜类化合物含量（3.63%）提高了107%，表明桦褐孔菌通过液体深层发酵9天就能产生高于野生菌核三萜含量的桦褐孔菌菌丝体。

我们的研究实现了液体发酵三萜总量的提高，但桦褐孔菌重要三萜（见前述）的生物合成情况会是怎么样的呢？我们下一步的研究将回答这个问题。

论文《响应面法优化桦褐孔菌产三萜化合物发酵培养基》于2013年发表在《浙江理工大学学报》上。

三、野生菌核三萜单体的提取分离和纯化鉴定

我们首先想搞清楚野生菌核所含的主要三萜成分。

将桦褐孔菌菌核进行粉碎，过60目筛，精确称取干燥粉末，加入一定量的氯仿，在冰水浴中采用超声分3批次进行破壁处理1小时，间歇4秒后，合并提取物在50℃水浴下浸泡7天，进行加热回流8小时，提取3次。过滤后，合并提取液，减压浓缩将氯仿蒸干，可得氯仿提取物，产率为0.89%（见图2-17）。

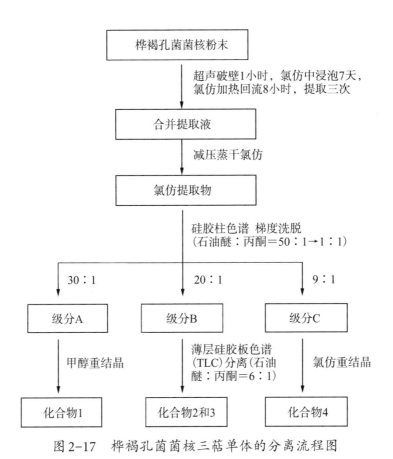

图2-17 桦褐孔菌菌核三萜单体的分离流程图

将氯仿提取物采用反复的硅胶柱色谱进行湿法上柱分离，用流动相为石油醚：丙酮（50：1→1：1）进行梯度洗脱，以1%香草醛-浓硫酸作为显色剂，稍加热后，若显紫色则为三萜类化合物。将所收集的洗脱液用薄层硅胶板色谱（TLC）进行检测，合并相同的流分，经减压蒸馏后，获得级分A；当石油醚：丙酮为20：1时，收集洗脱液的试管中发现有针状晶体析出，根据上述同样的检测方法获得级分B；当石油醚：丙酮为9：1时，发现有大量的粉状晶体析出，同时根据上述方法检测，并获得级分C。对级分A采用甲醇重结晶获得白色针状固体，将其分离、冷冻干燥得到化合物1；干燥后的级分B将其溶解于少量氯仿中，展开剂为石油醚：丙酮（6：1）进行 TLC 分离获得化合物 2 和化合物 3；级分 C 经过氯仿重结晶得到化合物 4。

上述分离得到的四种主要三萜的产率分别为 0.067%、0.034%、0.026% 和 0.037%。

这四种化合物采用红外（IR）、^{1}H 和 ^{13}C NMR 光谱来进行结构的鉴定。其中 ^{1}H NMR（400 MHz）和 ^{13}C NMR（100 MHz）光谱采用标准的脉冲序列，CDCl$_3$ 作为化合物 1、化合物 2 和化合物 3 的溶剂，而化合物 4 由于不溶于 CDCl$_3$，采用 DMSO 作为溶剂，TMS 作为内标。

四个单体分别鉴定为羊毛脂烷型四环三萜类化合物羊毛甾醇（lanosterol）、桦褐孔菌醇（Inotodiol）、3β-羟基羊毛甾-8，24-二烯-21-醛（3β-hydroxy-lanosta-8, 24-dien-21-al）、栓菌酸（trametenolic acid）。

四、发酵三萜五种单体产量高

桦褐孔菌富含羊毛脂烷型四环三萜类化合物桦褐孔菌醇、栓菌酸、3β-羟基羊毛甾-8，24-二烯-21-醛、羊毛甾醇、五环三萜白桦脂醇（betulin），其中桦褐孔菌醇是桦褐孔菌中的标志性成分，目前发现只存在于桦褐孔菌中。我们利用 HPLC-MS 分析了发酵三萜提取物的五种三萜单体的含量（见图 2-18）。

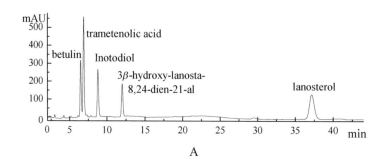

A

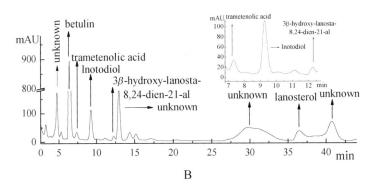

图 2-18　三萜 HPLC 色谱图：标准品（A）和桦褐孔菌发酵第 7 天三萜提取物（B）

桦褐孔菌在基础培养基和优化培养基的发酵菌丝体内这五种三萜物质的动态变化过程见图 2-19。在优化培养基中，白桦脂醇和桦褐孔菌醇在第 7 天时达到最大值，而在基础培养基中，在第 8 天时达到最大值；在基础和优化培养基中，羊毛甾醇和栓菌酸分别在第 7 天和第 8 天时达到最大值；在基础培养基和优化培养基中，3β-羟基羊毛甾-8，24-二烯-21-醛的含量分别在第 7 天和第 8 天时达到最大值。在优化培养基中，菌丝体内含有桦褐孔菌醇 0.185%、栓菌酸 0.151%、3β-羟基羊毛甾-8，24-二烯-21-醛 0.065%、羊毛甾醇 0.123%、白桦脂醇 0.356%，比基础培养基中的五种三萜成分分别增加了 1.6 倍、2.1 倍、0.6 倍、1.0 倍和 3.3 倍（$p < 0.05$）。

总体上，五种典型三萜成分的含量与总三萜含量基本一致（见图 2-18B），但是各个三萜成分达到最大值要早于总三萜（见图 2-18B），且优化培养基中的各个三萜含量高于基础培养基中的。结果表明，采用优化培养基有利于各个三萜组分的积累。

与野生菌核这五种三萜的含量（见表 2-17）比较发现，发酵菌丝体中的含量数倍于菌核中的含量，再次证明了通过培养条件的优化大大提高了桦褐孔菌在人工培养条件下生物合成三萜的能力。

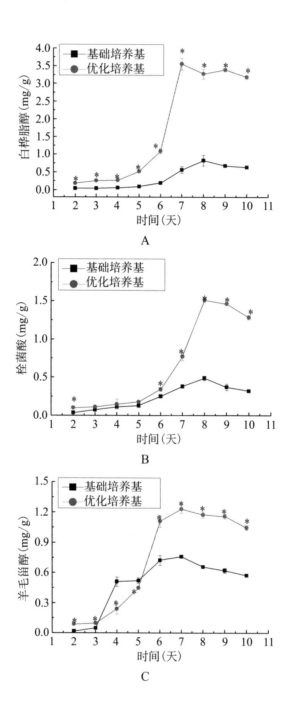

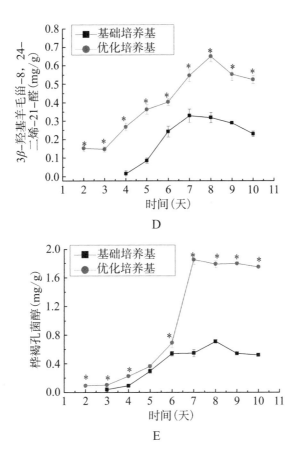

D

E

图 2-19　桦褐孔菌液体发酵五种三萜含量变化情况

表 2-17　野生菌核三萜和发酵三萜提取物的成分及含量对比

成分	菌核三萜（%）	发酵三萜（%）
桦褐孔菌醇	0.034	0.185
栓菌酸	0.037	0.151
3β-羟基羊毛甾-8，24-二烯-21-醛	0.025	0.065
羊毛甾醇	0.067	0.123
白桦脂醇	0.182	0.356
总量	0.345	0.880

和灵芝对比一下：三种不同种类的野生灵芝，其九种三萜酸总计含量在0.11%~0.15%，而栽培灵芝在0.09%~0.71%。灵芝不论子实体还是液体深层发酵培养的菌丝体的三萜含量，都比野生桦褐孔菌和发酵菌丝体低。

论文《桦褐孔菌子实体三萜单体的分离及鉴定》于2015年发表在《浙江理工大学学报》上。

五、三萜抑酶活性强

糖尿病是近年来具有高发病率的高血糖水平的慢性疾病。2型糖尿病患者可以正常分泌胰岛素，但后天出现的胰岛素抵抗导致受体无法发挥正常功能，通过适当口服降糖药物，如二甲双胍、罗格列酮等，可以降低餐后血糖水平。α-葡萄糖苷酶抑制剂和α-淀粉酶抑制剂是针对糖尿病的新型有效药物，如阿卡波糖和伏格列波糖，可以有效抑制人体消化道对糖的吸收，并降低餐后血糖。

但目前临床上使用的降糖药为化学合成的酶抑制剂，给药量大，同时会造成严重的肝功能损伤、胃胀、腹泻等副作用，从天然物质中发现新的α-葡萄糖苷酶抑制剂和α-淀粉酶抑制剂是针对显著胰岛素抵抗的2型糖尿病研究的热点。

早在16世纪，民间就有把桦褐孔菌作为偏方用于预防治疗糖尿病、癌症等疑难杂症的记载。为了探索桦褐孔菌降血糖抗糖尿病的机制及生物活性成分，从桦褐孔菌菌核和发酵菌丝体中发现α-葡萄糖苷酶和α-淀粉酶的天然抑制剂，我们对菌核和发酵菌丝体的次级代谢产物中的三萜类化合物进行了色谱分离、抑酶活性分析和有效成分HPLC-MS和NMR分析鉴定。

（一）菌核桦褐孔菌醇抑酶活性

对桦褐孔菌菌核三萜类化合物进行提取、硅胶柱色谱分离、重结晶，得到三个主要化合物进行抑酶活性研究，发现化合物1、化合物2和化合物3都对α-葡萄糖苷酶和α-淀粉酶有一定抑制作用，其抑制率如图2-20所示，随着样品浓度的增加，样品对α-葡萄糖苷酶和α-淀粉酶的抑制率也随之增加，呈剂量依赖性。

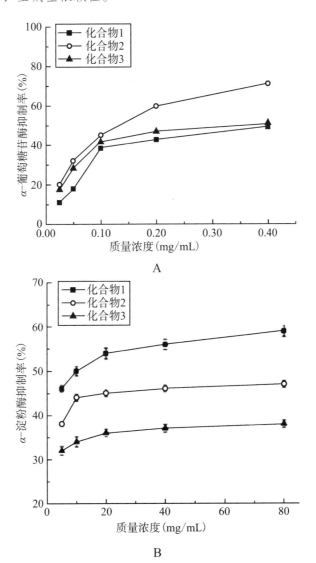

图2-20 野生菌核三萜类化合物对α-葡萄糖苷酶（A）和α-淀粉酶（B）活性抑制曲线

由表2-18可知，在三个三萜单体中，对α-葡萄糖苷酶活性抑制的 IC_{50} 大小依次为化合物1、化合物2和化合物3。化合物2的 IC_{50}（0.15 mg/mL）显著低于阳性对照阿卡波糖（0.37 mg/mL），具有强抑制活性；化合物1对α-淀粉酶活性抑制的 IC_{50} 为9.51 mg/mL，也低于阿卡波糖（10.51 mg/mL）。

表2-18　菌核三萜类化合物对α-葡萄糖苷酶和α-淀粉酶的活性抑制情况

化合物	α-葡萄糖苷酶 IC_{50}（mg/mL）	α-淀粉酶 IC_{50}（mg/mL）
化合物1	0.60 ± 0.01^{d}	9.51 ± 0.74^{a}
化合物2	0.15 ± 0.02^{a}	14.31 ± 0.71^{b}
化合物3	0.43 ± 0.09^{c}	>100
阿卡波糖	0.37 ± 0.01^{b}	10.51 ± 0.72^{a}

注：同一列不同字母表示抑制活性存在显著差异（$p < 0.05$）。

这三个三萜类化合物，经HPLC验证其纯度均达到98%以上，根据质谱和核磁共振鉴定，确定三个化合物分别为羊毛甾醇、桦褐孔菌醇和栓菌酸，即桦褐孔菌特有的三萜桦褐孔菌醇具有很强的α-葡萄糖苷酶和α-淀粉酶活性抑制作用。

（二）发酵菌丝体三萜级分抑酶活性

桦褐孔菌菌丝体异丙醇提取物经氯仿萃取后，少量极性物质被除去，弱极性三萜类化合物富集在氯仿层。氯仿层经过硅胶柱色谱分离后粗分成10个级分，其得率、三萜含量以及对α-葡萄糖苷酶和α-淀粉酶的抑制活性如表2-19所示。

表2-19　发酵三萜级分得率、三萜含量及对酶活性的半抑制浓度

级分	得率（%）	三萜含量（%）	α-葡萄糖苷酶 IC_{50}（mg/mL）	α-淀粉酶 IC_{50}（mg/mL）
1	28.87	31.6	34.12±2.63[g]	>100
2	19.50	39.9	>100	>100
3	4.08	34.1	>100	>100
4	9.40	78.8	1.33±0.02[c]	7.86±1.55[a]
5	3.88	82.1	9.61±0.06[f]	>100
6	1.94	73.9	36.49±3.68[g]	>100
7	2.29	62.2	1.52±0.03[d]	15.59±2.64[b]
8	4.02	76.5	0.26±0.02[a]	8.88±0.86[a]
9	8.75	50.5	3.32±0.03[e]	>100
10	8.00	70.2	>100	>100
阿卡波糖	-	-	0.37±0.01[b]	10.51±0.72[a]

注：同一列不同字母表示抑制活性存在显著差异（$p < 0.05$）。

级分1得率较大，但三萜含量最低，其对α-葡萄糖苷酶和α-淀粉酶的抑制作用弱，级分4～10的三萜类化合物含量高达50.5%～82.1%之间。

级分4、7、8对α-葡萄糖苷酶和α-淀粉酶的抑制率（见图2-21）表明：随着物质浓度升高，其对酶的抑制作用增强。阿卡波糖抑制α-葡萄糖苷酶的IC_{50}为0.37 mg/mL，级分8的IC_{50}为0.26 mg/mL，显著低于阳性对照药阿卡波糖，说明其对α-葡萄糖苷酶有显著抑制活性；级分4、8对α-淀粉酶的活性抑制IC_{50}分别为7.86 mg/mL和8.88 mg/mL，低于阿卡波糖（IC_{50}为10.51 mg/mL）；级分7对α-葡萄糖苷酶和α-淀粉酶均有弱抑制作用，IC_{50}高于阿卡波糖的IC_{50}。级分2、3、10对α-葡萄糖苷酶和α-淀粉酶均没有抑制作用，IC_{50}大于100 mg/mL。

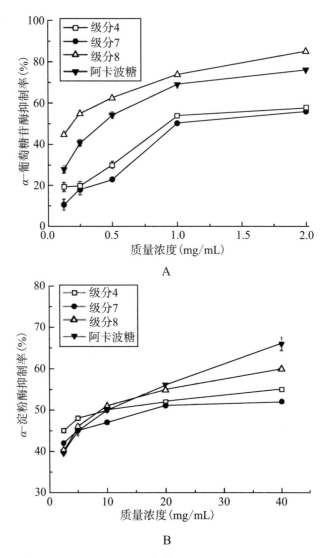

图2-21 发酵三萜不同级分对α-葡萄糖苷酶（A）和α-淀粉酶（B）活性抑制曲线

（三）发酵三萜级分4、7、8成分鉴定

以上结果显示，级分4、7、8对α-葡萄糖苷酶和α-淀粉酶的抑制效果较好，为了了解它们含有什么物质，我们对桦褐孔菌发酵三萜总提取物和这三个级分进行了液质色谱联用分析。图2-22表明：级分4、7、8分别以化合物a、b、c为主要构成物质，在206 nm检测波长下，化合物a、b、c具有不同保留时间，为不同的三萜类化合物，在级分中纯度较高。根据质谱数据，初步判断化合物a、b、c分别为桦褐孔菌萜D（四环三萜）、lawsaritol（四环三萜醇）和白桦脂酸（五环三萜，白桦脂醇的衍生物）。化合物a分子量为458，片段分子量有448、384、343、317和276，片段与四环三萜类化合物桦褐孔菌萜D可能的断裂方式匹配，故初步判断化合物a为桦褐孔菌萜D。化合物b的最高吸收为415 $[M+H]^+$，产生的断裂分子量有273、285、303、354、396、399等，初步判断为lawsaritol。化合物c的片段分子量有178、190、266、361、419、438、456等，初步判断化合物c为白桦脂酸。化合物还需要经核磁共振最终确定。

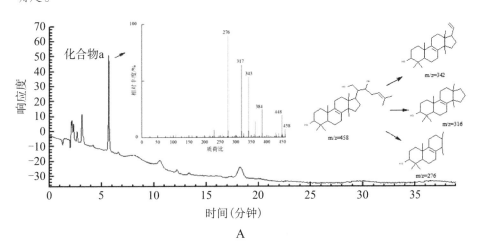

A

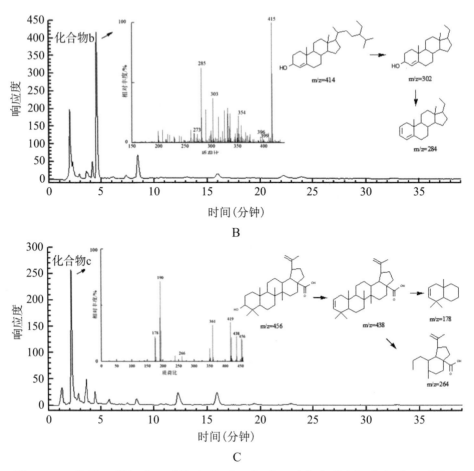

图 2-22　发酵三萜级分 4（化合物 a）、级分 7（化合物 b）和级分 8（化合物 c）的液质联用色谱图及结构推断

（四）酶抑制类型

在桦褐孔菌菌核三萜提取单体和发酵三萜提取级分中，桦褐孔菌醇对α-葡萄糖苷酶具有最强抑制效果（见表 2-18），桦褐孔菌萜 D 对α-淀粉酶的抑制效果最好（见表 2-19）。在三个化合物浓度作用下的酶动力学如图 2-23 所示。随着桦褐孔菌醇的质量浓度的增大，双倒数直线与横坐标的交点数值变大，与纵坐标的交点不变，显示米氏常数 K_m 增大，反应最大速率

V_{max} 不变（见图2-23A），表明桦褐孔菌醇对 α-葡萄糖苷酶的抑制方式属于竞争性抑制。采用双倒数法确定，桦褐孔菌萜D对 α-淀粉酶的抑制方式属于非竞争性与竞争性混合型抑制。两个化合物与目前市售 α-葡萄糖苷酶和 α-淀粉酶主要抑制剂阿卡波糖类似，对 α-葡萄糖苷酶作用机制为竞争性抑制，对胰 α-淀粉酶的抑制类型为非竞争性与竞争性抑制混合类型。

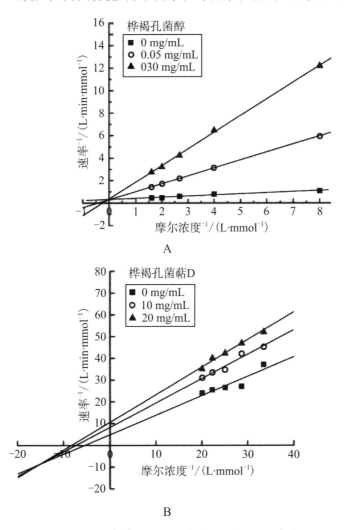

图2-23　桦褐孔菌醇对 α-葡萄糖苷酶（A）和桦褐孔菌萜D对 α-淀粉酶（B）抑制作用双倒数图

鉴于桦褐孔菌三萜的抑制活性都显著性强于阿卡波糖，它们作为降血糖的天然药物具有潜在的开发应用价值。

论文《桦褐孔菌三萜对 α-葡萄糖苷酶和 α-淀粉酶的抑制活性及其有效成分鉴定》于2020年发表在《浙江理工大学学报》上。

六、抑制肿瘤细胞活性

癌症是一种严重的、致死率极高的疾病，桦褐孔菌野生菌核在被作为民间药物使用时，有被用于抗肿瘤的记载。桦褐孔菌的液体深层发酵所获得的菌丝体虽然和桦褐孔菌菌核的组成成分含量有所不同，但是组成成分的类别大致相同，因此，桦褐孔菌液体深层发酵菌丝体的三萜提取物具有作为抗癌药物的研究价值。

我们通过对四种癌细胞以及一种正常肺细胞进行噻唑蓝（MTT）检测分析，确定三萜类化合物对某一些癌细胞的增殖具有抑制作用，并且与已知的几种三萜类抗肿瘤成分相比，以评价桦褐孔菌三萜成分的抗肿瘤活性的效果；进行细胞周期以及细胞凋亡实验分析，初步评价桦褐孔菌三萜类化合物对卵巢癌细胞SKOV3、ES2和肺癌细胞PC9、A549细胞周期及细胞凋亡的影响，并通过HPLC-MS来进一步确定桦褐孔菌三萜类化合物中的具有抗癌作用的活性成分，为进一步分析其作用机制奠定基础。

添加不同浓度的发酵三萜提取物处理3天和6天后，对肺癌细胞A549、PC9和卵巢癌细胞ES2、SKOV3，以及正常肺细胞Besa2的抑制作用效果如图2-24所示。

图2-24表明桦褐孔菌发酵三萜类成分对卵巢癌和肺癌细胞的抑制效果较明显，并且呈现出和浓度正相关的趋势，同时对Besa2细胞的抑制效果并不明显。三萜类成分和5-氟尿嘧啶（5-FU）对四种癌细胞抑制的 IC_{50} 列于表2-20，半抑制浓度随处理时间延长而降低。

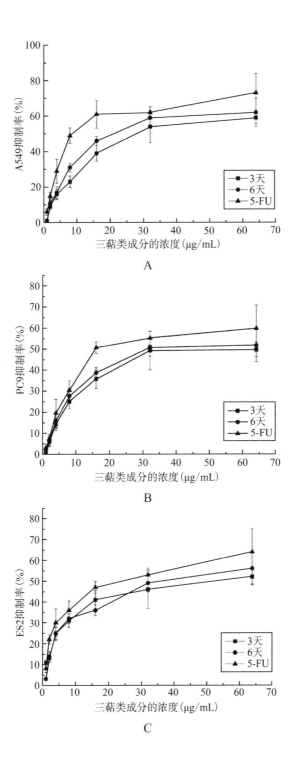

A

B

C

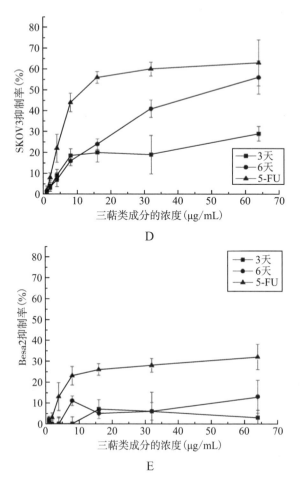

图2-24　桦褐孔菌发酵三萜类成分对两种肺癌细胞A549、PC9（A、B）及两种卵巢癌细胞ES2、SKOV3（C、D）和正常肺细胞Besa2（E）的抑制作用

表2-20　桦褐孔菌发酵三萜抑制四种细胞增殖的IC₅₀

细胞株	3天的 IC_{50}（μg/mL）	6天的 IC_{50}（μg/mL）	3天的5-FU IC_{50}（μg/mL）
A549	28.5	23.5**	11.3
PC9	21.4	19.7	10.2
ES2	21.0	17.6**	10.1
SKOV3	33.8	10.9***	15.0

注：**$p<0.01$，***$p<0.001$。

作为阳性对照药物的5-氟尿嘧啶对肿瘤细胞的增殖抑制能力要明显强于两种不同处理时间的三萜，但对正常肺细胞Besa2有极大损伤（见图2-24E），具有明显的副作用。

总之，桦褐孔菌发酵三萜类成分对四种肿瘤细胞增殖的抑制效果较明显，而对正常细胞的损伤远小于5-氟尿嘧啶，因此桦褐孔菌发酵三萜作为一种抑制癌细胞的药源是可行的。

用不同浓度的三萜类成分处理四种肿瘤细胞3天后收集细胞，在流式细胞仪中进行细胞周期分析，结果如表2-21所示。肺癌细胞PC9、A549和卵巢癌细胞SKOV3、ES2经过三萜类成分处理，随着三萜类成分的浓度升高，四种细胞的S期和G2及M期的比例降低，G0及G1期的比例提高，表明在G0及G1期细胞周期受到阻滞，其中A549的变化最为明显；经过浓度16 μg/mL三萜类成分处理的PC9、A549、ES2、SKOV3，与对照相比各细胞处在G1期的细胞数分别提高了32.7%、41.5%、5.7%、9.5%，S期的细胞数降低了22.7%、61.7%、17.7%、25.0%。

表2-21　桦褐孔菌发酵三萜类成分对四种细胞细胞周期的影响情况

各细胞周期所占比例	三萜类成分及浓度（μg/mL）											
	PC9			A549			SKOV3			ES2		
	0.0	4.0	16.0	0.0	4.0	16.0	0.0	4.0	16.0	0.0	4.0	16.0
G1期（%）	35.8±0.9	42.6±1.7	47.4±1.7	53.3±1.6	56.8±0.3	77.7±1.7	55.0±1.9	59.8±2.6	61.0±1.4	66.6±1.1	67.2±0.5	70.7±0.6
S期（%）	51.5±3.3	46.3±2.5	41.7±4.0	26.1±2.6	22.5±1.3	11.1±5.0	26.4±2.3	22.6±1.6	20.3±1.6	20.3±0.9	18.7±0.5	16.7±0.3
G2期（%）	12.7±4.2	11.1±6.0	11.9±2.5	20.6±3.1	20.7±0.1	11.2±2.5	18.6±1.3	17.6±0.7	18.7±0.8	13.1±1.7	14.1±0.6	12.6±2.2

用不同浓度的三萜类成分处理四种肿瘤细胞2天后收集细胞，在流式细胞仪中测定细胞凋亡情形，结果如表2-22，显示肺癌细胞PC9、A549和卵巢癌细胞SKOV3、ES2的凋亡比例均有所增加，高于未加入三萜类成分（细胞不同状态的分布如图2-25所示）。经过三萜类成分处理四种肿瘤细胞之后，在早期凋亡和晚期凋亡象限中的细胞比例明显增多；

经过三萜类成分处理，不仅会引起四种肿瘤细胞的细胞凋亡，在死亡细胞象限中的细胞比例也提高。因此，除了引起细胞凋亡之外，三萜类成分的细胞毒性可能是其发挥药效的方式之一。

表2-22　桦褐孔菌发酵三萜类成分处理对四种肿瘤细胞凋亡的影响情况

不同细胞状态所占比例	三萜类成分及浓度（μg/mL）											
	PC9			A549			SKOV3			ES2		
	0.0	4.0	16.0	0.0	4.0	16.0	0.0	4.0	16.0	0.0	4.0	16.0
UL（%）	0.5± 0.5	0.9± 0.1	0.7± 0.1	0.4± 0.1	0.5± 0.2	0±0.1	0.2± 0.1	0.1± 0.1	0±0.1	0.7± 0.9	0.3± 0.1	0.2± 0.1
UR（%）	3.9± 0.4	4.5± 0.6	9.6± 1.2	2.0± 0.3	1.9± 0.7	2.4± 1.1	0.5± 0.2	3.9± 0.5	7.0± 0.8	3.3± 0.9	1.6± 0.5	3.5± 0.8
LL（%）	90.6± 0.6	76.8± 2.7	65.7± 5.1	96.4± 1.4	88.6± 3.3	82.6± 5.2	97.2± 0.2	73.8± 10	59.4± 4.2	94.7± 1.9	83.7± 3.3	68.9± 3.0
LR（%）	5.0± 1.2	17.8± 3.7	20.8± 4.8	1.2± 0.3	9.0± 0.2	15.0± 2.1	2.1± 0.4	22.2± 5.0	33.6± 5.6	1.4± 0.1	14.4± 3.4	27.4± 4.7

注：表中LL代表左下方区域为活细胞，LR代表右下方区域为早期凋亡细胞，UL代表左上方区域为晚期凋亡细胞，UR代表右上方区域为死细胞。

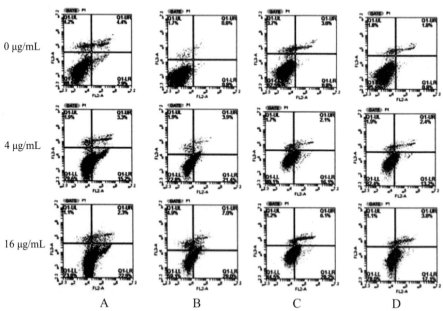

A. SKOV3细胞凋亡；B. ES2细胞凋亡；C. A549细胞凋亡；D. PC9细胞凋亡。

图2-25　不同浓度发酵三萜类成分处理对四种肿瘤细胞凋亡的影响

　　细胞周期中 G1 期主要为 S 期合成 DNA 所需 RNA 和蛋白质进行准备，发生 G0 和 G1 期阻滞说明了三萜类化合物影响肿瘤细胞在 G1 和 S 期的检查点，DNA 合成所需的关键蛋白以及关键基因的转录和翻译受到了抑制，因此，肿瘤细胞就被阻滞在了细胞周期中的 G0 和 G1 期，同时三萜类化合物就可能在细胞凋亡相关的调控点中对控制细胞凋亡的基因进行诱导，使肿瘤细胞发生自我凋亡。在细胞周期中，有许多参与对细胞周期调控的因子，通过对细胞周期调控基因 cyclin D1、cyclin E1、CDK2 和 CDK4 的抑制以及对 P27 基因的促进可以达到对 G0 和 G1 期阻滞的效果。桦褐孔菌发酵三萜类成分对肺癌细胞 PC9、A549 和卵巢癌细胞 SKOV3、ES2 细胞的阻滞作用可能就是通过影响上述调控因子来达到阻滞细胞周期的效果。

　　通过 HPLC-MS 分析，鉴定桦褐孔菌发酵三萜类成分，主要成分中桦褐孔菌醇具有良好的抗突变抗氧化活性，白桦脂醇的衍生物白桦脂酸能够诱导细胞凋亡来达到抗肿瘤的效果，栓菌酸能够通过调节 P-糖蛋白的表达起到抗肿瘤效果。但仍需进一步研究确定其成分以及结构，才能更好地了解桦褐孔菌发酵三萜类成分的抗肿瘤机制。

　　论文《液体发酵桦褐孔菌三萜类成分抑制肿瘤细胞活性研究》于 2019 年发表在《浙江理工大学学报》上。

第八节　总结

野生桦褐孔菌自然资源稀缺、价格昂贵，我们的这些研究表明采用液体深层发酵培养获取桦褐孔菌多糖、多酚、三萜是成功的。

关于为什么液体深层培养菌丝体生长快、生长周期短，而且有效成分的生物活性可以匹敌或强于野生菌核的相应成分呢？

我们分析认为，可能是在液体培养的培养基营养成分均匀，有利于菌类营养体的充分接触与吸收。菌丝细胞能在反应器内处于最适温度、pH、氧气、碳氮比的条件下生长，能及时排放呼吸作用产生的代谢废气，因此，菌丝新陈代谢旺盛，生长分裂迅速，能在短时间内积累大量的菌丝体和多糖、多酚、三萜等具有生理活性的次级代谢产物。

桦褐孔菌菌丝体培养周期短，培养条件易控制，能在短时间内得到产品，这不仅有利于自然珍稀资源的保护，同时还可以满足人们对珍稀药用真菌功效成分的需求。

下一步，我和团队将继续研究如何提高桦褐孔菌发酵活性成分的产量。

第三章

杂食与偏食

在自然界中，桦褐孔菌别无选择，从坚硬的白桦树中获取营养，可谓"杂食"。我们为了获得高产量活性胞外多糖和多酚（黄酮），培养基采用了碳源玉米淀粉和氮源蛋白胨；为了获得高产量胞内三萜，培养基采用了碳源葡萄糖和氮源酵母膏。这些做法对桦褐孔菌来说，就像现代人选取精制碳水化合物和优质蛋白一样，是一种人工"偏食"。

十几年前，对食药用真菌多糖的液体深层发酵的研究，特别是桦褐孔菌多糖，主要着力于如何通过改变发酵条件和发酵培养基组分而获得较高的产量。

随着液体深层发酵可以"获得桦褐孔菌菌丝体和三大类主要有效成分"的研究成果比较确定之后，我也开始关注有效成分的产量和活性这方面的研究。

当时我的直觉是，要提高有效成分的产量和活性，应该从调控桦褐孔菌的代谢着手，但一时不知从哪里下手比较好，但桦褐孔菌传奇的一生，让我有了灵感。

桦褐孔菌作为白腐真菌的一种，具有分解木质纤维素这一特点。

既然桦褐孔菌能靠它的白腐真菌特性，消化白桦树活立木细胞壁的木质纤维素，从而获得营养慢慢长大，那么如果改变桦褐孔菌的人工"偏食"饮食，让它回归自然"杂食"的状态，是否可以提高桦褐孔菌的生物合成能力，以及促进有效成分从胞内的释放？

也就是说，如果我让它在液体培养时"吃"木质纤维素，它能接受吗？

结果，是令人鼓舞的。

第一节 液体培养桦褐孔菌能否消化木质纤维素

木质纤维素是目前发现的最为丰富的天然高分子化合物，大量存在于非食品作物，如木材、草、农业废弃物和林业废弃物中，是一种价格低廉且来源丰富的资源。

木质纤维素主要由纤维素、半纤维素和木质素组成（见图3-1）。纤维素是由葡萄糖单体连接而成的链状高分子聚合物，纤维素通过糖化和

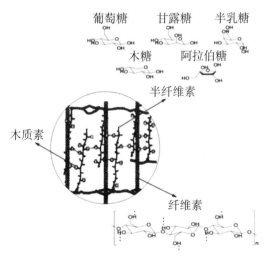

图3-1 木质纤维素结构示意图

发酵可转化成生物乙醇；半纤维素是由高度分支的杂多糖链组成，以木聚糖和葡聚糖为主，半纤维素可以被降解转化成多种糖。木质素是由多个苯丙烷单体组成的高分子芳香族类聚合物，这使得木质素结构不容易被破坏。软木的木质素含量高于硬木，硬木的木质素含量高于禾草类植物（见表3-1）。

表3-1 不同生物质三种大分子的百分含量

材料	木质素（%）	纤维素（%）	半纤维素（%）
硬木	18～25	45～55	24～40
软木	25～35	45～50	25～35
草类	10～30	25～40	25～50

不同来源的木质素，其构成的结构单元、基本单元之间的连接键以及所含的结构单元比例都存在一定的差异。

木质素和半纤维素通过共价键的形式连接，而纤维素被木质素和半纤维素屏蔽在里面，一般的微生物很难破坏木质素和半纤维素的共价键，因此，要想利用纤维素必须先破坏木质素。

木质素的完全降解是自然界中的细菌、真菌和其他微生物群落联合作用的结果，其中白腐真菌是唯一能在纯系培养中降解木质素的真菌。

桦褐孔菌作为白腐真菌在野外生存时能降解白桦树（软木）木质纤维素为其提供营养，那么我们首先要验证桦褐孔菌在液体培养时是否也能降解白桦树木质纤维素。

我们从白桦林中捡拾了一些掉落的树枝，分析其木质纤维素的组成为木质素19.5%、纤维素36.0%、半纤维素25.5%。

利用第二章确定的RSM优化培养基，调整玉米淀粉从5.3%降到3.5%，添加3%桦树枝粉末进行液体深层培养，结果令人振奋。图3-2显示，木质素、纤维素和半纤维素三种成分的含量随着发酵进程在不断降低。

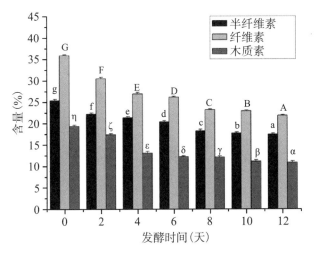

图3-2 桦树枝在桦褐孔菌液体发酵体系中木质素、纤维素、半纤维素的含量变化

在整个发酵过程中，桦树枝粉末的质量在不断减少，12天后减少了约32%，而且三种成分的降解率在不断提高，最终，木质素的降解率达到44%，纤维素的降解率为39%，半纤维素的降解率为31%（见表3-2），说明桦褐孔菌在液体培养时确实能消化桦树枝。

表3-2 桦褐孔菌随发酵时间变化降解桦树枝木质纤维素的情况

发酵时间（天）	成分损失（%）			
	质量减少量	木质素	纤维素	半纤维素
2	8.27±0.7	10.13±0.5	15.00±0.6	12.26±0.3
4	12.24±0.7	32.25±0.7	24.83±0.9	15.45±0.6
6	19.27±0.5	36.63±0.7	27.00±0.7	19.53±0.8
8	19.40±0.6	36.69±0.4	35.04±1.2	28.00±1.1
10	30.77±0.6	42.10±0.3	36.00±1.5	30.07±1.6
12	31.74±0.4	43.52±0.4	38.88±0.6	31.05±0.5

第二节　尝试用五种农作物副产物作为碳源

既然桦褐孔菌在液体培养时能降解白桦树木质纤维素，我们期待它能消化木质素含量较低且结构不如软木致密的农作物副产物（禾草）。

由于不同的木质纤维素，其硬度、密度、木质素含量不同，选择何种木质纤维素废弃物，在发酵生产具有高产量、更强生物学活性的多糖的同时，提高木质纤维素的降解率，增加木质纤维素的利用率，那意义将是非常重大的。

因此，我们分别选取了与人类生活关系密切的五种农作物副产物（稻草、麦秆、玉米秸秆、甘蔗渣、花生壳）作为桦褐孔菌液体培养的"杂食"，对第二章确定的RSM优化培养基进行调整，玉米淀粉从5.3%降到3.5%，添加3%杂食，希望桦褐孔菌能消化杂食，利用纤维素、半纤维素给它自己提供补充碳源。

一、杂食提高桦褐孔菌菌丝体生物量

我们发现稻草、麦秆、玉米秸秆、花生壳均能促进桦褐孔菌的生长，菌丝体生物量（第9天）分别增加9.4%、20.1%、6.7%、73.3%。我们推测桦褐孔菌先利用培养基中的玉米淀粉水解的葡萄糖作为碳源，随着发酵时间的延长，淀粉碳源逐渐被消耗，菌丝体降解这些杂食的木质纤维素作为它生长的后续碳源。花生壳的效果最好，可能是因为它还含有脂肪酸，能增加细胞的通透性，从而更好地促进菌丝体生长。

二、桦褐孔菌降解木质素、半纤维素、纤维素

我们来看看桦褐孔菌是如何消化稻草、麦秆、玉米秸秆、甘蔗渣、花生壳作为后续碳源的，对它们的消化是否有偏好。

首先，我们确定五种农作物副产物的木质纤维素成分比例，发现它们之间的木质素、纤维素、半纤维素的含量具有显著差异（见表3-3），稻草、麦秆、玉米秸秆、甘蔗渣中以纤维素为主，而花生壳中则主要以半纤维素为主，而且木质素含量最高，达到了25.1%，三种秸秆中，玉米秸秆的木质素含量最高。

表3-3　五种木质纤维素生物质成分组成

生物质	木质素含量（%）	半纤维素含量（%）	纤维素含量（%）
稻草	12.3 ± 0.5^d	22.0 ± 1.2^c	44.1 ± 1.4^b
麦秆	14.4 ± 0.5^c	30.0 ± 2.4^a	39.0 ± 1.6^c
玉米秸秆	18.2 ± 0.8^b	25.3 ± 1.7^b	44.0 ± 1.6^b
甘蔗渣	15.8 ± 0.8^b	27.7 ± 2.1^b	48.8 ± 2.0^a
花生壳	25.1 ± 1.1^a	35.5 ± 1.9^a	25.8 ± 1.0^d

注：同一列中不同字母表示数据之间有显著差异（$p<0.05$）。

正如我们预期的，桦褐孔菌在液体深层培养中能降解麦秆、稻草、玉米秸秆、甘蔗渣、花生壳中的纤维素、半纤维素、木质素，但是由于五种材料的成分和结构不同，桦褐孔菌对它们的降解程度不同。

从图3-3可以看出发酵12天后，麦秆质量损失在三种秸秆中达到最

高（58.6%），其次是玉米秸秆47.1%、稻草40.0%，表明桦褐孔菌对麦秆的消化能力最强，与其比稻草、玉米秸秆促进桦褐孔菌生长的效果更好一致。随着发酵时间的延长，三种秸秆的三种大分子的含量都在降低，麦秆木质素的损失率，最大达到72%，纤维素的降解率为55.5%，稻草和玉米秸秆的木质素降解率分别为39%、47%，纤维素降解率分别为45%、55%。麦秆、稻草和玉米秸秆的半纤维素降解率分别为46%、44%、39%。即使在发酵时间为更短的6天时，麦秆、稻草和玉米秸秆的总质量损失分别达到35%、24%、37%，木质素降解率分别达到50%、29%、37%。

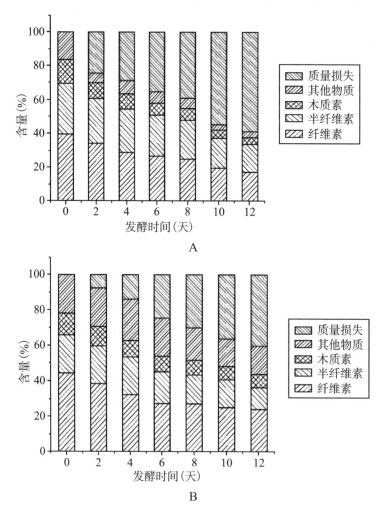

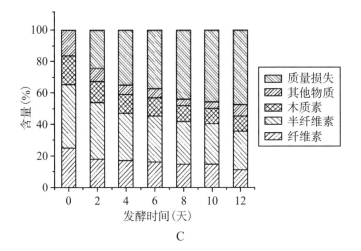

C

图3-3 发酵过程中麦秆（A）、稻草（B）、玉米秸秆（C）的质量损失和
成分变化情况

桦褐孔菌对麦秆三种大分子的降解体现出了很强的选择性，选择系
数达2.81（发酵第2天），即降解木质素、保留纤维素。这对于木质纤维
素生物质的某些应用是理想的特质，如用于生物乙醇制造、秸秆饲料转
化、废弃木竹造纸等。

图3-4显示了比较研究甘蔗渣、花生壳、麦秆、稻草中三种大分子
的发酵降解的结果。

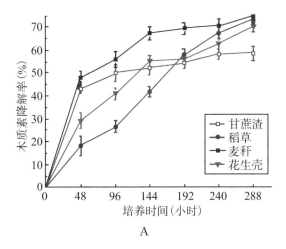

A

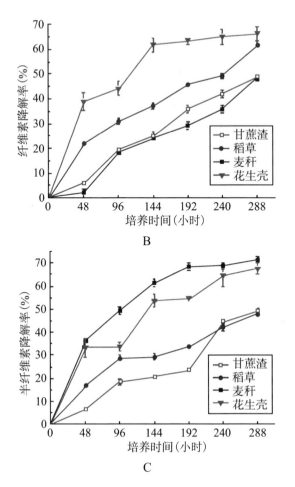

图3-4 液体发酵时桦褐孔菌对四种生物质的木质素（A）、纤维素（B）、
半纤维素（C）的降解率

在发酵初期，甘蔗渣、花生壳和麦秆的表现相似，木质素显著减少
（见图3-4A），在2天后，甘蔗渣、花生壳、麦秆的木质素降解率分别达
到了43.1%、29.0%、47.8%。稻草中的木质素则是随着发酵的进行缓慢降
解。当发酵12天结束时，甘蔗渣、花生壳、稻草、麦秆的木质素降解率
分别为58.5%、70.2%、73.2%、74.8%。桦褐孔菌对麦秆木质素的降解能
力最强。

桦褐孔菌对花生壳的纤维素降解能力最强，其次是稻草，在发酵早期这两种材料的纤维素即得到有效降解，发酵2天后降解率分别达到38.9%、20.3%。而甘蔗渣、麦秆的降解率低于6%，体现出很强的选择性。发酵12天后，花生壳、稻草、甘蔗渣、麦秆的降解率依次为66.2%、61.7%、49.0%、48.9%（见图3-4B）。

桦褐孔菌对麦秆的半纤维素降解能力最强，其次是花生壳。在发酵8天后，麦秆中半纤维素的降解率为68.6%，在发酵12天后结束时，麦秆和花生壳的降解率分别是71.6%、67.6%，明显高于稻草和甘蔗渣的48.3%、49.1%（见图3-4C）。

对水解产物单糖的研究发现，随着发酵时间的增加，胞外液中葡萄糖比例逐渐下降，其他单糖的比例则在增加。在花生壳、麦秆、稻草、玉米秸秆、甘蔗渣发酵培养基中，鼠李糖、阿拉伯糖、木糖、甘露糖及半乳糖的比例明显提高。

这些农作物生物质的纤维素、半纤维素的降解产物——小分子寡糖和单糖可以成为桦褐孔菌生长的碳源。桦褐孔菌对花生壳的三种大分子的降解都很有效，很好地解释了花生壳的最强促生长作用。

我们的研究印证了桦褐孔菌作为白腐真菌的一种，在液体深层发酵培养中能够有效降解木质纤维素，桦褐孔菌对五种生物质中木质素、纤维素和半纤维素的降解率均达到50%左右或以上，为今后利用桦褐孔菌降解一些废弃木质纤维素奠定了一定的基础，为充分利用木质纤维素资源提供了新的生物处理思路。

论文《液体深层发酵桦褐孔菌对不同来源木质纤维素的降解》于2013年发表在《浙江理工大学学报》上。

这些研究，结合桦褐孔菌木质纤维素降解酶的产生及其在生物质木质纤维素降解的机制研究，于2017年在国际顶级SCI中科院一区期刊*Bioresource Technology*发表论文（详见第五章）。

第三节　探索胞外液多种单糖的产生

　　鉴于纤维素由葡萄糖构成，半纤维素由葡萄糖、木糖等构成，在木质纤维素降解过程中发酵胞外液的单糖组成会发生怎样的变化呢？对于桦褐孔菌发酵多糖的产量、单糖组成、活性是否有影响呢？不同木质纤维素降解的影响程度又如何呢？

　　为了回答这些问题，我们对胞外液在发酵过程中的单糖组成和含量变化进行了分析。

　　由图3-5可知，在整个发酵周期中，胞外液中单糖多以葡萄糖形式存在，特别是在发酵前期，胞外液中单糖绝大多数以葡萄糖形式存在（见图3-5E）。发酵早期木质纤维素培养基的葡萄糖含量比对照低，部分原因可能是起始培养基中的水解玉米淀粉的量比对照低，也有可能是更多的葡萄糖被桦褐孔菌利用于多糖的合成。

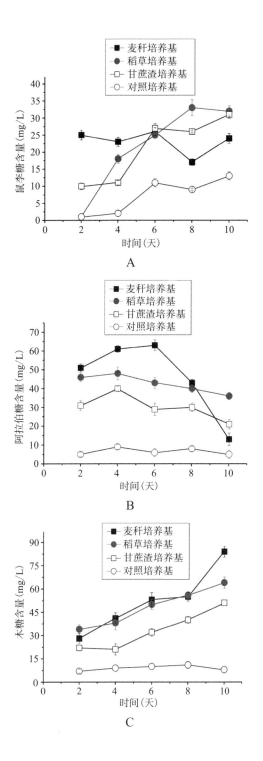

A

B

C

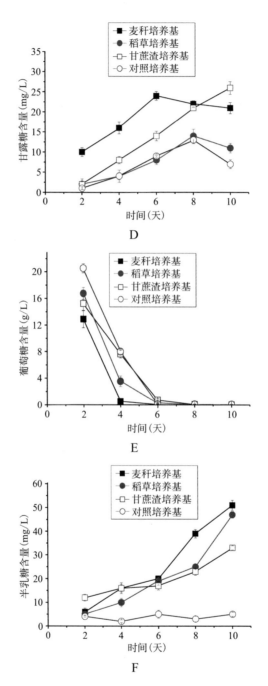

图3-5　四种培养基中胞外液的单糖组成及含量变化

随着发酵时间的增加，胞外液中葡萄糖比例逐渐下降，在麦秆、稻草、甘蔗渣发酵培养基中木糖、半乳糖的比例大幅增加（见图 3-5C、F）。鼠李糖（Rha，见图 3-5A）、阿拉伯糖（见图 3-5B）、甘露糖（见图 3-5D）的含量在 6～8 天后也都呈上升趋势。

然而，对照发酵培养基中，在整个发酵周期这五种单糖的比例都保持在较低的水平。只有稻草培养基中的甘露糖水平与对照相当。

前文已述，木质纤维素三种成分之一的半纤维素主要由木糖和其他单糖构成，四种木质纤维素生物质的半纤维素的单糖组成和含量见表 3-4。花生壳、麦秆、稻草及甘蔗渣的成分组成见表 3-3，花生壳半纤维素主要由木糖（Xyl）组成，麦秆半纤维素主要由木糖、阿拉伯糖（Ara）及半乳糖（Gal）组成，稻草半纤维素主要由木糖、葡萄糖（Glu）、阿拉伯糖组成，甘蔗渣主要由木糖、阿拉伯糖组成。稻草中木糖含量远低于以上三种，而葡萄糖含量远高于它们，而且不含甘露糖（Man），这解释了稻草培养基的甘露糖含量与对照培养基相当的现象（见图 3-5D）。

表3-4 四种木质纤维素生物质的半纤维素的单糖组成

生物质	单糖（摩尔百分数）					
	Rha	Ara	Xyl	Man	Glu	Gal
花生壳	-	-	75.8	6.6	8.5	9.1
麦秆	-	9.2～16.5	68.5～79.5	1.7～2.0	1.8～6.2	3.4～14.4
稻草	0.7～0.9	11.2～16.9	26.9～53.4	-	24.6～53.1	4.7～7.8
甘蔗渣	3.0～6.5	9.3～11.7	78.0～82.2	1.0～1.4	2.2～4.1	0.3～0.7

木质纤维素发酵培养基中，胞外液单糖在后期有很大比例的木糖、阿拉伯糖及半乳糖，来源于这四种生物质的半纤维素降解。本章第二节的结果显示花生壳、麦秆、稻草、甘蔗渣中半纤维素的降解率分别达到67.6%、71.6%、48.3%、49.1%（见图 3-4C）；花生壳、麦秆的这些单糖含量高与它们的半纤维素的降解直接相关。

从木糖及阿拉伯糖的比例变化，我们推测桦褐孔菌主要先水解半纤维素的侧链（由阿拉伯糖等构成），再水解主链（由木糖构成），并将水解的半纤维素释放到培养基中，供菌丝体利用。

第四节　探究正邪两赋的羟基自由基

相关研究表明：木质纤维素水解酶系的酶蛋白分子体积较大，无法穿透木质纤维素表面致密的三维空间结构。为解决这一问题，白腐真菌在整个反应的初期，首先通过各种酶分子产生具有极高反应活性的羟基自由基，然后通过羟基自由基的强氧化作用使木质素致密的三维结构变得松散，以便于各种木质纤维素水解酶的渗透进入，降解木质素、水解纤维素和半纤维素。这是羟基自由基在白腐真菌降解木质纤维素时起到的正面作用。

同时，羟基自由基同时也不可避免地对菌丝体自身造成一定的伤害（负面作用），菌体自身的抗氧化机制为保护自身，会加速产生具有抗氧化活性的多糖、多酚（桦褐孔菌木质纤维素降解酶将在第五章中阐述）。

我们从液体发酵桦褐孔菌产生丙二醛（MDA）和活性多糖、多酚的研究，侧面证明了羟基自由基在桦褐孔菌降解木质纤维素中的作用。

我们选择硫脲作为一种天然的羟基自由基清除剂，它的加入可以降低体系中羟基自由基的浓度，那么这对于桦褐孔菌降解木质纤维素和产生活性多糖会造成怎样的影响呢？

我们构建了三种培养基：RSM优化培养基、玉米秸秆培养基、玉米

秸秆 + 硫脲培养基。

图 3-6 显示玉米秸秆的纤维素（A）、半纤维素（B）、木质素（C）在玉米秸秆培养基和玉米秸秆 + 硫脲培养基中的残留率。

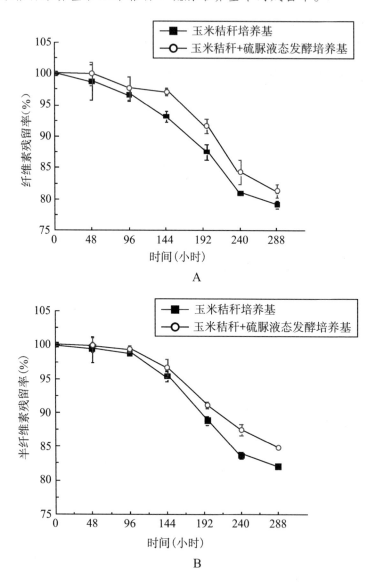

A

B

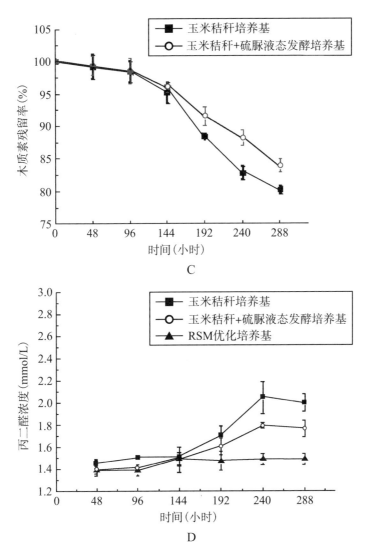

C

D

图3-6 纤维素（A）、半纤维素（B）和木质素（C）的残留率以及丙二醛浓度（D）随发酵时间的变化规律

发酵6天后，三种成分被快速降解，残留率迅速下降。玉米秸秆培养基中木质纤维素的残留率下降速度要快于玉米秸秆+硫脲培养基。发酵结束时玉米秸秆培养基中三种成分的残留率分别为79.1%、82.1%和

80.2%，低于玉米秸秆＋硫脲发酵培养基中的残留率81.3%、84.9%和84.1%，意味着硫脲的加入在一定程度上减慢了相应成分的降解速度。

MDA是羟基自由基与脂肪酸反应的产物，在一定程度上可以反映机体的脂质过氧化受损伤的程度和体系中羟基自由基的浓度。RSM优化培养基中由于没有木质纤维素的存在，因此在整个发酵过程中，MDA保持在很低的水平（见图3-6D）。

对比两种含木质纤维素的培养基中的MDA浓度随时间的变化规律可以看出：当MDA的浓度较低时，木质纤维素三种主要成分的分解速率同样处于较低水平，残留率较高（见图3-6D）。6天后，MDA的浓度有所上升，而三种主要成分的降解也随之加快。实验结果中表现出来的MDA浓度和木质纤维素三种主要成分降解速度之间的同步关系，可以在一定程度上说明羟基自由基在桦褐孔菌液体深层发酵降解木质纤维素的过程中起到了重要作用。硫脲的加入降低了MDA的浓度（见图3-6D），与其减慢木质纤维素三种主要成分的降解速率的效果一致（见图3-6A、B、C），因此，可以从反面证明羟基自由基在木质纤维素三种主要成分的降解过程中确实具有重要作用。

上述三种培养基中桦褐孔菌胞外多糖产量随时间的变化如图3-7所示。桦褐孔菌在三种发酵培养基中所产生胞外发酵多糖的产量随发酵时间的延长均有所提高。在发酵前2天，三种培养基中胞外多糖产量没有显著差异。6天以后，产量的差异被逐渐拉开。发酵结束时，在玉米秸秆培养基、玉米秸秆＋硫脲发酵培养基和RSM优化培养基中，胞外多糖产量分别为1.37 g/L、1.26 g/L和1.09 g/L。玉米秸秆的存在大大提高了桦褐孔菌胞外多糖产量。

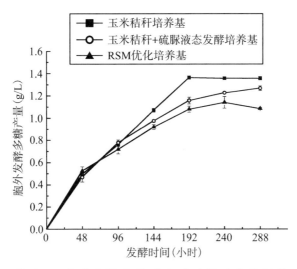

图 3-7 胞外多糖产量随发酵时间的变化规律

从 MDA 浓度（见图 3-6D）和木质纤维素三种主要成分的含量（见图 3-4A、B、C）随时间的变化规律可以看出，胞外多糖产量与 MDA 的浓度和木质纤维素三种主要成分含量随时间的变化之间有着紧密的联系。MDA 浓度升高（见图 3-6D），与之相伴的是木质纤维素三种主要成分分解速率的加快（见图 3-6A、B、C），和胞外多糖产量的快速提高（见图 3-7）。可能的原因是 6 天后，发酵培养基中的各种营养成分尤其是碳源被大量消耗，菌丝体生长速度减慢，包括胞外多糖在内的次级代谢产物开始大量合成。同时菌丝体启动纤维素、半纤维素降解程序。由纤维素和半纤维素降解得到的包括葡萄糖、木糖在内的各种单糖，可以被菌丝体利用，用来合成胞外多糖。

三种培养基产生的桦褐孔菌胞外多糖羟基自由基清除活性如图 3-8A所示，均表现出了显著的剂量效应（0.2～5.0 mg/mL）。玉米秸秆培养基中得到的胞外多糖的羟基自由基清除活性要高于玉米秸秆＋硫脲培养基及 RSM 优化培养基获得的胞外多糖，最高清除率分别为 82.7%、78.2% 和72.3%。相对应的 IC_{50} 分别为 1.08 mg/mL、1.23 mg/mL、1.29 mg/mL。

　　从三种发酵培养基中得到的胞外多糖的超氧阴离子自由基清除活性亦均表现出了显著的剂量效应（20～100 μg/mL），见图3-8B。同样，玉米秸秆培养基中得到的发酵胞外多糖的超氧自由基清除活性要高于玉米秸秆＋硫脲培养基及RSM优化培养基获得的胞外多糖。三种胞外多糖的最高超氧自由基清除率分别为32.0%、25.4%、21.9%。

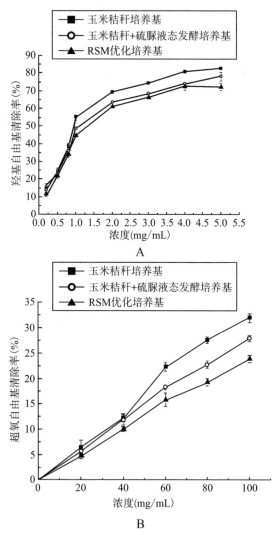

A

B

图3-8　胞外多糖抗氧化活性：羟基自由基清除活性（A），超氧自由基
清除活性（B）

正如前述，硫脲是羟基自由基清除剂，它的存在降低了胞外多糖产量（见图3-7）和活性（见图3-8），反面证明了桦褐孔菌在降解木质纤维素的过程中羟基自由基的存在刺激活性多糖的产生，用于保护菌丝体自身免遭羟基自由基的损伤。

三种来源的桦褐孔菌发酵胞外多糖主要由半乳糖（Gal）、葡萄糖（Glu）、甘露糖（Man）和少量的阿拉伯糖（Ara）、鼠李糖（Rha）、木糖（Xyl）组成（见表3-5）。玉米秸秆的添加不但改变了胞外多糖产量（见图3-7）和抗氧化活性（见图3-8），还改变了胞外多糖的单糖组成比例，最重要的变化是葡萄糖含量显著减少和甘露糖含量显著增加，甘露糖含量从RSM培养基的15.9%增加到玉米秸秆培养基的46.7%。前文已述甘露糖能显著增强多糖的抗氧化活性。三种多糖的抗氧化能力顺序，即玉米秸秆培养基来源的胞外多糖的活性最高，玉米秸秆＋硫脲培养基来源的活性次之，RSM优化培养基来源的多糖活性最低，与三者甘露糖含量的顺序完全一致。

表3-5　三种来源的桦褐孔菌发酵胞外多糖的单糖组成种类及其比例

培养基种类	组成单糖（摩尔百分数）					
	Rha	Ara	Xyl	Man	Glu	Gal
RSM培养基	1.45	3.63	2.17	15.94	50.00	26.81
玉米秸秆＋硫脲培养基	2.62	2.91	1.15	36.48	16.54	40.30
玉米秸秆培养基	2.98	2.97	0.91	46.65	11.39	35.1

总之，玉米秸秆木质纤维素的分解为胞外多糖的产生提供了原料，提高了产量，丰富的原料单糖种类又进一步改变了组成发酵胞外多糖的单糖种类和比例，进而提高了抗氧化活性。同时，发酵体系中羟基自由基浓度的升高，也可能诱发菌丝体产生更高抗氧化活性的胞外多糖以抵御自由基造成的损伤，从而保护自身。

2011年我们发表在国际知名SCI中科院二区期刊 *Journal of Industrial Microbiology and Biotechnology* 的论文 *Enhancement of exo-polysaccharide production and antioxidant activity in submerged cultures of Inonotus obliquus by lignocellulose decomposition*（见图 3-9）被引 50 次以上（WOS: 0002864 70000004）。

J Ind Microbiol Biotechnol (2011) 38:291–298
DOI 10.1007/s10295-010-0772-z

ORIGINAL PAPER

Enhancement of exo-polysaccharide production and antioxidant activity in submerged cultures of *Inonotus obliquus* by lignocellulose decomposition

Hui Chen · Mingchao Yan · Jinwei Zhu ·
Xiangqun Xu

Received: 10 May 2010 / Accepted: 29 June 2010 / Published online: 14 July 2010
© Society for Industrial Microbiology 2010

Abstract We reported that lignocellulose decomposition can be used to facilitate the production of bioactive polysaccharides from submerged culture of *Inonotus obliquus*. Exo-polysaccharide (EPS) production and antioxidant activity by *Inonotus obliquus* was enhanced by employing lignocellulose decomposition in a corn straw-containing submerged fermentation. A significant increase in the EPS production and hydroxyl radical scavenging activity from 1.09 ± 0.01 g/l and $72.3 \pm 1.9\%$ in a basal medium to 1.38 ± 0.02 g/l and $82.7 \pm 0.5\%$ in a corn straw-containing medium was obtained. A synchronized effect between lignocellulose decomposition and malondialdehyde presenting hydroxyl radical concentration in the fermentation broth was identified. The adding of thiourea, a hydroxyl radical-scavenging reagent, suppressed malondialdehyde generation and lowered the lignocellulose decomposition rate. Correspondingly, the EPS production and hydroxyl radical scavenging activity decreased to 1.26 g/l and 74%. The EPS obtained from the corn straw-containing medium also presented the strongest superoxide radical scavenging activity. The monosaccharide components of the EPS from the corn straw-containing medium are rhamnose, arabinose, xylose, mannose, glucose, and galactose with molar proportions at 3.0, 3.0, 0.9, 46.6, 11.4, and 35.1%, respectively, which are largely different from the molar proportions of the EPS from the basal medium.

H. Chen · J. Zhu · X. Xu (✉)
School of Science, Zhejiang Sci-Tech University,
Hangzhou 310018, China
e-mail: xuxiangqun@zstu.edu.cn

Keywords *Inonotus obliquus* · Exo-polysaccharides · Antioxidant activity · Submerged fermentation · Lignocellulose decomposition

Introduction

The medicinal mushroom *Inonotus obliquus* (*I. obliquus*) belongs to the family Hymenochaetaceae, Basidiomycetes and has long been a folk remedy in Russia and the northern latitudes [1–3]. Many triterpenoids, steroids, and phenolic compounds from *I. obliquus* have various biological activities [1, 4–6]. Particularly, polysaccharides from the *I. obliquus* fruit body, mycelia, and fermentation broth exhibit strong immunomodulating, anti-tumor, and antioxidant activities [7–10].

Submerged cultures offer a promising alternative to obtain large quantities of polysaccharides and are fast, cost-effective, and easy to control. Many medicinal mushroom polysaccharides are being commercially produced by submerged cultures [11–13] because of the higher productivity compared to production from fruit bodies. Submerged fermentation is an effective process for the production of mycelial biomass and bioactive compounds, especially exo-polysaccharides (EPS). In the last few years, an increasing number of studies have been reported on mycelial fermentations of *I. obliquus* for EPS and endo-polysaccharides (IPS) [4, 7, 12–16]. Recently, we demonstrated a submerged fermentation optimization for bioactive polysaccharide production from *I. obliquus* using the response surface methodology (RSM) method combined with

图 3-9　刊登在杂志上的《木质纤维素降解促进桦褐孔菌液体发酵胞外多糖产量和抗氧化活性》论文摘要

2023年发表在国际顶级SCI中科院一区期刊 *Water Research* 上的综述 *Coupling methane and bioactive polysaccharide recovery from wasted activated sludge: A sustainable strategy for sludge treatment*，高度评价我们在液体发酵活性蘑菇多糖含有较高比例的鼠李糖和甘露糖的发现。

第五节 杂食对桦褐孔菌活性多糖积累的促进作用

一、提高产量

前面的研究证实了玉米秸秆具有促进桦褐孔菌产生胞外多糖的作用，我们发现另外四种木质纤维素废弃物也具有相应的促进作用。花生壳发酵培养基胞外多糖同期积累量一直高于其他培养基，具体请见本章第七节"杂食能否同时提高桦褐孔菌多糖和多酚产量"。

四种培养基（RSM优化培养基作为对照培养基）中胞外多糖的量随发酵时间的增加而增加，并在达到最大后基本保持不变（见图3-10A）。

麦秆、稻草和甘蔗渣对胞外多糖产量分别提高了95.7%、91.4%和77.1%。

胞内多糖与胞外多糖不尽相同。如图3-10B所示，随着培养时间的增加，胞内多糖量不断积累直至最大，之后明显下降。其原因可能是，随着发酵时间的增加，营养物质不断减少，细胞毒素不断增加，机体清除自由基能力下降，导致细胞衰亡而自溶，致使胞内多糖含量明显下降。

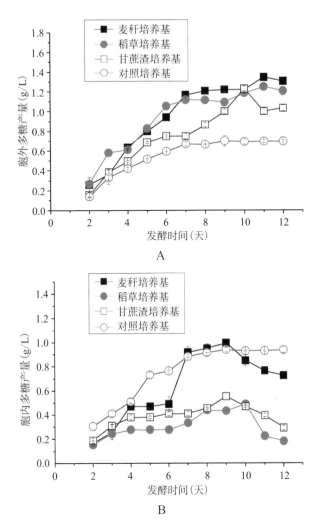

图3-10　麦秆、稻草、甘蔗渣对桦褐孔菌产生胞外多糖（A）和胞内多糖
（B）的影响

　　除麦秆发酵培养基外，对照培养基菌丝体产胞内多糖在全部发酵时间内均高于其他木质纤维素，这与产胞外多糖的情况正好相反。麦秆发酵培养基胞内多糖积累量明显高于稻草和甘蔗渣发酵培养基，这与胞外多糖积累量保持一致。麦秆、稻草、甘蔗渣及对照基础培养基最大胞内

多糖量分别为0.99 g/L、0.48 g/L、0.55 g/L和0.94 g/L。

二、增强多糖抗氧化活性

我们对来自RSM优化培养基的胞外粗多糖EPC、胞内粗多糖IPC，三种废弃物培养基的粗多糖EPL、胞内粗多糖IPL进行了羟基自由基、DPPH自由基清除活性的比较研究。

表3-6显示，除甘蔗渣IPL，木质纤维素来源的多糖EPL、IPL均具有较对照发酵培养基多糖EPC、IPC更低的半数抑制浓度，证明木质纤维素来源的多糖具有更强的羟基自由基、DPPH自由基清除活性。三种木质纤维素来源的EPL比相应的IPL具有更强的DPPH自由基清除活性；对于羟基自由基清除活性，除来源于甘蔗渣培养基的，胞内粗多糖两种IPL比EPL具有更强的清除活性。羟基自由基清除活性顺序如下：稻草EPL＞麦秆EPL＞甘蔗渣EPL＞对照EPC；稻草IPL＞麦秆IPL＞甘蔗渣IPL＞对照IPC。DPPH自由基清除活性顺序如下：麦秆EPL＞稻草EPL＞甘蔗渣EPL＞对照EPC；麦秆IPL＞稻草IPL＞对照IPC＞甘蔗渣IPL。

表3-6　四种来源粗多糖提取物对自由基的50%抑制氧化浓度（IC_{50}）

粗多糖提取物	IC_{50}（mg/mL）	
	羟基自由基	DPPH自由基
麦秆EPL	0.650	2.200
稻草EPL	0.603	2.292
甘蔗渣EPL	0.672	3.595
对照EPC	1.620	5.954
麦秆IPL	0.621	4.966
稻草IPL	0.468	6.189
甘蔗渣IPL	1.318	-
对照IPC	8.828	14.487

三、改变桦褐孔菌多糖理化性质

前文阐述了不同木质纤维素培养基产生的多糖的抗氧化活性强于对照，且它们之间存在差异，我们推测木质纤维素的降解，产生了大量的木糖等更多种类的单糖，这些单糖被桦褐孔菌用于合成多糖，从而改变了多糖的理化性质。

（一）主要成分含量变化

由表3-7可知，同一种培养基的胞内多糖提取物的糖含量高于胞外粗多糖提取物，甘蔗渣培养基来源的粗多糖的糖含量高于同类其他来源多糖，胞内粗多糖和胞外粗多糖的糖含量分别为68.1%和42%。麦秆EPL的糖含量处于中等水平。其他的与对照培养基来源的无显著性差异。

表3-7　四种来源粗多糖提取物的糖、蛋白及多酚含量

粗多糖提取物	糖含量（%）	蛋白含量（%）	多酚含量（%）
麦秆EPL	22.39±1.03[b]	21.95±1.71[b]	1.00±0.00[c]
稻草EPL	20.36±2.62[ab]	27.51±3.36[c]	1.17±0.03[d]
甘蔗渣EPL	41.98±2.61[c]	17.29±3.56[ab]	0.24±0.01[a]
对照EPC	17.69±0.40[a]	14.87±1.74[a]	0.52±0.02[b]
麦秆IPL	51.67±1.85[a]	15.14±0.12[a]	0.25±0.00[b]
稻草IPL	48.29±2.43[a]	15.27±0.26[a]	0.31±0.01[c]
甘蔗渣IPL	68.14±2.38[b]	13.05±0.13[a]	0.23±0.01[b]
对照IPC	47.43±1.70[a]	25.06±5.94[b]	0.67±0.07[d]

注：同一列中不同字母表明数据之间差异显著（$p < 0.05$）。

三种木质纤维素培养基来源的胞外粗多糖的蛋白含量高于对照（14.9%），而胞内多糖的蛋白含量低于对照（25.1%）。稻草EPL的蛋白含

量最高。

除对照EPC外，胞外来源的多糖中酚含量高于胞内来源的多糖，麦秆、稻草培养基来源的胞外多糖提取物中多酚含量高于甘蔗渣培养基及对照发酵培养基。

（二）单糖组成变化

由表3-8可知，胞外粗多糖是杂多糖，主要由葡萄糖、甘露糖、半乳糖构成，还含有少量的鼠李糖、阿拉伯糖、木糖；胞内多糖亦是杂多糖，主要由葡萄糖、甘露糖及少量的阿拉伯糖、半乳糖、木糖、鼠李糖组成，其中，葡萄糖的比例在59%以上。木质纤维素培养基来源的胞外粗多糖中甘露糖含量高于对照EPC。其中，麦秆EPL最大，为27.6%；且木糖含量在所有多糖中最高，为14.5%。

表3-8 四种来源粗多糖提取物的单糖组成

粗多糖提取物	单糖（摩尔百分数）					
	Rha	Ara	Xyl	Man	Glu	Gal
麦秆EPL	10.5±0.4^g	9.1±0.4^h	14.5±0.5^g	27.6±0.5^g	27.0±0.5^a	11.3±0.2^e
稻草EPL	6.5±0.2^e	7.8±0.5^g	8.6±0.5^f	26.8±0.4^f	35.9±0.6^d	14.4±0.3^g
甘蔗渣EPL	7.2±0.2^f	7.3±0.3^{efg}	6.6±0.2^e	22.6±0.3^e	41.2±0.5^f	15.1±0.5^h
对照EPC	11.4±0.5^h	7.4±0.4^{fg}	8.7±0.4^f	19.0±0.2^d	40.0±0.6^e	13.5±0.1^f
麦秆IPL	3.2±0.2^d	6.8±0.4^{def}	4.2±0.1^c	11.0±0.3^a	71.0±0.5^j	3.8±0.2^a
稻草IPL	2.3±0.1^{bc}	5.4±0.3^a	2.9±0.2^b	13.2±0.1^b	72.1±0.4^k	4.1±0.1^a
甘蔗渣IPL	1.8±0.2^a	6.7±0.1^{de}	1.8±0.2^a	18.6±0.2^d	62.8±0.6^i	8.3±0.2^b
对照IPC	2.1±0.2^{ab}	6.2±0.2^{bcd}	5.0±0.4^d	18.0±0.2^c	59.7±0.5^h	9.0±0.4^c

注：同一列中不同字母表明数据之间差异显著（$p<0.05$）。

总之，三种木质纤维素生物质都能促进液体培养桦褐孔菌多糖的积累，而且麦秆的加入效果更好，可能是因为麦秆中含有大量的半纤维素，而且半纤维素中木糖和半乳糖的比例较高。在发酵过程中，麦秆的半纤维素得到高效降解，产生了大量的鼠李糖、阿拉伯糖、木糖、甘露糖、半乳糖，这些单糖可直接供菌丝体利用并合成多糖。这些单糖对桦褐孔菌多糖的合成是必需的。相关报道显示，木糖、半乳糖能促进食用真菌胞外多糖的积累。

我们 2014 年发表在国际知名 SCI 中科院三区期刊 *Bioprocess and Biosystems Engineering* 的论文 *Production of bioactive polysaccharides by Inonotus obliquus under submerged fermentation supplemented with lignocellulosic biomass and their antioxidant activity*（见图 3-11）被引 20 次以上（WOS: 000344772200011）。

2017 年发表在国际 SCI 中科院二区期刊 *Molecules* 的综述 *Bioactive mushroom polysaccharides: A review on monosaccharide composition, biosynthesis and regulation*，高度评价我们在多糖药用活性与其组成和组合的相关性的发现，认为相关性的发现增加了这方面研究的关注度。2021 年发表在国际 SCI 中科院二区期刊 *Journal of Ethnopharmacology* 的综述 *Deciphering the antitumoral potential of the bioactive metabolites from medicinal mushroom Inonotus obliquus*，高度评价了我们在木质纤维素生物质提高多糖产量和活性的发现。

Bioprocess Biosyst Eng (2014) 37:2483–2492
DOI 10.1007/s00449-014-1226-1

ORIGINAL PAPER

Production of bioactive polysaccharides by *Inonotus obliquus* under submerged fermentation supplemented with lignocellulosic biomass and their antioxidant activity

Xiangqun Xu · Yan Hu · Lili Quan

Received: 11 March 2014 / Accepted: 17 May 2014 / Published online: 3 June 2014
© Springer-Verlag Berlin Heidelberg 2014

Abstract The effect of lignocellulose degradation in wheat straw, rice straw, and sugarcane bagasse on the accumulation and antioxidant activity of extra- (EPS) and intracellular polysaccharides (IPS) of *Inonotus obliquus* under submerged fermentation were first evaluated. The wheat straw, rice straw, and sugarcane bagasse increased the EPS accumulation by 91.4, 78.6, and 74.3 % compared with control, respectively. The EPS and IPS extracts from the three lignocellulose media had significantly higher hydroxyl radical- and 2,2-diphenyl-1-picrylhydrazyl radical-scavenging activity than those from the control medium. Of the three materials, wheat straw was the most effective lignocellulose in enhancing the mycelia growth, accumulation and antioxidant activity of *I. obliquus* polysaccharides (PS). The carbohydrate and protein content, as well as the monosaccharide compositions of the EPS and IPS extracts, were correlated with sugar compositions and dynamic contents during fermentation of individual lignocellulosic materials. The enhanced accumulation of bioactive PS of cultured *I. obliquus* supplemented with rice straw, wheat straw, and bagasse was evident.

Keywords Biodegradation · *Inonotus obliquus* · Lignocellulosic biomass · Polysaccharides · Submerged fermentation

Introduction

In recent years, edible and medicinal higher fungi and their secondary metabolites have been widely studied due to their health-promoting properties and relatively low toxicity [1]. *Inonotus obliquus* (*I. obliquus*) is one of the most efficient wood-degrading white-rot fungus that belongs to the family Hymenochaetaceae of Basidiomycetes and causes the simultaneous decay of lignin, cellulose, and hemicellulose of birch. This mushroom is well known as one of the most popular medicinal species due to its therapeutic effects. Many biological activities have been attributed to *I. obliquus* [2].

Polysaccharides (PS), one of the main active components of *I. obliquus*, were reported to exhibit many biological activities such as antioxidant [3], antitumor [4–6], and immune-stimulating [7, 8] effects. As demonstrated by our group before, the PS extracts from both the wild sclerotia and cultured mycelia including extracellular (EPS) and intracellular (IPS) extracts under submerged fermentation were effective in scavenging hydroxyl radicals, 2,2-diphenyl-1-picrylhydrazyl (DPPH) radicals, and in inhibiting lipid peroxidation [9]. Both the PS extracts from the mycelia of *I. obliquus* with higher polysaccharide contents showed a stronger antioxidant activity than those from the wild sclerotia [9].

Recently, we developed a method to enhance the accumulation of *I. obliquus* polyphenols under submerged fermentation using the fungus's ability in lignocellulose degradation [10, 11]. We first demonstrated that *I. obliquus* in submerged fermentation could effectively decompose the lignocellulose in corn stover, rice straw, wheat straw, and sugarcane bagasse added in a liquid medium [11] as in nature where *I. obliquus* degraded wood polymers. Correspondingly, the accumulation and

X. Xu (✉) · Y. Hu · L. Quan
Department of Chemistry, Zhejiang Sci-Tech University, Hangzhou 310018, China
e-mail: jadexu@163.com; xuxiangqun@zstu.edu.cn

图 3–11 刊登在杂志上的《木质纤维素生物质存在下桦褐孔菌液体发酵多糖的产生和抗氧化活性》论文摘要

（三）多糖级分的理化性质及抗氧化活性

第二章中我们讲到液体培养桦褐孔菌能产生多种类的多糖，那么桦褐孔菌"吃"杂食后，产生的多糖种类、分子量大小等情况如何呢？

我们对来自RSM优化培养基和玉米秸秆培养基发酵9天的两种胞外多糖（分别记作EPC和EPL）进行分离纯化，比较研究了各级分的相关理化性质和抗氧化活性。

EPC和EPL脱游离蛋白后的样品记作DEPC和DEPL。

DEPC经DEAE-52柱层析后得到DEPC1、DEPC2、DEPC3三个级分，如图3-12A所示，三个级分得率分别为25.1%、18.5%、8.78%，总的多糖回收率为52.4%；DEPL得到DEPL1、DEPL2、DEPL3三个级分，如图3-12B所示，三个级分得率分别为26.4%、17.8%、9.67%，总的多糖回收率为53.9%。随着NaCl浓度增大，洗脱下来的级分附带的色素成分增加。

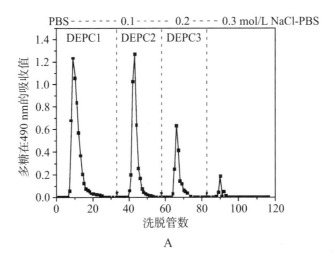

A

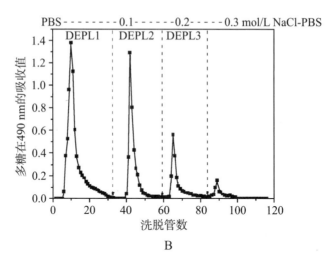

图 3-12 脱蛋白多糖 DEPC（A）、DEPL（B）的 DEAE-52 柱层析洗脱曲线

DEPC1、DEPC2 和 DEPC3 再经葡聚糖凝胶 Sephadex G-200 柱层析纯化，分别都有一个相对对称的洗脱峰，说明主要含有单一的级分，分别记作 PDEPC1、PDEPC2 和 PDEPC3（见图 3-13A、B、C）。

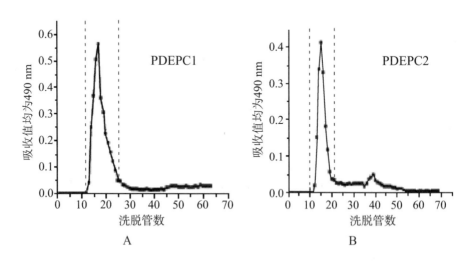

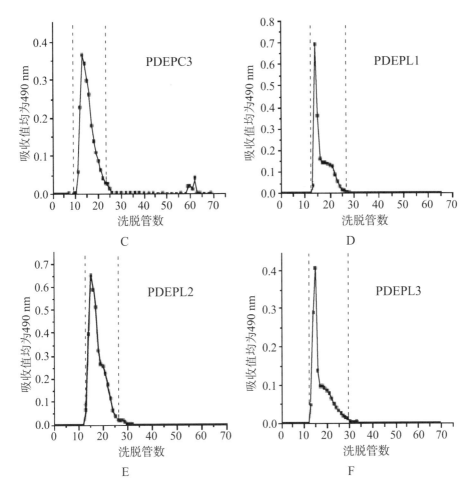

图3-13 DEAE-52柱层析分离级分经Sephadex G-200柱层析洗脱曲线

DEPL1、DEPL2和DEPL3再经Sephadex G-200柱层析纯化，也分别都只有一个洗脱峰，但不如DEPC的各级分对称，分散度相对要大一些，分别记作PDEPL1、PDEPL2、PDEPL3（见图3-13D、E、F）。

1. 多糖级分的多糖含量提高和蛋白质含量降低。来自RSM优化培养基的三个多糖级分DEPC1、DEPC2、DEPC3的多糖含量分别为71.4%、68.1%、64.5%，DEPC2的蛋白质含量（18.2%）稍高于DEPC1（13.6%）

和DEPC3（16.6%）。而玉米秸秆培养基的三个多糖级分DEPL1、DEPL2、DEPL3的多糖和蛋白质的含量则相差很明显，DEPL1的多糖含量最高，达到89.7%，而其蛋白质含量则是最低的，为7.12%；DEPL3的蛋白质含量最高，达到38.3%。EPC和EPL的多糖和蛋白质的含量都较低，主要的原因可能是粗多糖中还有很多杂质未除去，如无机和有机的小分子物质、色素等。EPC和EPL脱游离蛋白质后仍然还有蛋白质保留其中，说明这些多糖级分是糖和蛋白质的复合物（见表3-9）。

表3-9 两种来源的DEAE-52柱层析分离多糖级分中多糖和蛋白质的含量

多糖级分	多糖含量（%）	蛋白质含量（%）
EPC	44.3	13.3
DEPC	70.5	16.5
DEPC1	71.4	13.6
DEPC2	68.1	18.2
DEPC3	64.5	16.6
EPL	49.5	23.5
DEPL	66.3	31.2
DEPL1	89.7	7.12
DEPL2	74.1	22.1
DEPL3	60.2	38.3

2. 多糖中的甘露糖比例提高和半乳糖比例减少。单糖分析结果（见表3-10）显示，RSM优化培养基来源的发酵胞外多糖DEPC主要由半乳糖、葡萄糖、甘露糖和少量的阿拉伯糖、鼠李糖及木糖组成，半乳糖达到54.1%，DEPC1和DEPC2的半乳糖含量分别为56.9%和52.9%。DEPC3则有不同，甘露糖含量最高，为49.8%，半乳糖为33.7%。三个级分都不含木糖且只有DEPC2含有少量阿拉伯糖和鼠李糖，可能是DEPC经DEAE-52柱层析时只收集了前三个级分。

表3-10　两种来源的DEAE-52柱层析分离多糖级分的单糖组成种类及比例

多糖级分	单糖组成（摩尔百分数）					
	Rha	Ara	Xyl	Man	Glu	Gal
DEPC	2.64	5.09	3.03	24.8	10.3	54.1
DEPC1	–	–	–	24.2	18.9	56.9
DEPC2	3.86	3.59	–	23.8	15.8	52.9
DEPC3	–	–	–	49.8	16.5	33.7
DEPL	4.43	4.56	–	38.1	27.2	25.7
DEPL1	–	–	–	43.2	15.6	41.2
DEPL2	–	–	–	29.2	33.1	37.7
DEPL3	–	–	–	49.6	33.2	17.2

来源于玉米秸秆培养基的桦褐孔菌发酵胞外多糖DEPL及其三个级分的单糖组成与DEPC及其级分的单糖组成差异较大。DEPL甘露糖含量较高，为38.1%，葡萄糖含量有所增加，为27.2%。DEPL1和DEPL3的甘露糖含量均较高，分别为43.2%和49.6%。

3. 多糖级分的分散度提高。经DEAE-52和Sephadex G-200柱层析后的各多糖级分的分子量如表3-11所示。数均分子分子量 M_N 的范围是19～36kDa，重均分子量 M_W 的范围是29～44 kDa。PDEPL3的分子量最小，来自DEPC的三个多糖级分的 M_W/M_N 值要比来自DEPL的三个多糖级分的 M_W/M_N 值要小，说明DEPC的各多糖级分的分散度更小，其分子量分布范围更小，与上述的Sephadex G-200各多糖级分的峰形也是相吻合的。

表3-11　两种来源的DEAE-52柱层析分离、Sephadex G-200柱层析纯化的多糖级分分子量

多糖级分	M_N	M_W	M_W/M_N
PDEPC1	36000	41000	1.14
PDEPC2	29000	35000	1.21
PDEPC3	29000	35000	1.21
PDEPL1	29000	44000	1.52
PDEPL2	21000	33000	1.57
PDEPL3	19000	29000	1.53

第二章中我们亦看到野生菌核的多糖比RSM优化培养基的多糖有更高的分散度，即更不均一，说明桦褐孔菌在利用玉米秸秆木质纤维素时也像利用白桦树木质纤维素一样，能产生更多分子量不同的多糖，添加玉米秸秆木质纤维素为多糖的多样性提供了很好的物质基础。

4. 多糖级分的抗氧化活性提高。表3-12和表3-13是桦褐孔菌各多糖粗提物和DEAE-52柱层析分离级分的抗氧化活性的半数抑制浓度（IC_{50}）。

表3-12　两种来源的桦褐孔菌粗多糖、脱蛋白多糖的50%抑制氧化浓度

自由基	IC_{50} （mg/mL）			
	EPC	DEPC	EPL	DEPL
羟基自由基	1.822[b]	3.223[d]	0.653[a]	2.456[c]
DPPH自由基	4.351[e]	3.762[d]	2.042[c]	1.936[c]

注：同一行中不同字母表明数据之间差异显著（$p < 0.05$）。

表3-13　两种来源的脱蛋白多糖的柱层析分离级分的50%抑制氧化浓度

自由基	IC_{50} （mg/mL）					
	DEPC1	DEPC2	DEPC3	DEPL1	DEPL2	DEPL3
羟基自由基	5.604[e]	3.472[c]	2.681[b]	5.431[e]	4.460[d]	1.394[a]
DPPH自由基	3.093[d]	2.264[c]	2.344[c]	3.185[d]	2.114[b]	1.329[a]

注：同一行中不同字母表明数据之间差异显著（$p < 0.05$）。

EPL的羟基自由基清除浓度IC_{50}显著低于其他多糖粗提物，DEPL的DPPH自由基清除IC_{50}低于其他粗提物，表明玉米秸秆提高了多糖粗提物的抗氧化活性。

而且，DEPL3在羟基自由基和DPPH自由基清除实验中，其IC_{50}均最小，分别是1.39 mg/mL和1.33 mg/mL，说明它的抗氧化活性是六个级分中最强的。DEPC的三个级分中，DEPC3的羟基自由基清除IC_{50}（2.04 mg/mL）显著低于另外两个级分（5.60 mg/mL和3.47 mg/mL），DEPC3的

DPPH 清除 IC_{50}（2.34 mg/mL）与 DEPC2（2.26 mg/mL）相当。

各多糖粗提物和级分羟基自由基清除活性大小，EPL＞EPC＞DEPL＞DEPC，DEPL3＞DEPC3＞DEPC2＞DEPL2＞DEPL1＞DEPC1；各多糖粗提物和级分DPPH自由基清除活性大小，EPL和DEPL的活性没有显著差异，均显著强于EPC和DEPC，DEPL3＞DEPL2＞DEPC≈2DEPC3＞DEPC1≈DEPL1。

四、桦褐孔菌发酵胞外多糖的构效关系

两种未经脱蛋白处理的粗多糖清除羟基自由基活性更强，可能是由于初始粗多糖中含有一些还原性的小分子如酚类物质。

玉米秸秆培养基的多糖EPL的活性显著好于EPC。由于木质素表层的三维空间结构非常致密，使得体积较大的木质纤维素水解酶分子无法穿透。因此，在反应初期白腐真菌首先通过各种酶解反应产生活性很高的羟基自由基，然后利用羟基自由基的强氧化作用使木质素致密的三维结构变松散，则酶分子容易渗透进入。我们的研究证实了在上述过程中产生的羟基自由基刺激桦褐孔菌在液体深层发酵过程中产生更多发酵胞外多糖，并同时提高胞外多糖清除羟基自由基的活性。

在DPPH自由基清除效果中，来自玉米秸秆培养基的EPL和DEPL也表现出了高于来自对照培养基的EPC和DEPC的活性，其原因有可能是EPL的蛋白含量（23.5%）高于EPC（13.3%），DEPL的蛋白含量（31.2%）和甘露糖含量（38.1%）高于DEPC中相应物质的含量（16.5%和24.8%）。EPC和EPL脱游离蛋白后，活性有了显著提高，即DEPC的活性高于EPC，DEPL和EPL的活性相近，有可能是在脱游离蛋白的过程中改变了多糖的某些立体结构导致的，使其立体结构与DPPH自由基的立体结构更加契合，更易和DPPH进行反应。也有可能是脱去游离蛋白后的多糖样品更易溶于甲醇和水的混合溶液，提高了和DPPH自由基的单电子配对的概率。

对于经DEAE-52纯化分离后的多糖级分，它们的理化性质和初级结构也有明显差异，从而导致它们活性上的差异。六个多糖级分，经Sephadex G-200柱层析后做了分子量的测定，它们的分子量都不是很高，均在100 kDa以下，M_W从29～44 kDa，且各级分之间的分子量差异不是很大，其中PDEPL3分子量最小为29 kDa。据报道，分子量在一定范围内的多糖，随着分子量的增大，多糖的抗氧化活性下降。可能是分子量较低的多糖链更有利于束缚自由基。另外，来自玉米秸秆培养基的DEPL的各级分的M_W/M_N值（超过1.5）相对来自对照培养基的DEPC的各级分的M_W/M_N值要大（1.2左右），说明DEPC的各多糖级分更单一。DEPL3的活性要比DEPC3的活性好可能是其具有更大的M_W/M_N值，但这还需要更多的理论和实验来证明。

来自玉米秸秆培养基的DEPL3对羟基自由基和DPPH自由基均表现出很好的清除活性，极有可能是因为它具有高蛋白含量（38.3%）、高甘露糖含量（49.6%）和较小的分子量（29 kDa）。

影响多糖的抗氧化活性的因素很多，而且相互之间的关系也尚不清楚。另外，这些研究尚未涉及多糖的高级结构，抗氧化活性与多糖高级结构的关系还是未解之谜。

2012年我们发表在国际顶级SCI中科院一区期刊 *Food Chemistry* 的论文 *Chemical properties and antioxidant activity of exopolysaccharides fractions from mycelial culture of Inonotus obliquus in a ground corn stover medium*（见图3-14）被引60次以上（WOS: 000305859800026）。

Food Chemistry 134 (2012) 1899–1905

Contents lists available at SciVerse ScienceDirect

Food Chemistry

journal homepage: www.elsevier.com/locate/foodchem

ELSEVIER

Chemical properties and antioxidant activity of exopolysaccharides fractions from mycelial culture of *Inonotus obliquus* in a ground corn stover medium

Yuling Xiang, Xiangqun Xu*, Juan Li

Department of Chemistry, Zhejiang Sci-Tech University, Hangzhou 310018, China

ARTICLE INFO

Article history:
Received 18 October 2011
Received in revised form 12 March 2012
Accepted 24 March 2012
Available online 13 April 2012

Keywords:
Inonotus obliquus
Exopolysaccharides
Antioxidant activity
Submerged fermentation
Lignocellulose decomposition
Composition
Molecular weight

ABSTRACT

The medicinal mushroom *Inonotus obliquus* has been a folk remedy for a long time in East-European and Asian countries. We first reported the enhancement in production and antioxidant activity of exopolysaccharides by *I. obliquus* culture under lignocellulose decomposition. In this study, the two different sources of exopolysaccharides from the control medium and the lignocellulose (corn stover) containing medium by *I. obliquus* in submerged fermentation were fractionated and purified by chromatography. The exopolysaccharides from the corn stover-containing medium presented significantly stronger hydroxyl and 2,2-diphenyl-1-picrylhydrazyl (DPPH) radical-scavenging activity than the control. Three fractions from the control medium and the corn stover-containing medium were isolated respectively. The fraction of DEPL3 from the corn stover-containing medium with the highest protein content (38.3%), mannose content (49.6%), and the lowest molecular weight (29 kDa) had the highest antioxidant activity with the lowest IC50 values. In conclusion, lignocellulose decomposition changed the chemical characterisation and significantly enhanced the antioxidant activity of exopolysaccharide fractions.

© 2012 Elsevier Ltd. All rights reserved.

1. Introduction

Mushrooms such as *Ganoderma lucidum* (Ling Zhi or Reishi), *Lentinus edodes* (Shiitake), *Inonotus obliquus* (Pers.: Fr.) Pilát (Chaga) and many others have been collected and used for hundreds of years in China, Japan, Korea, and eastern Russia. Mushrooms have also played an important role in the treatment of ailments affecting rural populations of eastern European countries (Wasser, 2011). *I. obliquus* is a rare edible and medicinal mushroom. It belongs to the family Hymenochaetaceae, Basidiomycetes. The pharmacological importance of the mushrooms is very high in the Far East as a traditional medicine for treating cancer, heart, liver, and stomach diseases, and tuberculosis (Saar, 1991). Chemical investigations show that *I. obliquus* produces a diverse range of bioactive metabolites, including lanostane-type triterpenoids, steroids, phenolic compounds and polysaccharides (Zheng et al., 2010).

For almost 40 years, medicinal mushrooms have been intensively investigated for medicinal effects *in vivo* and *in vitro* model systems, and many new antitumour and immunomodulating polysaccharides have been identified and put into practical use (Ikekawa, 2001; Mizuno, 1999). In the last few years an increasing number of studies have been published concerning the biological

activities of polysaccharides from the *I. obliquus* fruit bodies, cultured mycelium, and culture broth such as antitumour, immunomodulating, antioxidant, radical scavenging, and anti-caducity (Kim et al., 2005; Mizuno et al., 1999; Rhee, Cho, Kim, Cha, & Park, 2008; Shamtsyan et al., 2004; Tseng, Yang, & Mau, 2008; Xu, Wu, & Chen, 2011).

The limited natural resource and difficult artificial cultivation of *I. obliquus* to obtain fruit body make it impossible to obtain large quantity of bioactive molecules. Submerged fermentation is an effective process for the production of mycelial biomass and bioactive compounds, especially polysaccharides (Pokhrel & Ohga, 2007; Zhang & Cheung, 2011). Recently, we reported a submerged fermentation optimisation for bioactive polysaccharide production from *I. obliquus* using the response surface methodology (RSM) method combined with hydroxyl radical-scavenging activity screening (Chen, Xu, & Zhu, 2010). With the RSM optimised medium, the hydroxyl radical-scavenging activity per unit of the exopolysaccharides (EP) was significantly enhanced compared to that from either the basal fermentation medium or the single variable optimisation of fermentation medium (Chen et al., 2010; Xu et al., 2011).

In our previous study, we first found that hydroxyl radicals played the same important role when *I. obliquus* in submerged fermentation decomposed the lignocellulose in corn stover added in a liquid medium (Chen, Yan, Zhu, & Xu, 2011) as in nature where *I. obliquus* degraded wood polymers as a kind of white rot fungi (Gao & Gu, 2007). Correspondingly, the production and antioxidant

* Corresponding author. Address: Department of Chemistry, School of Science, Zhejiang Sci-Tech University, Hangzhou 310018, China. Tel.: +86 571 86843228; fax: +86 571 87055836.
E-mail address: xuxiangqun@zstu.edu.cn (X. Xu).

图3-14 刊登在杂志上的《玉米秸秆培养桦褐孔菌胞外多糖级分的化学性质和抗氧化活性》论文摘要

2019 年发表在国际顶级 SCI 中科院一区期刊 *International Journal of Biological Macromolecules* 的论文 *Antioxidant activity of a polysaccharide produced by Chaetomium globosum CGMCC 6882*，高度评价我们发现的"玉米秸秆在产生高活性桦褐孔菌多糖上的作用"鼓舞人心。

五、桦褐孔菌发酵多糖作为水产动物免疫增强剂的应用

（一）桦褐孔菌发酵多糖对凡纳滨对虾生长和血清免疫相关酶活性的影响

凡纳滨对虾（*Litopenaeus vannamei*）是目前三大养殖虾类之一。近年来，随着对虾养殖产业的迅速发展，集约化养殖与水环境污染等因素导致凡纳滨对虾感染疾病的概率大幅增加，使用抗生素和化学药物等产生的药物残留和耐药性问题严重影响消费者的健康。开发无公害、无污染的绿色免疫增强剂是应对日趋严峻的病害问题的研究热点。科学界研究了应用虫草多糖、灰树花多糖、香菇多糖和 β-葡聚糖等真菌多糖作为水产动物免疫增强剂。

我们与广东省农业科学院合作研究了饲料中添加四种不同发酵工艺（桦褐孔菌降解不同木质纤维素生物质）制备的桦褐孔菌发酵多糖（桦褐孔菌胞外多糖和桦褐孔菌胞内多糖的混合物）对凡纳滨对虾生长、血清生化指标、免疫功能和抗氧化能力的影响，以便为筛选出适用于凡纳滨对虾的桦褐孔菌多糖奠定基础。

结果显示，与对照组相比，多糖 2 组、多糖 3 组、多糖 4 组对虾的质量增加率、特定生长率显著升高（$p < 0.05$），饲料系数显著降低（$p < 0.05$），多糖 4 组对虾的摄食量和成活率显著升高（$p < 0.05$）。各组对虾的肥满度和肝胰腺指数差异不显著（$p > 0.05$），见表 3-14。与对照组相比，

多糖1组～多糖4组对虾粗脂肪含量显著升高（$P < 0.05$）（见表3-15），多糖2组～多糖4组虾体灰分含量、多糖2组和多糖4组对虾血清尿酸含量分别显著降低（$p < 0.05$）（见表3-16）；多糖3组和多糖4组对虾血清溶菌酶活性、总抗氧化能力显著高于对照组（$p < 0.05$），多糖4组血清碱性磷酸酶活性显著高于其他各组（$p < 0.05$）（见表3-17）；各实验组血清酚氧化酶、超氧化物歧化酶、抗超氧阴离子活性均高于对照组，但差异不显著（$p > 0.05$）（见表3-18）；与对照组相比，各添加组血清丙二醛含量均有不同程度降低，其中多糖4组达到显著水平（$p < 0.05$）（见表3-18）。

表3-14　四种不同发酵工艺的桦褐孔菌发酵多糖对凡纳滨对虾各种生长指标的影响

指标	对照组	多糖1组	多糖2组	多糖3组	多糖4组
初均质量（g）	0.52±0.01	0.52±0.01	0.52±0.01	0.52±0.01	0.52±0.01
末均质量（g）	1.53±0.11[c]	1.55±0.17[c]	1.84±0.14[b]	1.90±0.19[b]	2.21±0.09[a]
质量增加率（%）	197.2±23.2[c]	200.5±33.5[c]	255.7±25[b]	269.1±38.7[b]	328.3±23.5[a]
特定生长率（%/天）	3.88±0.28[c]	3.91±0.39[c]	4.53±0.26[b]	4.65±0.38[ab]	5.19±0.20[a]
饲料系数	2.09±0.07[a]	2.05±0.05[a]	1.84±0.05[b]	1.93±0.10[b]	1.66±0.02[c]
摄食量（g）	1.86±0.26[b]	1.92±0.10[b]	2.08±0.30[b]	2.05±0.17[b]	2.60±0.23[a]
成活率（%）	56.7±6.7[b]	60.0±3.3[b]	62.2±13.5[b]	52.2±3.9[b]	78.9±12.6[a]
肥满度（%）	0.55±0.03	0.56±0.02	0.54±0.03	0.55±0.03	0.57±0.03
肝胰腺指数（%）	5.31±0.44	5.21±0.58	5.01±0.11	5.46±0.77	5.58±0.37

注：同一行无字母或数据肩标相同字母表示差异不显著（$p > 0.05$），不同小写字母表示差异显著（$p < 0.05$）。

表3-15　四种不同发酵工艺的桦褐孔菌发酵多糖对凡纳滨对虾体成分的影响

指标	对照组	多糖1组	多糖2组	多糖3组	多糖4组
干物质（%）	22.08±0.32[b]	22.27±0.33[ab]	22.66±0.24[ab]	22.15±0.62[ab]	23.02±0.68[a]
粗蛋白（%）	71.56±0.61	71.16±0.66	71.24±0.66	72.20±1.00	72.33±0.54
粗脂肪（%）	4.59±0.84[b]	6.31±0.70[a]	6.36±0.34[a]	5.98±0.86[a]	6.03±0.60[a]
灰分（%）	13.96±0.28[a]	13.66±0.50[a]	12.15±0.43[b]	12.29±0.89[b]	12.40±0.43[b]

注：同一行无字母或数据肩标相同字母表示差异不显著（$p > 0.05$），不同小写字母表示差异显著（$p < 0.05$）。

表3-16 四种不同发酵工艺的桦褐孔菌发酵多糖对凡纳滨对虾血清生化指标的影响

指标	对照组	多糖1组	多糖2组	多糖3组	多糖4组
总蛋白（g/L）	82.52±2.93	82.56±6.25	85.25±7.31	87.29±4.31	88.30±4.10
胆固醇（mmol/L）	0.50±0.17	0.45±0.10	0.48±0.09	0.44±0.04	0.49±0.03
尿酸（mg/L）	19.13±0.77[a]	18.27±2.37[ab]	15.35±2.00[b]	17.34±0.81[ab]	15.98±1.00[b]
谷草转氨酶（U/L）	18.64±2.88	19.57±2.71	21.85±3.37	19.58±4.47	16.24±3.22
谷丙转氨酶（U/L）	52.47±8.43	50.11±12.01	52.01±2.10	48.08±3.80	50.53±3.91

注：同一行无字母或数据肩标相同字母表示差异不显著（$p>0.05$），不同小写字母表示差异显著（$p<0.05$）。

表3-17 四种不同发酵工艺的桦褐孔菌发酵多糖对凡纳滨对虾血清非特异性免疫酶活性的影响

指标	对照组	多糖1组	多糖2组	多糖3组	多糖4组
溶菌酶（U/mL）	0.05±0.02[c]	0.06±0.01[bc]	0.05±0.01[c]	0.09±0.02[b]	0.14±0.01[a]
酚氧化酶（U/mL）	1.87±0.26	2.19±0.33	2.29±0.55	2.03±0.11	2.56±0.89
碱性磷酸酶（U/mL）	0.12±0.02[c]	0.18±0.04[b]	0.18±0.04[b]	0.16±0.02[bc]	0.25±0.02[a]
一氧化氮合成酶（U/mL）	18.21±2.08[ab]	16.17±1.25[b]	22.65±1.63[a]	20.27±1.08[a]	22.58±4.14[a]

注：同一行无字母或数据肩标相同字母表示差异不显著（$p>0.05$），不同小写字母表示差异显著（$p<0.05$）。

表3-18 四种不同发酵工艺的桦褐孔菌发酵多糖对凡纳滨对虾血清抗氧化酶活性的影响

指标	对照组	多糖1组	多糖2组	多糖3组	多糖4组
总抗氧化能力（U/mL）	8.19±0.47[b]	8.68±0.42[b]	8.19±0.39[b]	10.47±0.73[a]	10.53±0.60[a]
超氧化物歧化酶（U/mL）	170.40±2.92	175.31±8.57	170.53±1.84	176.54±3.62	180.37±5.53
抗超氧阴离子（U/mL）	114.08±2.02	117.99±1.45	117.04±3.77	115.93±2.59	115.81±3.66
过氧化氢酶（U/mL）	17.21±2.23	19.67±6.15	23.45±2.66	22.27±6.15	25.22±4.41
丙二醛（nmol/mL）	15.66±2.06[a]	13.48±1.42[ab]	11.89±2.78[ab]	12.39±4.27[ab]	9.60±3.07[b]

注：同一行无字母或数据肩标相同字母表示差异不显著（$p>0.05$），不同小写字母表示差异显著（$p<0.05$）。

结果表明，饲料中添加四种不同发酵工艺的桦褐孔菌发酵多糖可显著提高凡纳滨对虾幼虾的生长性能，提高血清溶菌酶、碱性磷酸酶活性和总抗氧化能力，降低血清丙二醛含量，其中桦褐孔菌发酵多糖4组的作用效果最显著。

《桦褐孔菌多糖作为凡纳滨对虾饲料添加剂的应用》获得中国授权发明专利（ZL201310163787.9），授权公告日2014-7-14。发明人：徐向群、曹俊明。本发明公开了一种桦褐孔菌多糖作为凡纳滨对虾饲料添加剂或注射制剂或浸泡制剂的应用，桦褐孔菌多糖在凡纳滨对虾基础饲料中的添加量为500～1500 mg/kg凡纳滨对虾基础饲料。本发明将桦褐孔菌多糖作为添加剂应用到凡纳滨对虾饲料中，能显著提高凡纳滨对虾的增重率和特定生长率，显著降低饲料系数，同时显著提高凡纳滨对虾血清溶菌酶、碱性磷酸酶和总抗氧化能力，提高血清一氧化氮合成酶、超氧化物歧化酶，降低血清丙二醛含量，其作用效果与高纯度（90%）β-葡聚糖相当，是一种新型的免疫增强剂，在凡纳滨对虾养殖领域具有广阔的应用前景。

（二）桦褐孔菌发酵多糖作为鱼类饲料添加剂的应用

海洋鱼类如石斑鱼（*Epinephelus spp*）、大黄鱼（*Pseudosciaena crocea*）、大菱鲆（商品名多宝鱼，*Scophthalmus maximus*）为具有高经济价值的鱼类。它们的肉质细嫩，味道鲜美，营养丰富，售价较高，在国内外市场上久负盛名。近年来，随着鱼类的规模化和集约化养殖的迅速发展，细菌和病毒感染导致的养殖病害爆发越来越频繁，病害一直是海洋鱼类养殖业发展的制约因素。为控制疾病的发生，化学药物和抗生素等被大量使用，由此产生药物残留、水体正常微生物种群失调、耐药性微生物增加、养殖动物内脏机能损伤等一系列不良后果，而且有时抗生素处理无效，其可能是由每条鱼的口服抗生素剂量不同以及耐药性导致的。疫苗虽然是有效的疾病预防替代物，但是疫苗价格昂贵，而且只针对特

异性的病原微生物。因此，寻求抗生素药物和疫苗的替代品就显得尤为
重要。

草鱼（*Ctenopharyngodon idellus*）是我国著名的"四大家鱼"之一，
是中国重要的养殖经济鱼类。但是在养殖过程中容易感染疾病，而且病
害日益严重，而目前还没有一个针对草鱼疾病的疫苗被批准使用，为了
预防疾病发生，研发有助于草鱼抗病的天然免疫增强剂迫在眉睫。

我们把添加来源于四种不同木质纤维素培养基的桦褐孔菌发酵多糖4
组（桦褐孔菌胞外多糖和桦褐孔菌胞内多糖的混合物）的鱼类基础饲料
设为试验组、鱼类基础饲料为对照组，研究了桦褐孔菌多糖对大黄鱼、
石斑鱼、大菱鲆、草鱼的免疫增强作用。结果表明，桦褐孔菌多糖显著
提高这四种鱼的抗菌活力和非特异性免疫力（见表3-19～表3-22）。

表3-19　桦褐孔菌发酵多糖对大黄鱼血清抗菌活力和非特异性免疫力的影响

指标	吞噬指数	抗菌活力（U/mL）	溶菌酶（U/mL）	超氧化物歧化酶（U/mg）
对照组	1.17±0.05	0.46±0.03	0.43±0.05	407.2±53.4
试验组	1.67±0.05	0.62±0.05	0.91±0.07	482.8±59.8

注：两组差异显著（$p<0.05$）。

表3-20　桦褐孔菌发酵多糖对石斑鱼血清抗菌活力和非特异性免疫力的影响

指标	吞噬指数	抗菌活力（U/mL）	溶菌酶（U/mL）	超氧化物歧化酶（U/mL）
对照组	1.51±0.07	0.36±0.07	52.8±0.8	27.2±3.4
试验组	2.28±0.10	0.75±0.09	126.7±1.7	86.8±5.8

注：两组差异显著（$p<0.05$）。

表3-21　桦褐孔菌发酵多糖对大菱鲆血清抗菌活力和非特异性免疫力的影响

指标	吞噬指数	溶菌酶（U/mL）	碱性磷酸酶（U/100mL）	超氧化物歧化酶（U/mL）
对照组	1.01±0.03	12.8±0.8	63.2±5.3	127.2±8.2
试验组	2.06±0.10	36.7±2.5	118.8±10.7	216.8±10.8

注：两组差异显著（$p<0.05$）。

表3-22 桦褐孔菌发酵多糖对草鱼血清抗菌活力和非特异性免疫力的影响

指标	抗菌活力（U/mL）	溶菌酶（U/mL）	碱性磷酸酶（U/100mL）	超氧化物歧化酶（U/mL）
对照组	0.15±0.03	0.35±0.02	6.27±1.12	81.29±3.34
试验组	0.38±0.04	0.72±0.03	9.58±1.95	132.82±9.81

注：两组差异显著（$p < 0.05$）。

《桦褐孔菌多糖作为鱼类饲料添加剂的应用》获得中国授权发明专利（ZL201310206283.0），授权公告日2017-5-31。发明人：徐向群。本发明采用桦褐孔菌发酵多糖加入鱼类饲料中，以代替抗生素药物和疫苗的使用，不会产生抗药性且使用成本低，能有效提高养殖鱼类的生长性能、免疫力和抗氧化能力，拓宽了桦褐孔菌多糖的应用范围，为鱼类饲料的开发提供了新途径，促进了鱼类养殖业的可持续发展。

第六节　杂食能否促进桦褐孔菌产生高活性多酚类化合物

我们成功地让桦褐孔菌在液体培养时吃杂粮，桦褐孔菌通过降解木质纤维素提高了发酵多糖的产量和抗氧化活性。既然桦褐孔菌降解木质纤维素时必须先产生羟基自由基，羟基自由基刺激菌丝体合成活性多糖保护自身，那么作为抗氧化剂的多酚类化合物，是否同时也被桦褐孔菌合成来承担保护菌丝体的责任呢？

一、提高多酚产量

我们最早考虑给桦褐孔菌吃的杂粮是玉米秸秆，因为 RSM 优化培养基的碳源是玉米淀粉（见第二章），前文中我们通过玉米秸秆＋硫脲培养基证实了羟基自由基在桦褐孔菌降解木质纤维素和提高活性多糖积累中的作用，因此我们首先探索玉米秸秆作为桦褐孔菌液体培养基中的杂粮对桦褐孔菌生物合成多酚的影响。图 3-15 显示桦褐孔菌在 RSM 优化培养基（对照培养基）和玉米秸秆培养基中，分别以摇床和发酵罐两种培养方式下的胞外多酚 EPC（摇床胞外 A、发酵罐胞外 B）及胞内多酚 IPC（摇床胞内 C、发酵罐胞内 D）的产量。

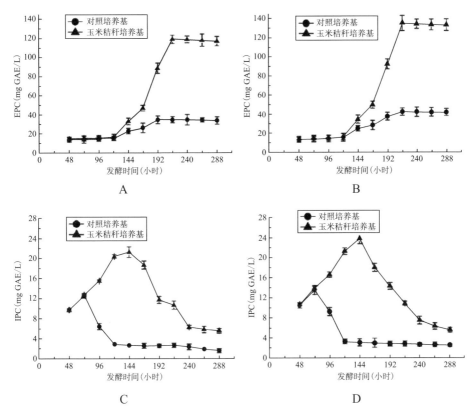

A、C. 摇床培养；B、D. 发酵罐培养。

图 3-15　桦褐孔菌在对照培养基和玉米秸秆培养基中以摇床和发酵罐培
养的胞外多酚及胞内多酚产量

　　桦褐孔菌胞外多酚在发酵培养 5 天后，产量开始上升，并在第 9 天达
到最大值，对照培养基中为 34.7 mg GAE/L（摇床）、42.5 mg GAE/L（发
酵罐）；玉米秸秆培养基中达到 118.9 mg GAE/L（摇床）、135.7 mg GAE/L
（发酵罐），此后多酚产量基本维持在这一水平，略微逐渐下降。

　　在对照培养基中，胞内多酚产量在第 3 天达到最大值 12.5 mg GAE/g
（摇床）、13.5 mg GAE/g（发酵罐），与第二章中的结果一致。令人意外的
是在玉米秸秆培养基中，第 3 天的产量与对照培养基中的相同，但在第 6

天达到最大值21.2 mg GAE/g（摇床）、23.7 mg GAE/g（发酵罐）。胞内多酚在达到最大值后都急剧下降。

无论是胞外多酚还是胞内多酚的产生，更大规模的发酵方式下即发酵罐培养都能获得更好的结果，即通过控制发酵罐的通气及搅拌系统、温度调节系统、pH调节系统和培养基补给系统等装置，使药用真菌在最佳培养条件下进行培养，发酵周期短，生产效率高，有利于进行工业化连续生产。

总之，玉米秸秆大幅提高了桦褐孔菌胞外多酚、胞内多酚的产量。

之后，我们对另外四种木质纤维素生物质的作用进行了研究，培养基碳源由玉米淀粉改成了葡萄糖。花生壳的作用见本章第七节"杂食能否同时提高桦褐孔菌多糖和多酚产量"。

图3-16A显示，对照、稻草、麦秆、甘蔗渣培养基中，桦褐孔菌胞外多酚产量分别在第10、3、8、9天达到最大值。稻草、麦秆、甘蔗渣分别把桦褐孔菌胞外多酚产量提高了67.6%、151.2%和106.9%（$p < 0.05$）。

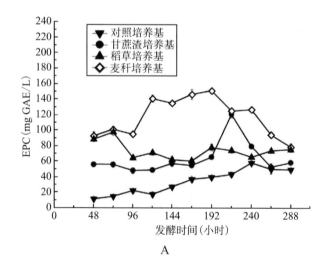

A

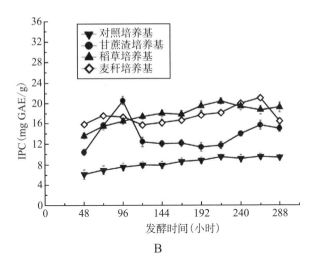

B

图 3-16 稻草、麦秆和甘蔗渣培养基对桦褐孔菌产生胞外多酚（A）和
胞内多酚（B）的影响

三种木质纤维素不仅提高了桦褐孔菌胞外多酚产量，同时它们也能促进桦褐孔菌产生胞内多酚，稻草、麦秆、甘蔗渣培养基的胞内多酚产量分别在第9、11、6天达到最大值，分别提高了113.6%、120.6%和114.9%（$p < 0.05$），见图3-16B。

二、提高多酚抗氧化活性

第二章已述桦褐孔菌液体培养能产生具有较强抗氧化活性的多酚类物质，前文表明木质纤维素降解能提高胞外、胞内多酚的产量（见图3-12、图3-13），那么在培养基中添加木质纤维素是否影响多酚提取物的抗氧化活性呢？

我们首先比较研究了在发酵过程中不同发酵时间产生的多酚提取物在相同浓度下的抗氧化活性。

图3-17显示不同发酵时间获得的胞外多酚和胞内多酚提取物（0.4

mg/mL）清除DPPH自由基和羟基自由基的能力是不同的，对照培养基和玉米秸秆培养基的多酚提取物的清除自由基活性随发酵时间延长而提高（胞内多酚在72小时前后达最高），在整个发酵过程中，胞内、胞外多酚在抗氧化活性上有着较为显著的差异。发酵前期，胞内多酚显示出了较强的抗氧化活性，而在发酵后期胞外多酚的抗氧化活性更强。

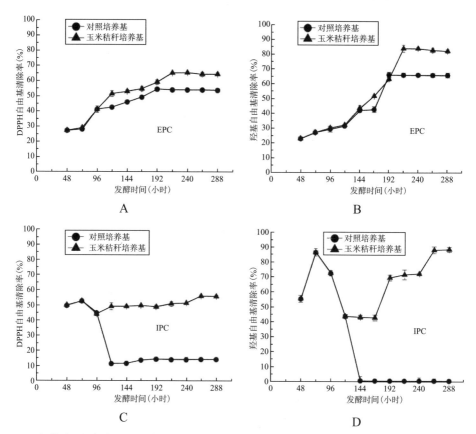

A. 胞外多酚清除DPPH自由基；B. 胞外多酚清除羟基自由基；C. 胞内多酚清除DPPH自由基；D. 胞内多酚清除羟基自由基。

图3-17　对照培养基和玉米秸秆培养基中胞外多酚及胞内多酚的DPPH自由基与羟基自由基清除活性随发酵时间变化的情况

来源于第8天对照培养基的胞外多酚对DPPH自由基和羟基自由基的清除率为57%和66%，而来源于第9天玉米秸秆培养基的两种自由基清除率分别达69%和84%。

我们提取了发酵9天后的胞外多酚、3天后的胞内多酚，分析了它们浓度依赖的抗氧化活性（见表3-23），来自玉米秸秆培养基的胞外多酚清除两种自由基的IC_{50}显著低于来自对照培养基的（$p < 0.05$），显示出更强的抗氧化活性，而且也比其自身的胞内多酚强。在发酵第3天时，两种培养基的胞内多酚在清除自由基活性上没有显著差异。

表3-23　两种培养基来源的多酚提取物的清除自由基的IC_{50}

名称	IC_{50}（µg/mL）			
	EPC		IPC	
	对照培养基	玉米秸秆培养基	对照培养基	玉米秸秆培养基
DPPH自由基	106.9	73.5	103.6	102.7
羟基自由基	276.2	178.6	236.7	233.0

图3-18显示了稻草、麦秆、甘蔗渣关于桦褐孔菌胞外多酚（A、B）和胞内多酚（C、D）提取物（20 mg GAE/L）在发酵过程中的对两种自由基的清除活性的影响，清除活性也是发酵时间依赖的，而且三种木质纤维素培养基来源的胞外和胞内多酚提取物的清除活性在整个发酵周期内都比来源于对照培养基的强。

表3-24总结了甘蔗渣、稻草、麦秆培养基的胞外多酚和胞内多酚的最大产量和发酵时间、最高抗氧化活性和发酵时间，结果表明这三种木质纤维素与玉米秸秆一样能提高多酚产量和抗氧化活性，但是不同的木质纤维素的效果不同，而且最高产量和最高抗氧化活性出现在不同的发酵时间。

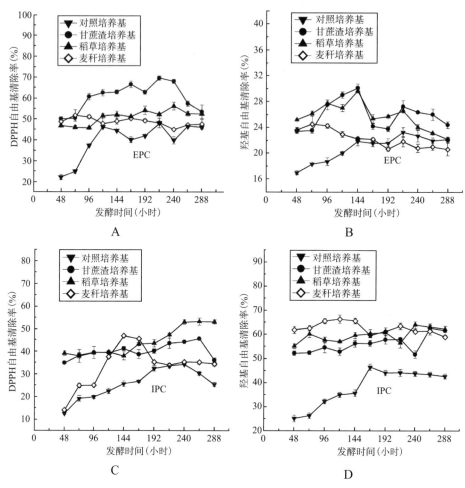

A、B. 胞外多酚；C、D. 胞内多酚。

图 3-18 对照培养基和稻草、麦秆、甘蔗渣培养基发酵多酚的 DPPH 自由基、羟基自由基清除活性随发酵时间变化的情况

表3-24　四种培养基中多酚最大产量、最高自由基清除活性的对应发酵时间

培养基	最大产量（mg GAE/L）（发酵时间，小时）		DPPH自由基清除活性（%）（发酵时间，小时）		羟基自由基清除活性（%）（发酵时间，小时）	
	EPC	IPC	EPC	IPC	EPC	IPC
对照	58.4±2.7[d]（240）	102.3±2.2[c]（264）	48.1±0.3[c]（216）	34.4±0.2[d]（240）	23.2±0.8[b]（216）	46.3±1.3[c]（168）
甘蔗渣	120.8±4.4[b]（216）	151.4±3.1[aa]（96）	69.8±1.0[a]（216）	45.6±0.5[c]（264）	30.1±0.7[a]（144）	62.6±1.3[ba]（264）
稻草	97.9±4.0[c]（72）	142.1±7.0[b]（240）	56.5±1.9[b]（240）	53.2±1.5[a]（264）	29.7±0.3[a]（144）	64.1±1.4[a]（240）
麦秆	151.6±1.4[a]（192）	148.6±2.6[ba]（264）	51.9±2.7[b]（72）	46.9±0.3[b]（144）	24.5±1.3[b]（72）	66.4±1.7[a]（120）

注：同一列中不同字母表明数据之间差异显著（$p<0.05$）。

三、促进多酚活性成分的产生

物质的性质和生物学功能与其化学结构有着密切的关系，多酚的抗氧化活性与它的组成和结构紧密相关，所以研究多酚的结构对于更深刻地理解和应用多酚的性质和生物学功能有着十分重要的意义。

桦褐孔菌液体深层发酵产生的胞外、胞内多酚是一种混合物，且成分复杂、种类繁多，而在培养基中加入木质纤维素后，由于木质纤维素的不同，使得胞外、胞内多酚的情况更复杂，也正是基于上述原因，我们有必要研究多酚的组成，找出桦褐孔菌多酚中功能强大的成分，并通过添加特定木质纤维素促进功能多酚的产生。

表3-25和表3-26分别显示了对照培养基和玉米秸秆培养基在发酵罐中培养9天后的胞外多酚和3天后的胞内多酚提取物的组成和含量。

表3-25　发酵罐培养9天后不同培养基中桦褐孔菌胞外酚类物质组成和含量

种类	对照培养基的胞外多酚含量（%）	玉米秸秆培养基的胞外多酚含量（%）
表没食子儿茶素没食子酸酯	13.1±0.8	19.2±1.7
表儿茶素没食子酸酯	5.8±0.5	13.6±0.4
骨碎补内酯	–	8.3±0.7
斜孔菌素B	–	12.6±0.5
桑黄素G	11.9±1.0	14.0±2.7
绿原酸	–	3.1±0.6
4，5，7-三羟黄烷酮	8.0±0.9	1.5±0.3
芦丁	7.1±0.8	2.8±0.2
咖啡酸	1.1±0.2	2.9±0.3
没食子酸	17.6±1.3	5.4±1.1
山柰酚	5.8±0.7	1.7±0.5
槲皮素	3.9±0.4	2.1±0.2
异鼠李亭	4.1±0.8	3.8±0.1
异鼠李亭-3-O-芸香糖苷	3.5±0.7	2.9±0.1
芸香柚皮苷	5.9±0.9	1.7±0.4
原儿茶酸	2.8±0.0	–
对-香豆酸	–	1.1±0.2

表3-26　发酵罐培养3天后不同培养基中桦褐孔菌胞内酚类物质组成和含量

种类	对照培养基的胞内多酚含量（%）	玉米秸秆培养基的胞内多酚含量（%）
桑黄素G	4.5±0.6	9.1±0.9
绿原酸	–	2.1±0.4
咖啡酸	7.0±1.4	2.2±0.1
没食子酸	32.1±3.0	22.1±1.9
异野漆树苷	3.5±0.2	–
山柰酚	–	10.1±0.8
槲皮素	5.2±1.2	2.2±0.3

续表

种类	对照培养基的胞内多酚含量（%）	玉米秸秆培养基的胞内多酚含量（%）
异鼠李亭	-	7.4±0.5
芸香柚皮苷	-	4.4±0.6
对-香豆酸	2.7±0.4	15.6±1.1
阿魏酸	13.3±1.1	6.9±0.6
野漆树苷	18.5±1.9	6.2±1.9
异鼠李亭-3-O-芸香糖苷	-	7.8±0.5
原儿茶酸	4.3±1.0	2.3±0.5

可见，在培养基中加入木质纤维素后，胞外、胞内多酚的种类增加了很多，且都是活性较强的多酚，如骨碎补内酯、斜孔菌素B、绿原酸，含量分别达到8.3%、12.6%、3.1%。此外，加入木质纤维素后胞外多酚提取物中的主要活性多酚表没食子儿茶素没食子酸酯（EGCG）、表儿茶素没食子酸酯（ECG）、桑黄素G的含量分别提升了46.6%、134.5%、17.6%。

没食子酸的含量下降显著，木质纤维素的降解可能促进了没食子酸合成EGCG、ECG（见表3-25）。前文已述，EGCG、ECG是茶多酚中具有最强抗氧化活性的黄烷醇儿茶素类物质。

同时，木质纤维素培养基中胞内多酚提取物的主要活性多酚山奈酚达10.1%、异鼠李亭达7.4%、芸香柚皮苷达4.4%、异鼠李亭-3-O-芸香糖苷达7.8%，桑黄素G含量提高了102.2%，而没食子酸、阿魏酸的含量下降（见表3-26）。

我们进一步针对含量变化较大的小分子酚酸——没食子酸和阿魏酸、活性较强的大分子多酚——ECG、EGCG、桑黄素G、骨碎补内酯、斜孔菌素B，对这些多酚在甘蔗渣、稻草、麦秆培养基中整个发酵过程中的含量变化进行跟踪分析，同时与不加木质纤维素培养基发酵产的多酚进行成分比对，探索木质纤维素提高桦褐孔菌发酵多酚的产量和抗氧化活性的原因。

在对照培养基的胞外多酚中，发酵2天后的提取物中以小分子酚类没食子酸（36.4%）和阿魏酸（19.8%）为主，没有大分子多酚存在。随着发酵的继续，没食子酸和阿魏酸的含量逐渐减少，五种大分子多酚在发酵中期陆续出现，并随着发酵时间延长而增加（至第9天）（见表3-27）。EGCG、ECG等大分子多酚含量很低或者没有产生，所以对照培养基产生的胞外多酚抗氧化活性较弱（见表3-23）。

表3-27 对照培养基胞外多酚组成随发酵时间变化的情况

发酵时间（小时）	含量（%）						
	没食子酸	阿魏酸	ECG	EGCG	桑黄素G	骨碎补内酯	斜孔菌素B
48	36.4±1.6	19.8±0.6	–	–	–	–	–
96	26.1±0.8	17.1±0.2	–	0.3±0.0	3.2±0.1		
120	21.0±0.5	10.7±0.2	0.8±0.0	4.7±0.1	4.9±0.1		
144	15.4±0.8	13.6±0.4	3.1±0.1	5.2±0.3	8.3±0.1		0.3±0.0
168	22.2±0.3	11.2±0.3	4.1±0.2	6.1±0.2	8.8±0.1	0.5±0.0	–
192	18.4±0.5	8.7±0.1	4.2±0.2	7.8±0.3	9.4±0.1	0.8±0.1	0.2±0.1
216	17.0±1.0	8.8±0.2	4.5±0.1	10.6±0.2	10.2±0.1	1.1±0.0	0.4±0.0
240	12.1±0.2	3.7±0.1	3.2±0.1	3.4±0.1	10.6±0.2	–	0.2±0.0
264	7.5±0.2	2.6±0.2	4.1±0.1	1.4±0.1	4.5±0.1	0.1±0.0	–
288	4.5±0.1	2.1±0.1	1.1±0.2	2.3±0.1	2.6±0.1	0.2±0.0	–

以甘蔗渣培养基发酵产生的胞外多酚为例来看木质纤维素的作用（见表3-28），发酵2天后的提取物中没食子酸和阿魏酸的含量即降到16.1%和14.2%，EGCG已经出现。发酵3天后即出现4个大分子多酚，随着发酵的继续进行，没食子酸和阿魏酸的含量快速减少，而5个大分子多酚的含量快速增加，发酵9天后都达到最大值。

表3-28　甘蔗渣培养基胞外多酚组成随发酵时间变化的情况

发酵时间（小时）	含量（%）						
	没食子酸	阿魏酸	ECG	EGCG	桑黄素G	骨碎补内酯	斜孔菌素B
48	16.1±0.7	14.2±1.1	–	2.8±0.1	–	–	–
72	19.3±0.5	13.1±1.0	2.2±0.0	4.7±0.1	–	0.5±0.0	0.7±0.0
96	13.2±0.3	12.1±1.2	2.9±0.1	6.1±0.2	5.1±0.1	3.7±0.0	1.9±0.0
120	11.3±0.5	10.7±0.5	3.8±0.0	8.7±0.2	7.9±0.1	4.0±0.1	5.8±0.1
144	15.4±0.3	7.6±0.6	7.1±0.3	12.1±0.3	10.6±0.0	7.5±0.1	6.3±0.0
168	10.2±0.4	5.3±0.3	9.9±0.2	16.1±0.2	11.8±0.1	10.5±0.1	8.9±0.1
192	7.4±0.5	2.7±0.1	11.2±0.3	16.8±0.3	10.4±0.1	10.8±0.1	8.5±0.1
216	4.0±0.2	1.8±0.1	13.9±0.2	20.9±0.2	12.1±0.1	11.1±0.0	10.4±0.1
240	2.3±0.2	3.7±0.1	9.2±0.1	20.7±0.3	12.4±0.2	10.2±0.1	5.2±0.0
264	3.4±0.1	2.6±0.2	10.1±0.2	13.4±0.1	8.5±0.1	9.5±0.1	4.9±0.0
288	5.0±0.1	2.1±0.1	7.1±0.2	13.3±0.1	10.6±0.2	5.2±0.0	7.3±0.1

表3-29比较了对照培养基和三种木质纤维素培养基发酵的抗氧化活性最强的胞外多酚和胞内多酚提取物中没食子酸、阿魏酸、ECG、EGCG、桑黄素G、骨碎补内酯、斜孔菌素B的产量和达到最大活性的发酵时间。三种木质纤维素都大幅提高了5种大分子多酚的产量，而降低了没食子酸、阿魏酸的产量。

表3-29　四种培养基胞外多酚、胞内多酚提取物的组成和产量

培养基	没食子酸	阿魏酸	ECG	EGCG	桑黄素G	骨碎补内酯	斜孔菌素B
EPC（mg/L）（发酵时间，小时）							
对照	120.8±4.4[a] (216)	10.5±0.2[a] (216)	10.7±0.1[d] (216)	10.4±0.2[d] (216)	5.1±0.1[d] (216)	–	–
甘蔗渣	24.1±0.2[d] (216)	1.7±0.1[c] (216)	22.8±0.4[a] (216)	18.2±0.2[a] (216)	9.5±0.1[b] (216)	15.3±0.7[b] (216)	9.8±0.1[b] (216)

培养基	没食子酸	阿魏酸	ECG	EGCG	桑黄素G	骨碎补内酯	斜孔菌素B
稻草	43.7±2.7^c (240)	1.0±0.0^d (240)	18.1±0.2^b (240)	14.6±0.2^b (240)	10.1±0.2^a (240)	12.4±0.1^c (240)	–
麦秆	51.0±3.5^b (72)	6.0±0.1^b (72)	14.6±0.1^c (72)	13.1±0.5^c (72)	6.9±0.2^c (72)	16.8±0.4^a (72)	13.2±0.2^a (72)
IPC（mg/L）（发酵时间，小时）							
对照	179.8±9.4^a (168)	15.5±0.2^a (168)	4.0±0.1^c (168)	1.4±0.2^d (168)	4.2±0.0^d (168)	1.4±0.1^d (168)	–
甘蔗渣	74.7±2.8^c (264)	5.4±0.1^d (264)	16.9±0.4^b (264)	9.3±0.2^c (264)	10.5±0.3^c (264)	2.9±0.1^b (264)	–
稻草	122.2±7.8^b (240)	9.0±0.4^b (240)	18.9±0.6^a (240)	10.6±0.2^b (240)	13.9±0.4^a (240)	2.2±0.1^c (240)	–
麦秆	74.4±0.4^c (144)	6.4±0.1^c (144)	18.1±0.8^a (144)	17.6±0.9^a (144)	11.5±0.5^b (144)	3.8±0.1^a (144)	0.6±0.0^a (144)

注：同一列中不同字母表示数据之间差异显著（$p < 0.05$）。

不同木质纤维素培养基的胞外多酚提取物中小分子多酚和大分子多酚的含量差别很大，对照培养基（发酵9天后）的没食子酸、阿魏酸的含量分别是17.2%、9.2%，而甘蔗渣培养基（发酵9天后）减少到4.0%和1.8%，稻草培养基（发酵10天后）减少到2.4%和1.5%，麦秆培养基（发酵7天后）减少到2.1%和0.9%。ECG、EGCG、桑黄素G这些大分子多酚类在木质纤维素培养基中的含量显著提高，甘蔗渣培养基中分别提高208.9%、97.2%、18.6%，稻草培养基中分别提高133.3%、9.4%、0%，麦秆培养基中分别提高146.7%、17%、0%。而且甘蔗渣培养基中骨碎补内酯和斜孔菌素B的含量分别达到11.1%和10.4%；稻草培养基中相应的含量分别是10.4%和0%；麦秆培养基中相应的含量分别是9.3%和10.2%。

培养基中加入木质纤维素，显著增加了发酵多酚中抗氧化活性多酚的种类和含量，从而大大提高了胞外多酚的抗氧化活性（见表3-23）。

特别是甘蔗渣发酵培养基中ECG、EGCG、桑黄素G、骨碎补内酯、斜孔菌素B这五种多酚的含量最高，促进高活性多酚产生的效果最明显，并且缩短了发酵时间。

表3-30比较了对照培养基和三种木质纤维素培养基发酵的抗氧化活性最强的胞内多酚提取物的组成和含量，对照培养基发酵产胞内多酚中没食子酸、阿魏酸的含量分别是25.6%、8.8%，而5个大分子多酚的含量很低。

表3-30　四种培养基胞内多酚提取物的组成和含量

培养基	含量（%）（发酵时间，小时）						
	没食子酸	阿魏酸	ECG	EGCG	桑黄素G	骨碎补内酯	斜孔菌素B
对照	25.6±1.3ᵃ (144)	8.8±0.2ᵃ (144)	1.7±0.1ᵉ (144)	1.4±0.2ᵈ (144)	2.4±0.3ᵈ (144)	0.9±0.1ᶜ (144)	–
甘蔗渣	12.4±0.1ᵇ (264)	5.7±0.1ᵈ (264)	10.3±0.4ᵈ (264)	9.3±0.2ᶜ (264)	10.2±0.3ᵇ (264)	2.3±0.1ᵃ (264)	–
稻草	12.2±0.2ᵇ (240)	6.0±0.0ᶜ (240)	14.1±0.2ᵇ (240)	11.1±0.2ᵇ (240)	12.8±0.1ᵃ (240)	1.0±0.1ᶜ (240)	
麦秆	11.3±0.4ᶜ (144)	6.3±0.1ᵇ (144)	14.8±0.1ᵃ (144)	12.4±0.2ᵃ (144)	10.4±0.4ᶜ (144)	2.1±0.0ᵇ (144)	0.5±0.0ᵇ (144)

注：同一列中不同字母表示数据之间差异显著（$p < 0.05$）。

三种木质纤维素培养基产的多酚提取物中没食子酸、阿魏酸的含量不及对照培养基中的一半或低于对照组，但是它们都显著提高大分子多酚的含量，三种培养基中大分子多酚如ECG、EGCG分别增加了506%～771%、564%～786%，桑黄素G增加了325%～433%。甘蔗渣和麦秆培养基中骨碎补内酯的含量分别增加了156%和133%。

麦秆对胞内多酚ECG和EGCG的产生促进效果最好。

四、多酚产生与木质纤维素降解的关系

通过对甘蔗渣、稻草、麦秆、玉米秸秆这四种木质纤维素对桦褐孔菌产胞外多酚、胞内多酚的产量、抗氧化活性、成分进行分析比较，筛选出了最佳木质纤维素是甘蔗渣（针对胞外多酚）和麦秆（针对胞内多酚）。

与桦褐孔菌活性多糖产生的机制相似，木质纤维素的降解可能导致培养基中产生氧化应激效应，直接促进桦褐孔菌胞外、胞内多酚的产生。我们推测还有一个间接的原因，即木质素的降解可能增加桦褐孔菌多酚的产量。研究表明：一些农作物废弃物，如秸秆、甘蔗渣、果壳等的木质素成分富含对-香豆酸、阿魏酸、丁香酸、香草醛和对-羟基苯甲酸等酚类物质，木质素结构的破坏能产生酚类物质，而且白腐真菌可能转化这些小分子酚酸成为大分子多酚。

桦褐孔菌对麦秆的木质素降解效率较甘蔗渣和稻草高（见图3-4A），可能部分解释了为什么麦秆培养基中胞外多酚的产量比甘蔗渣和稻草培养基的高（见表3-24）。稻草中的木质素含量最少，可以作为解释为什么稻草培养基中胞外多酚的产量最少的原因之一（见表3-24）。

白腐真菌将木质素降解之后，能够利用其中的纤维素和半纤维素作为菌丝体生长的营养物质。我们的研究表明桦褐孔菌能将木质纤维素有效用于多酚的生物合成。但是不同的木质纤维素由于它们的热值、木质素含量、纤维素和半纤维素相对比值、密度和营养价值都不同，导致桦褐孔菌对它们的利用率不同。不同木质纤维素对小分子多酚的转化利用合成高活性多酚的机制还有待进一步研究。

选择适合的木质纤维素底物或者适当营养成分的木质纤维素底物可以有效刺激微生物产生次级代谢产物，这对高效和经济地生产目标产物

是非常重要的。

我们2011年发表在国际知名SCI中科院二区期刊 *Biochemical Engineering Journal* 的论文 *Enhanced phenolic antioxidants production in submerged cultures of Inonotus obliquus in a ground corn stover medium*（见图3-19）被引24次（WOS: 000297391600013）。

2015年发表在国际SCI中科院三区期刊 *AMB Express* 的综述 *Fungal strain matters: colony growth and bioactivity of the European medicinal polypores Fomes fomentarius, Fomitopsis pinicola and Piptoporus betulinus*，高度评价了我们通过改变底物提高药用多孔真菌次级代谢物生物合成的工作。

我们2013年发表在国际知名SCI中科院三区期刊 *Applied Biochemistry and Biotechnology* 的论文 *Stimulatory effect of different lignocellulosic materials for phenolic compound production and antioxidant activity from Inonotus obliquus in submerged fermentation*（见图3-20）被引27次（WOS: 000316636600013）。

Biochemical Engineering Journal 58–59 (2011) 103–109

Contents lists available at SciVerse ScienceDirect

Biochemical Engineering Journal

journal homepage: www.elsevier.com/locate/bej

Enhanced phenolic antioxidants production in submerged cultures of *Inonotus obliquus* in a ground corn stover medium

Xiangqun Xu*, Jinwei Zhu

Department of Chemistry, Zhejiang Sci-Tech University, Hangzhou 310018, China

ARTICLE INFO

Article history:
Received 5 May 2011
Received in revised form 20 July 2011
Accepted 4 September 2011
Available online 10 September 2011

Keywords:
Fermentation
Inonotus obliquus
Microbial growth
Optimisation
Phenolic compounds
Submerged culture

ABSTRACT

The medicinal mushroom *Inonotus obliquus* has been a folk remedy for a long time in East-European and Asian countries. It is currently ascribed to a number of phenolic compounds as well as triterpenoids and polysaccharides responsible for significant biological and pharmacological properties. A study was conducted to determine the effects of inclusion of lignocellulosic material, in this case corn stover on production and antioxidant activity of extracellular (EPC) and intracellular phenolic compounds (IPC) by *Inonotus obliquus* in submerged fermentation. The corn stover medium contained 3% ground corn stover and 3.5% corn flour but the control medium contained 5% corn flour without corn stover. All of the other components were same in the two media. Decomposition rates of cellulose, hemicellulose, and lignin in the corn stover substrate were 20.9%, 17.9%, and 19.8% through 288 h of submerged cultivation. Lignocellulose decomposition in the corn stover-containing medium yielded significantly higher EPC (118.9/135.7 mg GAE (gallic acid equivalents)) and IPC (21.2/23.7 mg GAE) than the control medium (34.7/42.5 mg GAE of EPC and 12.5/13.5 mg GAE of IPC) per liter of culture broth (EPC) and per gram of mycelia (IPC) in shake flask cultures/10 L fermenter runs. Both EPC and IPC from the corn stover medium showed a higher scavenging activity against hydroxyl radicals and 2,2-diphenyl-1-picrylhydrazyl (DPPH) radicals than those from the control medium during the later fermentation period. In dose-dependent experiments, EPC from the corn stover medium at 216 h demonstrated a significantly stronger free radical scavenger activity against DPPH and hydroxyl radicals, shown as much lower IC50 values, than that from the control medium and IPC from the two media.

1. Introduction

Edible and medicinal mushrooms have an established history of use in the human diet and traditional therapies [1]. The medicinal mushroom *Inonotus obliquus* (*I. obliquus*) belongs to the family Hymenochaetaceae; Basidiomycetes and has been a folk remedy for a long time in Russia, East-European countries, China, Japan, Korea, and other Asian countries to treat tuberculosis, gastritis and cancers [2]. The mushrooms have been collected throughout China, Japan and Korea. The pharmacological importance of the mushrooms is very high in the Far East as a traditional medicine in treating various diseases. It has been ascribed to a number of phenolic compounds as well as triterpenoids and polysaccharides responsible for significant biological properties [1–4].

The limited natural resource and difficult artificial cultivation of *I. obliquus* to obtain fruit body make it impossible to obtain large quantity of active compounds such as polysaccharides, phenolic compounds and terpenoids. Submerged cultures offer a promising alternative, which is fast, cost-effective, easy to control and without heavy metal contamination. Submerged fermentation is an effective process for the production of many mushroom-derived polysaccharides [5–8]. In the last few years, an increasing number of studies have been reported on mycelial fermentations of *I. obliquus* for polysaccharides [8–11]. Recently, there are attempts to obtain phenolic compounds from the fungus by submerged fermentation [12,13]. The previous work demonstrated that imposing oxidative stress (exposure to H₂O₂ or/and arbutin) increased the intracellular (mycelial) phenolic compounds production, but decreased the accumulation of the extracellular phenolic compounds by *I. obliquus* in a liquid culture [12]. The same authors have newly reported an increased accumulation of total mycelial phenolic compounds by coculture of *I. obliquus* with *Phellinus punctatus* [13]. Nevertheless, how to enhance the extracellular phenolic compounds (EPC) production or both the extra- and intracellular phenolic compounds (IPC) simultaneously of *I. obliquus* by submerged fermentation requires further development.

Recently, we demonstrated that hydroxyl radicals played the same important role when *I. obliquus* in submerged fermentation decomposed the lignocellulose in corn stover added in a liquid

* Corresponding author at: School of Science, Zhejiang Sci-Tech University, Hangzhou 310018, China. Tel.: +86 571 86843228; fax: +86 571 87055836.
E-mail address: xuxiangqun@zstu.edu.cn (X. Xu).

图3-19　刊登在杂志上的《玉米秸秆培养基中液体发酵桦褐孔菌产生抗氧化多酚》论文摘要

Appl Biochem Biotechnol
DOI 10.1007/s12010-013-0133-2

Stimulatory Effect of Different Lignocellulosic Materials for Phenolic Compound Production and Antioxidant Activity from *Inonotus obliquus* in Submerged Fermentation

Linghui Zhu · Xiangqun Xu

Received: 16 October 2012 / Accepted: 5 February 2013
© Springer Science+Business Media New York 2013

Abstract White-rot fungus *Inonotus obliquus* grown in submerged culture produces antioxidative phenolic compounds. In this study, addition of lignocellulosic materials into the liquid culture increased the production and antioxidant activity of extra- and intra-cellular phenolic compounds (EPC and IPC, respectively). The production of EPC and IPC was significantly enhanced by wheat straw (by 151.2 and 45.3 %), sugarcane bagasse (by 106.9 and 26.1 %), and rice straw (by 67.6 and 38.9 %). Both of the EPC and IPC extracts from the three substrates showed a higher hydroxyl and 1,1-diphenyl-2-picrylhydrazyl radical scavenging activity than those from the control medium. The highly active polyphenols such as tea catechins of epicatechin-3-gallate (ECG) and epigallocatechin-3-gallate (EGCG), and phelligridin G in the EPC extracts increased by 113.1, 75.0, and 86.3 % in the sugarcane bagasse medium. Davallialactone and inoscavin B in the EPC extracts were generated in large amounts in the lignocellulose media but not found in the control medium. The IPC extract from the wheat straw medium had the highest production of EGCG and ECG (17.6 and 18.1 mg/l). The different enhancement among the materials was attributed to the content and degradation rate of cellulose, hemicellulose, and lignin. The different antioxidant activity of the EPC and IPC extracts was related to their phenolic compositions.

Keywords Inonotus Obliquus · Microbial Growth · Lignocellulose Degradation · Phenolic Compounds · Submerged Culture

Introduction

Phenolic compounds of the edible and medicinal mushroom *Inonotus obliquus* show various biological activities, including antioxidant [1, 2], hepato-protective [3], antitumor [4], and

L. Zhu · X. Xu (✉)
Department of Chemistry, Zhejiang Sci-Tech University, Hangzhou 310018, China
e-mail: xuxiangqun@zstu.edu.cn

图3-20 刊登在杂志上的《不同木质纤维素材料对液体发酵桦褐孔菌多酚
产生和抗氧化活性的促进作用》论文摘要

161 ▪

2022 年发表在 *Applied Sciences* 的综述 *Valorization of agro-industrial wastes and residues through the production of bioactive compounds by macro-fungi in liquid state cultures: Growing circular economy*，高度评价了我们利用农业废弃物从高等真菌液体发酵中获取活性多酚的工作，认为这种方法在工业应用上非常有吸引力。

国际著名发酵工程专家 T. B. Dey 于 2016 年发表在顶级 SCI 中科院一区期刊 *Trends in Food Science & Technology* 的综述 *Antioxidant phenolics and their microbial production by submerged and solid state fermentation process: A review* 中引用了上述两篇文献，并高度评价了桦褐孔菌液体发酵降解秸秆和甘蔗渣木质纤维素并促进多酚和黄酮积累的研究工作，认为我们的研究为利用生物技术从微生物发酵中获取多酚和黄酮开辟了新的研究方向。

五、杂食产生抑酶多酚

α-葡萄糖苷酶和 α-淀粉酶抑制剂是新型的有效药物，如阿卡波糖，可以有效抑制人体吸收消化道中的糖，并降低餐后血糖。

降糖抑酶活性的天然物质主要从植物和微生物特别是真菌中提取得到，有效成分主要有多酚类、多糖类、萜类化合物等。其中，萜类化合物如白桦酸的抑制机制已经有了较好的解释，但是多酚类和多糖类化合物的研究较少，且多酚类化合物种类繁多，抑酶活性的研究还有待进一步加强。

第二章我们介绍了研究桦褐孔菌三萜类化合物对 α-葡萄糖苷酶和 α-淀粉酶的抑制作用的结果，考虑到中药的药效往往是由多种物质协同发挥的，桦褐孔菌多糖、多酚类化合物是否具有抑酶活性呢？

我们通过让桦褐孔菌在液体深层发酵时"吃"杂食（麦秆、甘蔗渣），获取多糖、多酚，利用其对 α-淀粉酶和 α-葡萄糖苷酶的活性抑制进行生物活性指导下的筛选，对生物活性较好的物质进行分离纯化。

α-葡萄糖苷酶因其作用位点及作用底物更加单一，较α-淀粉酶在降血糖方面的研究更具价值，因此当筛选出的活性成分对两种酶的活性抑制情况不同时，以α-葡萄糖苷酶筛选为主。由此，我们鉴定了多酚中抑制α-葡萄糖苷酶活性最强的单体物质。

（一）多糖的抑酶活性

麦秆培养基的桦褐孔菌发酵粗多糖（5 mg/mL）对α-淀粉酶活性的平均抑制率为9.0%，对α-葡萄糖苷酶活性的平均抑制率为3.2%，抑制效果较差，远不如阿卡波糖的抑制活性。因此我们不再对桦褐孔菌多糖的抑酶活性做深入研究。

（二）多酚萃取物的抑酶活性

图3-21表明，甘蔗渣培养基的桦褐孔菌发酵胞外多酚，经不同极性溶剂萃取，获取乙酸乙酯层多酚（A）、正丁醇层多酚（B）、萃余水层多酚（C），与阿卡波糖（D）（对照）进行α-淀粉酶抑制活性比较分析，结果提示桦褐孔菌胞外多酚对α-淀粉酶的抑酶活性具有剂量依赖性，随着多酚质量浓度的增加，抑制率不断升高。IC_{50}分别为40.3 mg/mL、70.1 mg/mL、36.5 mg/mL和6.8 mg/mL，桦褐孔菌多酚中对α-淀粉酶抑酶活性最佳的极性最强的水层多酚，即α-淀粉酶抑制活性的主要物质在水层中含量最高。

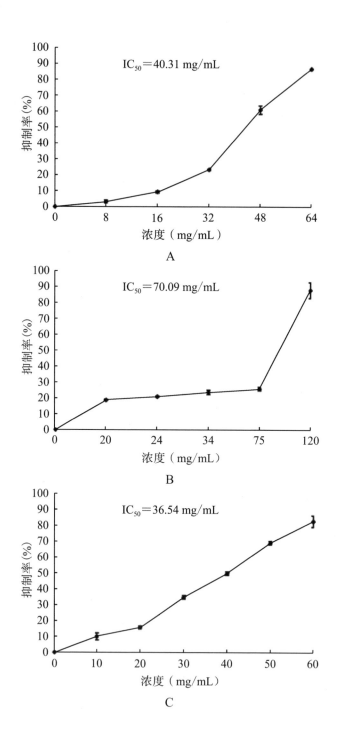

A

B

C

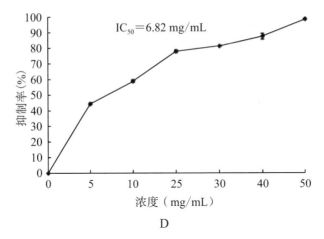

图3-21　胞外多酚乙酸乙酯萃取物（A）、正丁醇萃取物（B）、萃余物
（C）、阿卡波糖（D）对 α-淀粉酶的抑酶活性

图3-22表明，乙酸乙酯层多酚（A）、正丁醇层多酚（B）、萃余水层
多酚（C）和阿卡波糖（D）的 α-葡萄糖苷酶抑酶活性 IC_{50} 分别为
18.4 mg/mL、12.8 mg/mL、24.7 mg/mL 和 2.1 mg/mL。与 α-淀粉酶抑酶活
性情况相似，α-葡萄糖苷酶活性抑制率随着多酚浓度的增加而增加，α-
葡萄糖苷酶抑制活性物质在正丁醇层中的含量更高，优于绿色木霉发酵
杏果实提取物的活性（IC_{50} = 17.5 mg/mL），亦优于红茶渣70%丙酮提取
物经C18初步纯化后的组分HBBT（IC_{50} = 14.8 mg/mL）。

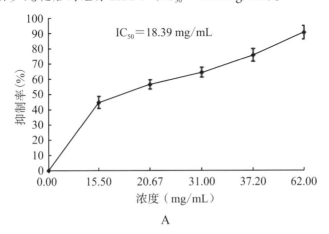

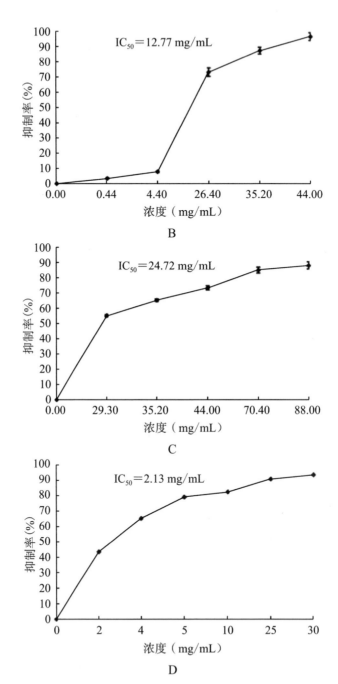

图 3-22　胞外多酚乙酸乙酯萃取物（A）、正丁醇萃取物（B）、萃余物（C）、阿卡波糖（D）对 α-葡萄糖苷酶的活性抑制情况

（三）柱层析分离级分的抑酶活性

萃余水层具有最强的 α-淀粉酶抑酶活性，我们接下来对其进行大孔吸附树脂D101分离，对不同级分进行活性分析。

分别将10%、30%、50%、70%、90%乙醇洗脱物记为第1~5段。各级分的多酚含量从高到低分别为第3段＞第2段＞第1段＞第5段＞第4段。级分1~5以相同浓度40 mg/mL对 α-淀粉酶的抑酶活性结果表明，级分1、2、4的酶抑制活性都很低，无显著性差异，级分3、5与其他组相比均具有显著性差异。抑酶活性最好的为第5段即90%乙醇洗脱物，抑制率为49.9%，表明桦褐孔菌水层 α-淀粉酶抑酶活性主要是第5段物质在起作用。但是这与桦褐孔菌萃余水层多酚测定的 α-淀粉酶抑酶活性（见图3-21C）无显著差异，但是与阿卡波糖的效果（ $IC_{50}=6.8$ mg/mL）差距较大，因此该物质不具有进一步分离鉴定的研究价值。

正丁醇层多酚具有最强的 α-葡萄糖苷酶抑酶活性，我们对其进行大孔吸附树脂D101分离，分别将10%、30%、50%、70%、90%乙醇洗脱物记为第1~5段。

各级分多酚含量（%）从高到低分别为第3段48.1＞第2段41.2＞第4段11.9＞第1段9.23＞第5段0.84。正丁醇层第2、3段多酚含量较正丁醇层萃取物分别提高了0.91倍和1.24倍，表明大孔吸附树脂D101对正丁醇萃取多酚的分离效果较好。

图3-23显示了对级分1~5（A~E）进行 α-葡萄糖苷酶抑酶活性分析结果，IC_{50} 分别为8.8 mg/mL、8.6 mg/mL、8.3 mg/mL、5.4 mg/mL和20.1 mg/mL，最佳级分为正丁醇层第4段（级分4）即70%乙醇洗脱级分，虽然仍然高于阿卡波糖 IC_{50}（2.1 mg/mL），但是比正丁醇层的抑酶活性 IC_{50}（见图3-22B）降低了58%，色谱分离使正丁醇层 α-葡萄糖苷酶抑制效果有了很大提高。

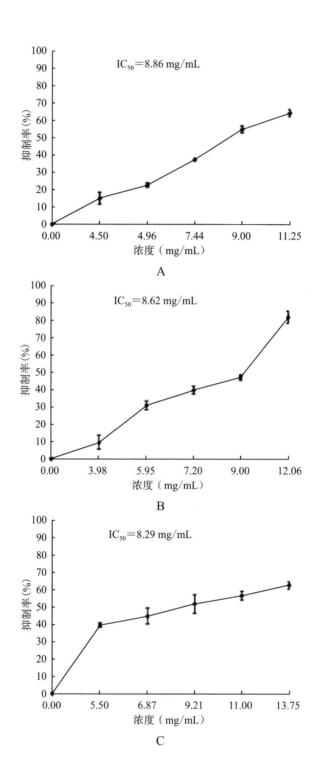

A

B

C

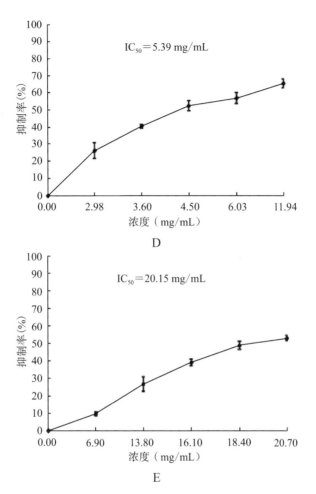

图3-23　级分1（A）、2（B）、3（C）、4（D）、5（E）对α-葡萄糖苷酶
　　　　的抑酶活性

出现上述结果的主要原因在于分段后，多酚类化合物单一组分物质
经进一步提纯。其次，我们发现正丁醇层级分4多酚含量较低，但效果
高于其他多酚含量高的级分，说明正丁醇层级分4可能出现了与其他文
献报道不同的非酚羟基主导抑制α-葡萄糖苷酶活性的化合物，此为首次
在桦褐孔菌提取物中发现，具有重大研究价值。

（四）正丁醇层级分4化合物鉴定

采用高效液相色谱法分析，在紫外检测器波长为260 nm下，正丁醇层级分4检测到2个组分，组分A保留时间为30.23 min，占总样品含量的13.2%；组分B保留时间为30.84 min，占总样品含量的86.8%（见图3-24）。

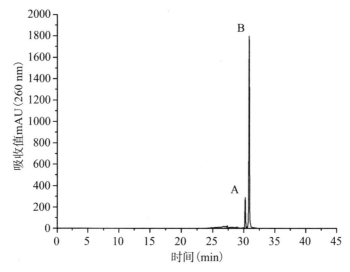

图3-24　正丁醇层级分4的高效液相色谱－二极管阵列检测结果

组分A用HPLC法测得的含量为13.2%与福林酚法测得的该样品的多酚含量11.9%相当，因此推测组分A含有酚羟基。根据图3-25组分A的紫外光谱图，250 nm有较强吸收。说明组分A具有苯环；最强吸收峰发生轻微红移现象，说明组分A有生色基团（醛基、羧基等）或者助色基团（甲氧基、羟基、甲基等）取代苯环结构。同理，图3-25组分B的紫外吸收情况显示它也有苯环结构。组分B紫外吸收情况与木脂素类化合物相似。

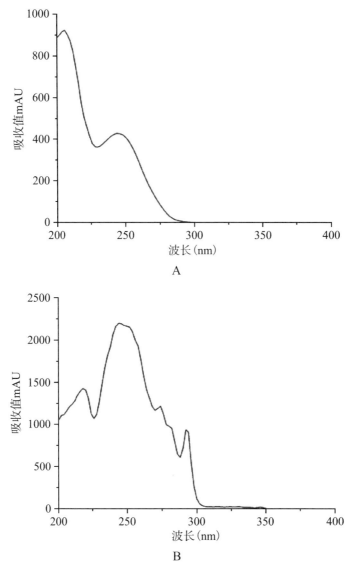

图 3-25 组分 A、组分 B 的紫外吸收光谱图

　　根据文献，桦褐孔菌提取物成分研究未见有与这两种化合物相同的紫外吸收的报道，说明这两种化合物是首次在桦褐孔菌中发现，可能是由甘蔗渣降解的成分通过桦褐孔菌代谢合成的。

由高效液相色谱-二极管阵列检测器（HPLC-DAD）分析可知，组分 A 是具有酚羟基的化合物，组分 B 暂未与已知的文献报道中的化合物匹配上。因此，为了进一步确定化合物的结构，本研究继续利用超高效液相-质谱联用仪（UPLC-MS）来确定化合物 A 和 B 的分子量、分子式。从图 3-26 的 UPLC-MS 负极模式下总离子图上可看出，样品检测到 2 个离子峰，两者分离情况比 HPLC 分离得更好。保留时间为 3.04 min 时，该组分 $[M_A-H]^-$ 为 353.2121，UPLC Synapt G2-Si HDMS 仪器自带的数据分析库拟合出的分子式为 $C_{23}H_{30}O_3$，误差为 0.3 PPM。保留时间为 4.19 min 时，该组分 $[M_B-H]^-$ 为 339.2332，系统拟合的分子式为 $C_{23}H_{32}O_2$，误差为 0.6 PPM。

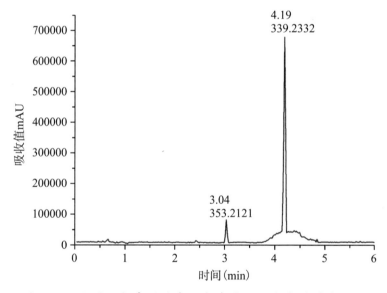

图 3-26　级分 4 超高效液相-质谱联用仪检出的总离子图

图 3-27A，M_A 353 主要裂解为 163.1117 和 177.0916 两种碎片，系统拟合的分子式分别为 $C_{11}H_{16}O$ 和 $C_{11}H_{14}O_2$，误差分别为 1.8 PPM 和 4.0 PPM。图 3-27B，M_B 339 主要裂解为 163.1118，系统拟合出的分子式为 $C_{11}H_{16}O$，

误差为 3.1 PPM。由于给出的误差均小于 5 PPM，说明分子式具有较高的
参考价值。

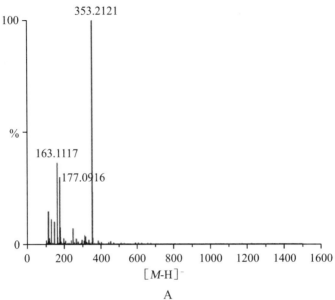

A

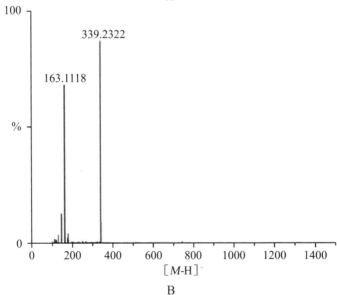

B

图 3-27 M_A(A)、M_B(B) 分子碎片图

M_B 分子式为 $C_{23}H_{32}O_2$，碎裂后的片段分子式为 $C_{11}H_{16}O$。从 339 碎片离子图上可得，M_B 分子总体能量分布较为对称，碎裂形成单一碎片 163。

从系统分析出的分子式和 M_A 分子的碎片化离子图可以看出，M_A 分子比 M_B 分子在分子式上多 1 个氧原子，少 2 个氢原子，M_A 分子碎片 163 与 M_B 分子碎片形成的 163 具有相同分子式，但可能有不同的分子结构。由于 M_A 分子碎片离子化断裂得到的碎片比较多，给分子结构分析增加了难度。

从上述分析得到的 M_A 和 M_B 分子，两者拥有相同碎片，组分 B 的能量分布较为对称。经高效液相色谱结果分析，化合物具有苯环，组分 B 具有一定对称性，且与木脂素类物质具有相似吸收峰。再由超高效液相-质谱联用分析，组分 B 分子量为 340，组分 A 分子量为 354，碎片化断裂模式具有一定规律性。从 ChemSpider 和 ChemExper Chemical Directory 数据库中查阅到与组分 B 相同分子式的物质结构，如图 3-28A 所示、分子断裂机制如图 3-28B 所示，从质谱数据分析可能从中间断裂，掉落 1 个碳原子，形成较为单一的分子离子峰。

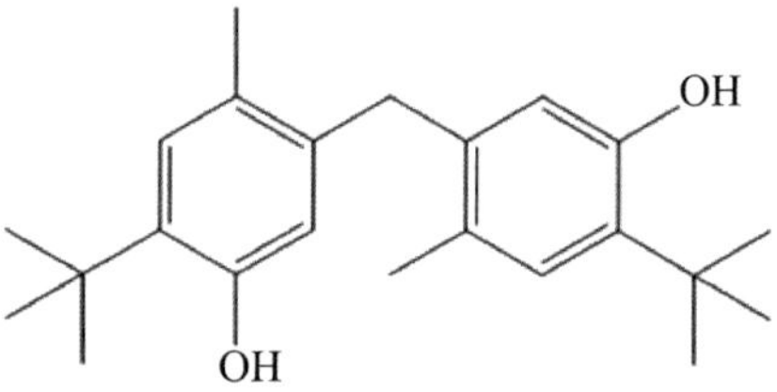

A

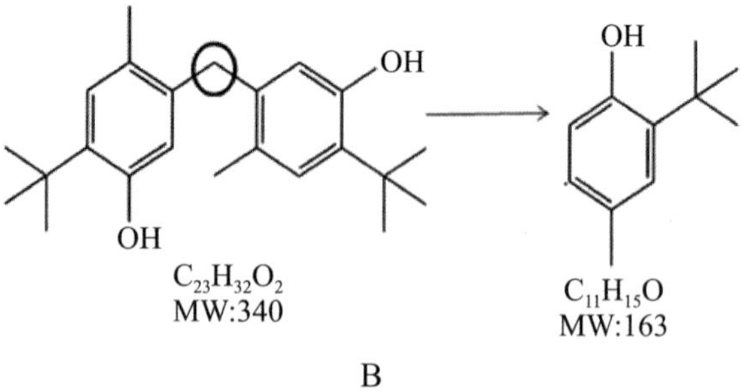

$C_{23}H_{32}O_2$
MW:340

$C_{11}H_{15}O$
MW:163

B

图 3-28　组分 B340 的分子结构图（A）和分子断裂模式图（B）

组分 A 同样分析得到其结构如图 3-29A 所示，断裂机制如图 3-29B 所示，为木脂素类物质。

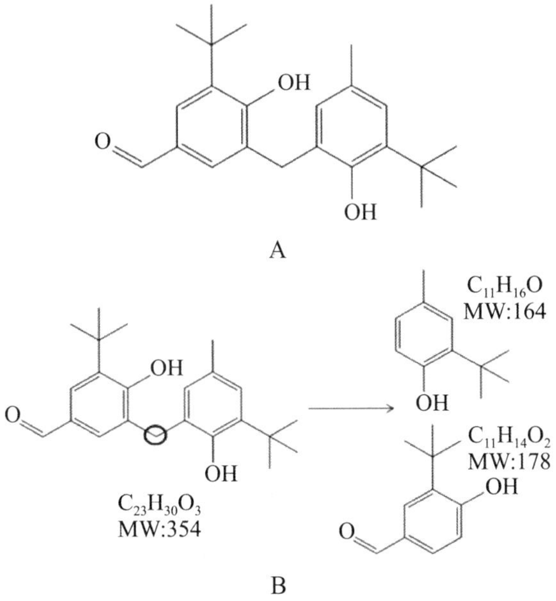

A

B

图 3-29　组分 A354 的分子结构图（A）和分子断裂模式图（B）

以上结果为质谱数据拟合出的分子结构，还需要核磁共振等技术手段进一步确证。

这两个化合物与我们在第二章以及本章前面几节的研究中获得的多酚类化合物完全不同。

"吃"杂食的液体发酵桦褐孔菌抑制 α-葡萄糖苷酶活性物质的新发现，为桦褐孔菌降糖药物的开发提供了新的可能。

六、杂食产生抑菌多酚

众所周知，抗生素作为一种传统的抑菌剂可以用来治疗细菌性感染疾病，在20世纪后半叶，抗生素的使用给现代农业和畜牧业带来了巨大的变化，并对人类寿命延长产生重要的作用。

但是近年来，人类和动物大量使用抗生素导致了多种抗性细菌和抗性基因的出现，并广泛分布于水表面、土壤、动物废弃物以及人类日常用品中，这些都使细菌性感染性疾病的治疗难度增加。因此，世界卫生组织已把微生物耐药性列为亟待解决的难题。

据调查，在美国200万的感染性疾病案例中，70%是由抗性细菌引起的。抗性细菌与一般细菌相比存活时间更长，繁衍能力更强，多年来，抗性细菌的数量及种类发展迅速，而通过化学合成的抗生素已无法有效地对抗该类细菌；更为严重的是，有些抗性细菌已进化成为超级细菌，能够对抗多种抗生素，这势必对人类健康产生更大的威胁。因此，面对严峻的细菌抗性问题，寻求新的途径与方法已是必然。

来源于植物的抗菌活性成分一直以来是科研工作者的研究重点。多项研究发现，不同植物来源的酚类物质，如黄酮、酚酸和单宁类，能够广泛地抑制细菌的生长。

近年来，人们对全球范围内的真菌资源展开了大量的研究，人们已经从多种食药用真菌中分离出各种活性化合物，这些来源于各真菌的活性成分以多种形式被人们利用。大量研究发现，某些食药用真菌，如乳菇属、侧耳属、肉齿菌属、口蘑属、韧革菌属、纤孔菌属等，具有广谱的抑菌活性，食药用真菌多酚类物质是研究新型抑菌剂的宝库。

多年来，关于桦褐孔菌的报道很多，但关于其抗菌活性方面的研究却有限。我们开展了生物活性指导下的抑菌成分筛选研究，通过让桦褐孔菌"吃"杂食进行液体发酵、有机溶剂萃取、色谱分离，发现胞外多酚的乙酸乙酯萃取物（FEA）的大孔吸附树脂D101柱分离第1段（D101-Fr.1）具有最强的抑制金黄色葡萄球菌ATCC6538（革兰氏阳性菌）活性，发现乙酸乙酯萃取物的硅胶（SG）柱色谱第1级分（SG-Fr.1）具有最强的抑制大肠杆菌（革兰氏阴性菌）活性，而且这些抑菌成分和氨苄青霉素相比，对所试菌种抑制作用的时效更长。上述结果为进一步研究桦褐孔菌抗菌活性和应用奠定了物质基础。

（一）生物活性指导下的提取分离

图3-30表明，桦褐孔菌在甘蔗渣培养基中发酵9天后，用甲醇提取菌丝体获得胞内提取物（ICE），胞外液（ECE）经乙酸乙酯、正丁醇萃取得两种萃取物FEA、FNB，及萃余水层FA。

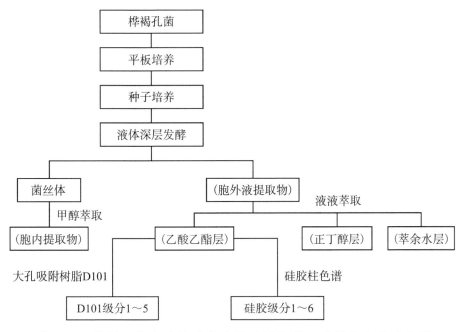

图3-30　桦褐孔菌发酵物质在生物活性指导下的提取分离流程图

所有提取物、萃取物经过抗菌筛选，我们发现乙酸乙酯层的抗菌效果最强，对其进一步用D101大孔吸附树脂分离得到5个级分（D101-Fr.1～5），用硅胶柱色谱进行分离得到6个级分（SG-Fr.1～6）。

（二）提取物级分的抑菌活性

我们对五种常见致病细菌大肠杆菌 ATCC 8099、粪肠球菌 ATCC 29212、枯草芽孢杆菌 ATCC 6051、肺炎链球菌 ATCC 49619、金黄色葡萄球菌（简称金葡球菌）ATCC 6538 进行抑菌圈直径（见表3-31、表3-32）和最小抑菌浓度（见表3-33）研究，对最有效抑菌组分进行生物膜抑制分析。

表3-31 桦褐孔菌萃取物和柱层析级分的抑菌圈直径（mm）

样品	大肠杆菌 ATCC 8099	粪肠球菌 ATCC 29212	枯草芽孢杆菌 ATCC 6051	肺炎链球菌 ATCC 49619	金葡球菌 ATCC 6538
ICE[b]	10.00±0.00	9.67±1.16	8.67±0.58	9.00±0.00	8.00±0.00
ECE[e]	12.00±0.00	12.67±1.16	11.00±0.00	10.67±1.16	8.67±1.16
FEA[d]	16.33±0.58	15.67±1.16	15.67±0.58	13.00±0.00	8.67±0.58
FNB[e]	11.00±1.00	10.00±1.00	11.00±0.00	10.33±0.58	8.33±0.58
FA[t]	9.67±0.58	9.00±0.00	9.00±0.00	9.00±0.00	7.00±0.00
D101-FR.1[g]	12.00±1.00	14.33±1.53	13.00±1.73	15.33±0.58	18.67±2.52
D101-FR.2[h]	9.00±1.00	10.33±1.53	11.33±0.58	9.33±0.58	15.33±2.52
D101-FR.3[i]	9.00±1.73	12.33±0.58	10.33±0.58	11.00±1.00	13.33±1.53
D101-FR.4[j]	9.00±1.73	10.00±0.00	9.67±2.08	11.00±1.00	12.00±1.00
D101-FR.5[k]	8.67±1.53	10.67±0.58	10.67±1.53	11.67±0.58	12.67±1.16
Ampicillin[m]	32.00±1.00	29.33±1.53	29.33±0.58	25.00±2.65	32.67±2.31

注：同一列中不同字母表示数据之间差异显著（$p < 0.05$）。

表3-32 级分SG-Fr.1对大肠杆菌的抑菌圈直径（mm）

级分	SG-Fr.1	SG-Fr.2	SG-Fr.3	SG-Fr.4	SG-Fr.5	SG-Fr.6
抑菌圈直径	17.00±1.41	15.00±0.00	14.00±0.00	9.50±0.00	7.00±0.00	6.00±0.00

表3-33 不同来源桦褐孔菌发酵物最小抑菌浓度（mg/mL）

样品	大肠杆菌 ATCC 8099	粪肠球菌 ATCC 29212	枯草芽孢杆菌 ATCC 6051	肺炎链球菌 ATCC 49619	金葡球菌 ATCC 6538
ICE	25.00	12.50	12.50	50.00	50.00
ECE	6.25	6.25	3.13	6.25	25.00
FEA	3.13	6.25	6.25	12.25	25.00
FNB	6.25	12.25	12.65	6.25	25.00
FA	6.25	25.00	25.00	6.25	100.00
D101-Fr.1	6.25	3.13	3.13	3.13	0.39
SG-Fr.1	0.39	–	–	–	–

除了级分D101-Fr.1～2以外，其他各发酵物分离级分对供试细菌均具有一定的抑制作用，但抑菌圈直径小于氨苄青霉素。胞外液提取物ECE对五种细菌的抑菌效应比胞内提取物ICE抑菌效应强，在有机萃取相FEA、FNB和FA中，FA抑菌活性最弱，推测这可能与水层具有较弱的耐热性有关。FEA萃取层对供试细菌的抑菌效果最好（见表3-31）。

结果表明，桦褐孔菌液体深层发酵产物中具有较强抑菌活性的物质为弱极性化合物。

ECE对五种菌的最小抑菌浓度远低于ICE。来自ECE的三种萃取物中，FEA对大肠杆菌ATCC 8099、粪肠球菌ATCC 29212、枯草芽孢杆菌ATCC 6051、金葡球菌的最小抑菌浓度（MIC）最低（见表3-33）。

与文献相比，"吃"杂食的桦褐孔菌发酵产物具有更强的抑菌活性，如桑黄的乙酸乙酯萃取物对金葡球菌的MIC为25.0 mg/mL，而对大肠杆菌没有抑菌效果。来自波兰的31种真菌的提取物对金葡球菌的MIC为0.63～5.0 mg/mL、对大肠杆菌的MIC为0.625～2.5 mg/mL。椎茸提取物对这两种菌的MIC分别为2.08 mg/mL、8.33 mg/mL，黑灵芝提取物对这五种菌的MIC在1.5～50.0 mg/mL（数据来源的参考文献请见Yan & Xu，

2020）。

对所有分离级分抑菌活性进行比较可知，级分 D101-Fr.1 对金葡球菌 ATCC 6538 抑制作用最强，在 200 mg/mL 浓度时，其抑菌圈直径为 18.7 mm，其最小抑菌浓度和最小杀菌浓度分别为 0.39 mg/mL 和 0.78 mg/mL，在该浓度下能分别抑制和致死所试金葡球菌（见表 3-33）。级分 SG-Fr.1 对大肠杆菌 ATCC 8099 产生最强抑制作用，在 200 mg/mL 的浓度时，其抑菌圈直径为 17.0 mm（见表 3-32），其最小抑菌浓度和最小杀菌浓度分别为 0.39 mg/mL 和 0.78 mg/mL，低于该浓度时无抑菌效应（见表 3-33）。

随着分离纯化的进行，金葡球菌 ATCC 6538 和大肠杆菌 ATCC 8099 受抑制强度提高，说明通过分离纯化可以获得具有更强抑菌能力的生物活性成分。

（三）提取物级分的抑菌时效性

令人惊讶的是，对供试五种细菌进行抑菌时效性研究时发现，当细菌培养至 24 小时后，对照氨苄青霉素对各细菌抑制作用均减弱。肺炎链球菌 ATCC 49619、粪肠球菌 ATCC 29212、大肠杆菌 ATCC 8099 的无菌区域内出现明显的菌落生长。枯草芽孢杆菌 ATCC 6051 和金葡球菌 ATCC 6538 的抑制范围分别从 29.3 mm 和 32.7 mm 缩小为 18.0 mm 和 30.0 mm（见图 3-31A）。

与氨苄青霉素相比，来源于桦褐孔菌深层发酵的乙酸乙酯层萃取物 FEA、D101 大孔吸附树脂色谱分离得到的五个级分，细菌培养 48 小时以上的抑菌圈大小无变化（见图 3-31B）。这一结果充分体现了桦褐孔菌生物活性物质具有优越的抑菌时效性，这一发现具有重要的价值。

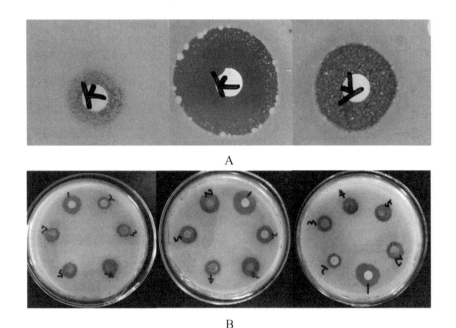

图3-31　氨苄青霉素（A）和D101-Fr.1～5、FEA（B）对大肠杆菌（左）、粪肠球菌（中）、肺炎链球菌（右）的抑菌效果

（四）级分D101-Fr.1、SG-Fr.1抑制细菌膜活性

随着研究的深入，人们发现细菌具有优势生长模式，细菌在适当的生长环境中依靠该优势生长模式进行快速繁殖，并形成更好的反抑制机制，其中就包括常见的细菌生物膜（biofilm）的形成。细菌生物膜的形成给人和动物造成严重的影响，细菌形成生物膜后长期存在并难以消除，据统计，高于65%的细菌感染者由细菌生物膜所引起。在常见的致病菌中，大肠杆菌和金葡球菌分别是典型的能够引起泌尿系统发炎与伤口感染的革兰氏阴性菌和阳性菌，两种细菌对人类健康存在巨大的威胁，因此，找到能够有效地抑制细菌膜的功能成分尤为重要。

我们对抑制金葡球菌最有效的D101-Fr.1（见表3-31、表3-33）、抑制大肠杆菌最有效的SG-Fr.1（见表3-32）进行抑制细菌生物膜形成和破坏的研究发现，在0.20～0.78 mg/mL浓度范围内，D101-Fr.1级分对金葡球菌ATCC 6538的贴壁抑制作用无显著差异，其中在0.78 mg/mL时具有最大65%的抑制作用，当高于或低于该浓度时抑制作用均有所下降（见图3-32A）。

D101-Fr.1对于金葡球菌ATCC 6538成熟生物膜也具有一定的破坏作用，在0.20 mg/mL时达到了67%的破坏率，当高于或低于该浓度时其抑制作用没有提升（见图3-32B）。

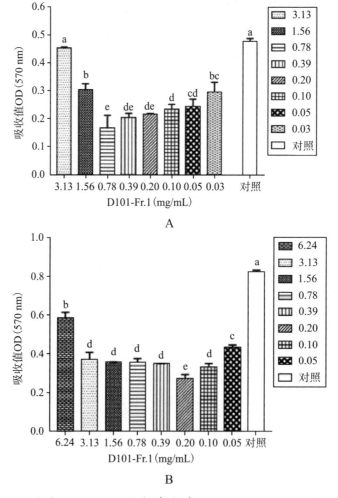

图3-32 不同浓度D101-Fr.1对金葡球菌ATCC 6538生物膜贴壁生长的抑制作用（A）和成熟生物膜的破坏作用（B）

由此我们得出结论：来源于桦褐孔菌胞外提取物的D101-Fr.1分离组分具有抑制金葡球菌ATCC 6538生物膜贴壁生长与破坏其成熟生物膜的作用，通过该作用机制能够有效地抑菌金葡球菌ATCC 6538。

根据相关报道（数据来源的参考文献请见Yan & Xu, 2020），该生物膜抑制作用与香菜（33.5%）、茴芹（23.5%）和薄荷（39.2%）的有机溶剂萃取物相比，来源于"吃"杂食的液体发酵桦褐孔菌的D101-Fr.1组分具有明显优势。

在0.10～1.56 mg/mL浓度范围内，SG-Fr.1组分对大肠杆菌ATCC 8099的贴壁抑制作用无显著差异，其中在0.39 mg/mL时达到59%的最大贴壁抑制作用，高于该浓度时抑制作用减弱（见图3-33）。

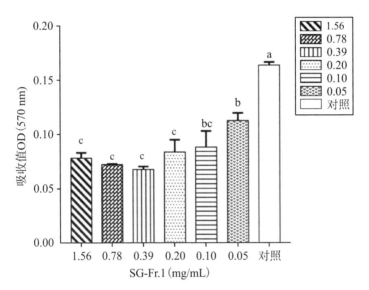

图3-33 不同浓度SG-Fr.1对大肠杆菌ATCC 8099生物膜贴壁生长的抑制作用

SG-Fr.1对于大肠杆菌ATCC 8099的成熟膜的破坏作用较弱，具有0.03%～9.00%的破坏率，在0.78 mg/mL时达到9.00%，总体来讲，在所试浓度范围内SG-Fr.1对于大肠杆菌ATCC 8099的成熟膜的破坏作用无显著差异。因此，我们推测SG-Fr.1可能主要是通过抑制大肠杆菌ATCC 8099的贴壁生长对其进行抑制。

根据相关报道（数据来源的参考文献请见Yan & Xu, 2020），该生物膜抑制作用与大白菇（29.37%）、大白桩菇（47.8%）、紫丁香菇（22.89%）、玫瑰小菇（44.8%）的提取物以及多酚类化合物如单宁酸（44%~80%）、没食子酸（22%~26%）、山奈酚（5%~50%）、甜橙素（40%~60%）、芦丁（20%~40%）等相比，来源于桦褐孔菌的SG-Fr.1组分对大肠杆菌生物膜抑制作用具有一定的优势。

（五）什么物质抑制细菌

我们对胞外提取物、萃取物、级分物进行多酚含量分析（见表3-34），发现FEA、FNB的多酚含量高于胞外提取物ECE，说明萃取能富集多酚类物质。

表3-34　胞外提取物、萃取物、级分的多酚含量

样品	多酚含量（mg GAE/g）
ECE	32.87±0.01
FEA	100.77±0.00
FNB	68.08±0.02
FA	28.76±0.00
D101-Fr.1	77.63±0.01
D101-Fr.2	113.29±0.02
D101-Fr.3	135.98±0.00
D101-Fr.4	61.74±0.00
D101-Fr.5	339.96±0.00
SG-Fr.1	150.82±0.01

在两种萃取物和萃余水层中，FEA的多酚含量最高，说明桦褐孔菌"吃"甘蔗渣后产生较大量的弱极性多酚。

　　FEA 在大孔吸附树脂 D101 色谱分离的五个级分中的 D101-Fr.5、D101-Fr.3、D101-Fr.2 和在硅胶柱 SG 色谱分离的 SG-Fr.1，它们的多酚含量都高于 FEA（见表 3-34），说明色谱分离有富集作用。

　　令人意外的是，对金葡球菌抑菌活性最强的 D101-Fr.1 的多酚含量并不高（见表 3-34）。我们推测它的抑菌活性与组成它的物质极性和结构相关。

　　那么是什么物质在起作用呢？

　　HPLC-DAD 检测结果显示，D101-Fr.1 在保留时间 30.868 分钟处具有最高峰，百分含量达到 84.8%（见图 3-34），该化合物在紫外检测时具有 250 nm 以及 290 nm 的双吸收峰，推测它应为主要的抑菌活性多酚类化合物。

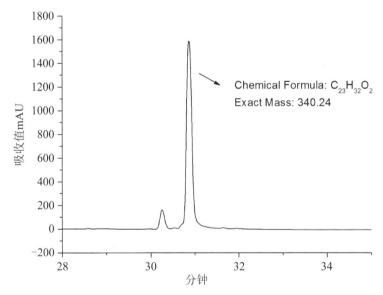

图 3-34　级分 D101-Fr.1 的 HPLC 谱图（260 nm）

　　用液相色谱-高分辨飞行时间质谱联用技术（MicroTOF-Q Ⅱ LC-MS）检测，结果发现该化合物在负离子模式下的质荷比 m/z 为 339，并产生 m/z163 的主要碎片离子，依据 HPLC-DAD 与 MicroTOF-Q Ⅱ LC-MS 的检测结果以及通过查阅文献，我们初步确定D101-Fr.1中主要有效生物活性为多酚类化合物$C_{23}H_{32}O_2$，具体化合物结构式还需要核磁共振等技术手段确定。

2020年我们发表在国际SCI四区期刊 *Sydowia* 的论文 *Bioassay-guided isolation of antibacterial fractions from extracts of submerged-cultured Inonotus obliquus* 见图3-35（WOS: 000674141300012）。

DOI 10.12905/0380.sydowia72-2020-0115   Published online 17 April 2020

Bioassay-guided isolation of antibacterial fractions from extracts of submerged-cultured *Inonotus obliquus*

Lulu Yan & Xiangqun Xu*

College of Life Sciences and Medicine, Zhejiang Sci-Tech University, Hangzhou 310018, China

* e-mail: xuxiangqun@zstu.edu.cn

Yan L. & Xu X.Q. (2020) Bioassay-guided isolation of antibacterial fractions from extracts of submerged-cultured *Inonotus obliquus*. – Sydowia 72: 115–122.

Inonotus obliquus (I. obliquus) is an edible and traditional medicinal mushroom. Levels of some of the bioactive components it contains could possibly be increased under submerged fermentation. In order to identify the antimicrobial activity of submerged-cultured *I. obliquus*, various fractions of the mixture were prepared and isolated by bioassay-guidance. By means of liquid-liquid extraction, D101 macroporous adsorption resin and silica gel column chromatography, the sub-fraction of D101-Fr.1 from the ethyl acetate extract was found to be the most efficient on *Staphylococcus aureus* ATCC 6538, while the sub-fraction of SG-Fr.1 isolated via silica gel column chromatography from the ethyl acetate extract showed the best effect on *Escherichia coli* ATCC 6538. In addition, D101-Fr.1 and SG-Fr.1 could inhibit the initial cell attachment and the preformed biofilm for *S. aureus* and *E. coli*. Surprisingly, different fractions from submerged-cultured *I. obliquus* showed a much longer effect on all the strains compared to ampicillin. This study contributes to investigate the antimicrobial effect of *I. obliquus* and is significant for seeking natural agents against harmful bacteria instead of antibiotics in the future.

Key words: *Inonotus obliquus*, submerged fermentation, antimicrobial activity, antibiofilm, bioassay-guided isolation.

图3-35　刊登在杂志上的《生物活性指导下的液体发酵桦褐孔菌抗菌成分分离》论文摘要

第七节　杂食能否同时提高桦褐孔菌多糖和多酚产量

前文我们明确了秸秆、甘蔗渣木质纤维素降解分别对桦褐孔菌液体发酵产多糖、多酚的促进作用，由于花生壳木质纤维素在组成和结构上不同于秸秆、甘蔗渣，它是这五种生物质中最有利于液体发酵桦褐孔菌生长的生物质（见本章第一节），这可能是由于桦褐孔菌对花生壳木质纤维素三种成分的高效降解（见图3-4），因此我们探索花生壳降解是否能同时促进桦褐孔菌多糖和多酚的生物合成。

图3-36显示花生壳培养基的胞外多糖和胞内多糖的产量在整个发酵周期都远远高于对照培养基。胞外多糖在第9天达到最大1.37 g/L，比对照提高了95.7%（见图3-36A）；胞内多糖在发酵第10天达到0.9 g/L，比对照（第8天）提高了36%（见图3-36B）。

花生壳培养基中，在第10天达到最大胞外多酚产量89.1 mg GAE/L，比对照提高了52.6%（见图3-36C）；胞内多酚在第8天达到最大216 mg GAE/L，比对照提高了228%（见图3-36D）。

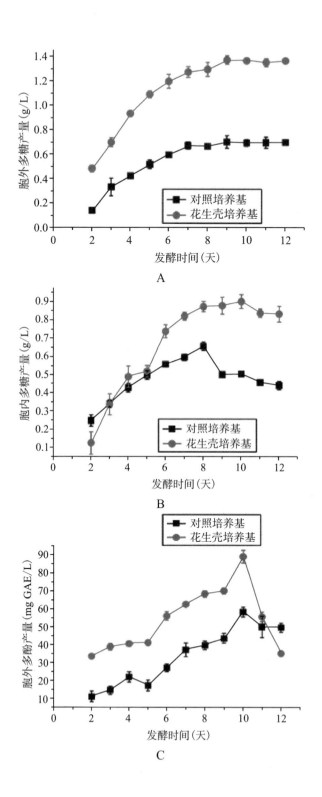

A

B

C

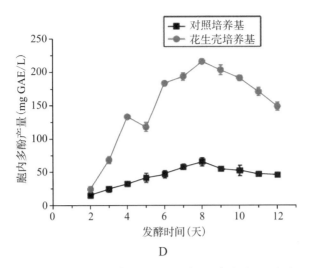

图3-36　发酵过程中对照培养基、花生壳培养基中胞外多糖（A）、胞内多糖（B）、胞外多酚（C）、胞内多酚（D）的产量情况

　　鉴于花生壳对于胞内多酚产生的促进作用远远大于前文研究的四种木质纤维素，即更有利于胞内多酚制备的材料，我们对花生壳培养基的胞内多酚中两种小分子酚酸（没食子酸、阿魏酸），五种大分子多酚（ECG、EGCG、桑黄素G、骨碎补内酯、斜孔菌素B）在发酵过程中的动态变化进行了分析。表3-35表明，随着发酵的进行，没食子酸、阿魏酸的含量逐渐降低，第2天后发酵物中五种大分子多酚已出现，并随发酵时间延长一直增加，直到第9天。

表3-35　花生壳培养基中胞内多酚提取物随发酵时间的组成变化

发酵时间（小时）	含量（%）						
	没食子酸	阿魏酸	ECG	EGCG	桑黄素G	骨碎补内酯	斜孔菌素B
48	27.8±1.6	13.1±0.5	0.5±0.0	2.5±0.0	1.5±0.0	2.0±0.1	0.6±0.1
72	25.6±1.2	14.8±0.2	2.2±0.0	3.4±0.1	0.3±0.0	0.2±0.0	0.3±0.0
96	16.1±0.9	14.0±0.3	4.7±0.1	5.2±0.1	0.1±0.0	0.4±0.0	0.4±0.0
120	13.6±0.3	13.4±0.1	5.2±0.1	5.4±0.1	1.6±0.0	0.3±0.0	0.4±0.0
144	12.5±0.4	12.7±0.2	8.9±0.2	6.8±0.0	1.6±0.1	0.4±0.0	2.1±0.1

发酵时间（小时）	含量（%）						
	没食子酸	阿魏酸	ECG	EGCG	桑黄素G	骨碎补内酯	斜孔菌素B
168	8.1±0.2	9.0±0.1	9.0±0.3	7.9±0.2	–	–	–
192	4.1±0.1	5.3±0.1	9.7±0.2	9.4±0.2	2.4±0.1	2.8±0.1	3.1±0.1
216	2.3±0.0	3.2±0.1	11.9±0.3	11.4±0.2	1.6±0.0	–	2.1±0.1
240	2.8±0.0	–	10.4±0.3	13.1±0.3	–	–	–
264	3.5±0.1	2.5±0.0	8.2±0.2	4.9±0.1	–	–	–
288	2.3±0.0	–	3.6±0.1	3.6±0.1	–	–	–

表3-36显示发酵9天后的来自花生壳培养基的胞外多酚和胞内多酚提取物的组成和产量，ECG、EGCG、桑黄素G的产量比对照分别提高了94.4%、46.2%、113.7%和387.5%、714.3%、128.6%，骨碎补内酯、斜孔菌素B的产量分别达10.9 mg/L、11.3 mg/L和4.1 mg/L、0.7 mg/L，而对照培养基中几乎没有这两种多酚。

表3-36　花生壳培养基中发酵产胞外多酚、胞内多酚组成和产量

组成	产量（mg/L）						
	没食子酸	阿魏酸	ECG	EGCG	桑黄素G	骨碎补内酯	斜孔菌素B
对照胞外	120.8±4.4[a]	10.5±0.2[a]	10.7±0.1[b]	10.4±0.2[b]	5.1±0.1[b]	–	–
花生壳胞外	29.5±0.3[b]	2.0±0.1[b]	20.8±0.5[a]	15.2±0.1[a]	10.9±0.1[a]	10.9±0.2[a]	11.3±0.2[a]
对照胞内	179.8±9.4[a]	15.5±0.2[a]	4.0±0.1[c]	1.4±0.2[c]	4.2±0.1[b]	1.4±0.1[c]	–
花生壳胞内	13.9±0.1[c]	3.0±0.1[b]	19.5±0.4[a]	11.4±0.3[b]	9.6±0.2[a]	4.1±0.1[b]	0.7±0.1[b]

注：同一列中不同字母表示数据之间差异显著（$p < 0.05$）。

结果证实了花生壳的高效降解，同时促进了液体发酵桦褐孔菌胞外和胞内的多糖、多酚特别是高活性大分子多酚的产生。

花生壳降解对多糖、多酚产生的促进效果与麦秆相当，综合比稻草和甘蔗渣效果好，可能是由于花生壳和麦秆都含有较高的半纤维素，而

且主要由木糖构成，已有文献报道木糖对微生物次级代谢产生的促进作用。

我们 2014 年发表在国际知名 SCI 中科院二区期刊 *Journal of the Taiwan Institute of Chemical Engineers* 的论文 *The capability of Inonotus obliquus for lignocellulosic biomass degradation in peanut shell and for simultaneous production of bioactive polysaccharides and polyphenols in submerged fermentation*（见图 3-37）被引 13 次（WOS: 000347742300003）。

Journal of the Taiwan Institute of Chemical Engineers 45 (2014) 2851–2858

Contents lists available at ScienceDirect

Journal of the Taiwan Institute of Chemical Engineers

journal homepage: www.elsevier.com/locate/jtice

The capability of *Inonotus obliquus* for lignocellulosic biomass degradation in peanut shell and for simultaneous production of bioactive polysaccharides and polyphenols in submerged fermentation

CrossMark

Xiang-qun Xu[*], Yan Hu, Ling-hui Zhu

Department of Chemistry, Zhejiang Sci-Tech University, Hangzhou 310018, China

ARTICLE INFO

Article history:
Received 14 May 2014
Received in revised form 19 August 2014
Accepted 24 August 2014
Available online 16 September 2014

Keywords:
Inonotus obliquus
Polysaccharides
Polyphenols
Lignocellulose
Antioxidant activity

ABSTRACT

Polysaccharides and polyphenols are important secondary metabolites from the medicinal mushroom *Inonotus obliquus*. The objectives of this work were to investigate the ability of *I. obliquus* under submerged fermentation for the peanut shell biomass degradation and for the simultaneous enhancement of production and antioxidant activity of polysaccharides and polyphenols. Approximate 66.2%, 67.6%, and 70.2% of the initial cellulose, hemicellulose, and lignin in the peanut shells were degraded after 12 days of fermentation. The lignocellulose degradation showed a stimulatory effect on mycelial yield, production and antioxidant activity of extra- and intra-cellular polysaccharides and polyphenols. Highly active polyphenols such as epigallocatechin-3-gallate, epicatechin-3-gallate, phelligridin G, davallialactone, and inoscavin B were generated in larger amounts and phenolic acids such as gallic acid and ferulic acid were decreased dramatically by the lignocellulose degradation.

图 3-37　刊登在杂志上的《液体发酵桦褐孔菌降解花生壳木质纤维素以及同时产生多糖和多酚的能力》论文摘要

第八节　杂食对桦褐孔菌产生三萜的影响

由于桦褐孔菌三萜类化合物提取效率低、产量较低和纯度不高等因素影响，导致桦褐孔菌三萜的药用价值开发利用严重不足。虽然通过液体发酵制备三萜类化合物可以大大缩短其生产周期，但其产量低仍是目前桦褐孔菌三萜研究与实际应用的限制性因素。如果能够有效地提高三萜在液体深层发酵中的产量，那么，桦褐孔菌作为一种提取获得三萜的原料，就可以为人类造福，同时降低三萜类药物的获取成本，具有重要的战略意义。

关于利用杜仲提高桦褐孔菌三萜类化合物产量的研究尚未见报道。众所周知，杜仲是我国特有的药用植物，资源丰富，杜仲皮是药用价值极高的中药，但杜仲翅果壳的药用价值不高，杜仲翅果壳提取天然橡胶的技术尚不成熟，导致杜仲翅果壳的利用率极低，从而造成资源浪费。

我们研究在对照培养基（详见第二章）中添加杜仲翅果壳或杜仲皮，探索其对液体发酵桦褐孔菌三萜类化合物产生的作用。

杜仲翅果壳、杜仲皮富含木质纤维素，我们首先明确了液体培养桦褐孔菌能够降解它们的木质纤维素，并推测木质纤维素的降解可能促进三萜的产生。

图3-38表明，加入杜仲皮之后，液体发酵桦褐孔菌菌丝体的生物量在第8天达到最大值为7.1 g/L，略低于对照组第6天的量（见图3-38A）。与添加杜仲皮的表现不同，添加杜仲翅果壳之后，桦褐孔菌的生物量有明显的提高，而且在第4天达到了最大值为14.5 g/L，相比对照组，提高了101.3%（见图3-38B）。

杜仲翅果壳对液体发酵桦褐孔菌的生长具有较强的促进作用。

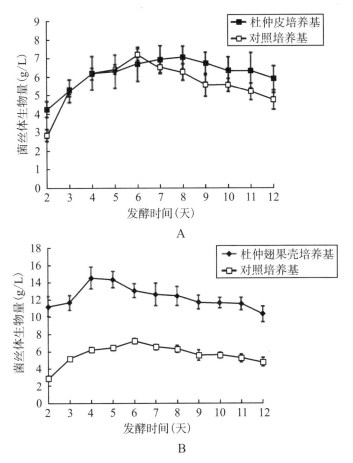

图3-38 杜仲皮（A）和杜仲翅果壳（B）对桦褐孔菌生长的影响

对照培养基中三萜产量（即单位产量，下同）的动态趋势与它的生物量趋势一致，即在第6天达到最大值（见图3-39），表明对照培养基中桦褐孔菌合成三萜是与生长相关的。

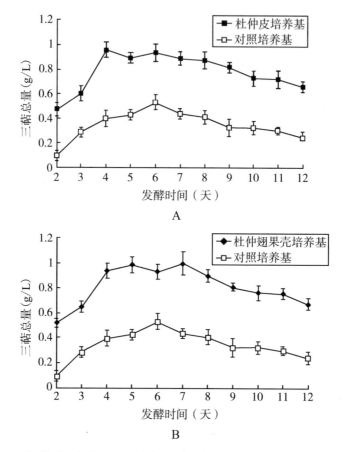

图3-39 杜仲皮（A）和杜仲翅果壳（B）对桦褐孔菌产三萜的影响

添加两种杜仲材料的培养基中，三萜产量在第2～4天就有一个快于对照组培养基的加速合成期，添加杜仲皮的在第4天达到最大值154.1 mg/g干菌丝体，和对照组相比提高了109.0%，三萜产量为0.96 g/L，和对照组相比提高了80.2%（见图3-39A）。

添加杜仲翅果壳的培养基中，三萜含量在第7天达到了最大值为

79.2 mg/g，和对照组培养基相比提高了7.4%，三萜产量为1.0 g/L，提高了87.6%（见图3-39B）。

杜仲皮和杜仲翅果壳都显著提高液体发酵桦褐孔菌生物合成三萜的能力。

添加两种杜仲材料的培养基中，三萜产量的动态趋势与它们的生物量趋势不一致，说明它们不是生长依赖的。而且，两者产生最大产量三萜的发酵时间也不同，虽然杜仲皮培养基的生物量远低于杜仲翅果壳的，但是在第4天的三萜产量与杜仲翅果壳的无异。

分析原因，我们推测木质纤维素的降解除了刺激桦褐孔菌合成三萜成分外，木质纤维素的降解的另一个作用是释放杜仲皮和杜仲翅果壳中本身含有的三萜成分，特别是杜仲皮中的。桦褐孔菌更易降解杜仲皮的木质纤维素，而且还能利用释放的成分来合成自己的三萜。已有报道杜仲皮和杜仲翅果壳含有白桦脂醇、白桦脂酸、熊果酸、β-谷甾醇以及胡萝卜苷，前文已述桦褐孔菌亦含有白桦脂醇、白桦脂酸、熊果酸等。

《一种提高桦褐孔菌发酵生产三萜产量的方法》获得中国授权发明专利（ZL201810353156.6），授权公告日2021-5-14。发明人：徐向群、金黎达。本发明公开了一种提高桦褐孔菌发酵生产三萜产量的方法，以桦褐孔菌为发酵菌，通过在液体发酵基础培养基中添加三萜产量促进物形成发酵培养基，三萜产量促进物杜仲翅果壳或杜仲皮粉末的添加量为10～60 g/L，经液体深层发酵，从而提高三萜产量。本发明设备投资少，后处理简单，基本无污染，成本低，资源利用率高，能够明显提高桦褐孔菌液体深层发酵的三萜产量。

第四章

调节与促进

在生物进化过程中，微生物细胞形成了愈来愈完善的代谢调节机制，使细胞内复杂的生化反应能高度有序地进行，并能对外界环境的改变迅速做出反应，因而在生命活动过程中，能量的利用以及生长繁殖过程中所需的各种物质的形成是非常合理和经济的，不会有代谢产物的积累。

在自然环境中，只有当条件改变时才会造成微生物积累某些代谢产物，如在厌氧条件下酒精、乳酸和醋酸的大量产生。通过改变培养条件和遗传特性，使微生物的代谢途径改变或代谢调节失控而获得某一发酵产物的过量产生，正是现代发酵工业研究的主要内容。

21世纪初，国内外大量对液体深层发酵药用真菌的研究都集中于优化培养条件上，关于从真菌自身出发解决代谢问题以获得更高的多糖产量的研究则较少。

细胞膜的透性调节是微生物代谢调节的重要方式。外界物质的吸收或代谢产物的分泌都需经细胞膜的运输，因此细胞膜的透性直接影响营养物质的吸收和代谢产物的分泌，从而影响到细胞内的代谢。如青霉素发酵中，菌种细胞膜输入硫化物能力的大小影响青霉素发酵单位的高低。如果青霉菌输入硫化物能力增强，硫源供应充足，青霉素的发酵单位就会提高。

为了增加食药用菌胞外多糖产量以及菌丝体量，促进剂被证实为一种可以提高次级代谢产物和菌丝体量的有效添加剂。促进剂指那些既不是营养物，又不是前体，但能提高次级代谢物产量的添加剂，如诱导物或细胞膜透性调节剂，包括脂肪酸（植物油）、表面活性剂、有机溶剂等。这些促进剂的机制主要从细胞膜透性角度进行研究，当促进剂与细胞膜作用时，促进了部分脂肪酶的产生，进而加大细胞膜的透性并释放出次级代谢产物。如表面活性剂，一般认为它的作用机制是改变了细胞膜的透性，同时增强了氧的传递速度，从而改变了菌丝体对氧的有效利用。

为了进一步提高液体发酵桦褐孔菌合成多糖、多酚、三萜的次级代谢能力，我们试图通过改变桦褐孔菌细胞膜的透性，以利于代谢产物在培养液中的积累，对可能改变桦褐孔菌细胞膜组分或结构的三大类物质——脂肪酸和植物油、表面活性剂、有机溶剂进行了大范围筛选。

我们研究了植物油和脂肪酸（大豆油、葵花籽油、橄榄油、玉米油、亚油酸、油酸、软脂酸、硬脂酸）、表面活性剂[吐温80（Tween 80）、吐温20（Tween 20）、曲拉通X-100（Triton X-100）、3-[3-（胆酰胺丙基）二甲氨基]丙磺酸内盐（CHAPS）、聚乙二醇4000（PEG 4000）]、有机溶剂（甲醇、乙醇、氯仿、甲苯、丙酮）的作用效果。

第一节　促进剂对液体发酵桦褐孔菌合成和释放多糖的作用

一、最佳促进剂

我们通过比较添加不同促进剂对桦褐孔菌菌丝体量、发酵多糖产量、活性和组成的影响，明确最佳促进剂，再进一步优化最佳促进剂的添加时间和添加浓度，最终确定优化条件。

（一）不同促进剂对菌丝体量、胞内外多糖产量的影响

与第二章、第三章的研究一样，我们首先确定 RSM 培养基（对照）中桦褐孔菌液体发酵的最佳发酵时间。

在发酵前期，特别是第 4 天前菌丝体量和多糖产量（即以发酵液计的单位产量，下同）都很少，并且培养基中还原糖（碳源）的含量也很高，这可能是因为菌丝体正处于适应期。在 6 天后生长曲线渐进趋于平稳，直至 9 天后，菌丝体量和胞外多糖（EPS）的产量以及还原糖的消耗量都达到最大。之后，菌丝体量和多糖产量均不再增加，甚至菌丝体还有减少的趋势，所以在接下去的研究中，以第 9 天的菌丝体为研究对象。

图4-1显示在开始发酵培养时添加有机溶剂、脂肪酸、表面活性剂对菌丝体量、EPS和胞内多糖（IPS）（菌丝体在95℃条件下破壁提取的胞内多糖为IPS1，接着继续在121℃条件下提取的耐热胞内多糖为IPS2）产量的影响。

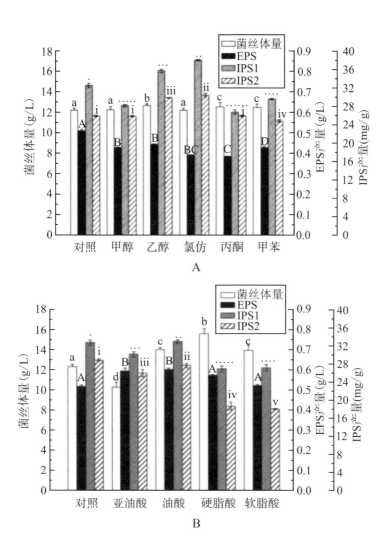

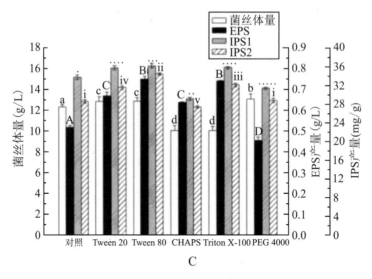

图4-1　有机溶剂（A）、脂肪酸（B）和表面活性剂（C）对菌丝体量、EPS产量和IPS产量的影响

　　所有有机溶剂均促进了桦褐孔菌菌丝体的生长，其促进效果是乙醇＞丙酮＞甲苯＞甲醇＞氯仿。氯仿和甲醇都提高IPS1及IPS2的产量，促进率分别为16.9%、17.2%和9.6%、15.2.%，但是所有有机溶剂抑制EPS的产生（见图4-1A），因此后续不再研究有机溶剂的作用。

　　油酸（C18∶1）、硬脂酸（C18∶0）、软脂酸（C16∶0）的添加大大提高了菌丝体量，分别为14.0 g/L、15.6 g/L、13.9 g/L，其中硬脂酸的促进效果最为明显，其增长率为27.0%；与之相反，亚油酸（C18∶2）抑制了桦褐孔菌菌丝体的生长，表明脂肪酸对桦褐孔菌菌丝体的生长由脂肪酸的链长和不饱和度决定（见图4-1B）。

　　然而，脂肪酸对胞内外多糖产量的影响与它对菌丝体生长的影响没有相关性。油酸提高EPS产量，增加率达16.0%，比硬脂酸和软脂酸的作用效果更强。对菌丝体生长有抑制作用的亚油酸却能促进EPS在发酵液中的积累，提高14.7%。对于两种胞内多糖的产生而言，添加油酸的IPS1

量达 32.9 mg/g，其他三种降低；四种脂肪酸降低 IPS2 含量（见图 4-1B）。

脂肪酸在细胞膜形成过程中为磷脂合成提供原料，并在一定程度上影响脂酰链的饱和度，通过提高磷脂双分子层排列疏散程度从而增加细胞膜的流动性，油酸可能是最适合桦褐孔菌细胞膜组成和结构的脂肪酸，能促使桦褐孔菌在充分利用发酵液中的营养物质的同时释放更多的多糖到细胞外，导致 EPS 的增加。

四种植物油是由不同的脂肪酸以不同的比例组成的，随着植物油的添加，桦褐孔菌的菌丝体量和 IPS 产量增加，但是 EPS 产量明显减少，其中玉米油的抑制效果最明显。结果显示，橄榄油对菌丝体量和 IPS2 产量分别提高 5.5% 和 8.1%；大豆油对 IPS2 的产量提高 8.8%；玉米油对 IPS1 产量和 IPS2 产量分别提高 1.4% 和 4.7%。

五种表面活性剂中，Triton X-100 和 CHAPS 抑制桦褐孔菌生长，Tween 80、Tween 20 的促进效果不明显，PEG 4000 的促进效果最强，菌丝体量提高 6.1%，却降低 EPS 产量。Tween 80、Tween 20、CHAPS、Triton X-100 均提高 EPS 产量，分别提高 42.7%、29.2%、23.2%、42.9%。Tween 20、Tween 80、Triton X-100 同时提高 IPS1 和 IPS2 产量，促进率为 5.9% 和 7.1%、6.1% 和 17.2%、20.3% 和 12.3%（见图 4-1C）。可见，表面活性剂对胞内外多糖产量的影响与它对菌丝体生长的影响没有相关性。

表面活性剂是含有亲水和亲脂基团的双亲性物质，细胞膜的磷脂也是双亲性物质，因此表面活性剂可能插入桦褐孔菌细胞膜中改变膜的透性，从而增加其对培养基中营养物质的吸收，这个推测在图 4-2 中得到证实。图 4-2 显示，在发酵过程中，含 Tween 80 的培养基中的还原糖比对照培养基中的减少得更快。

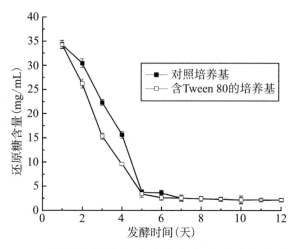

图4-2　含Tween 80的培养基和对照培养基中的还原糖含量随发酵时间的
变化情况

（二）不同促进剂对多糖活性的影响

在前面章节中已阐述，我们追求的目标始终都是两个方面，一是产量，二是活性。我们筛选出了提高多糖产量的促进剂，它们是否也是增强多糖活性的最佳促进剂呢？

我们对这些促进剂作用下产生的EPS、IPS1、IPS2进行了DPPH自由基清除活性的比较研究，发现有机溶剂组中，除了丙酮，其他促进剂产生的EPS（见图4-3A）、IPS1（见图4-3B）的清除活性都强于对照组相应的多糖；油酸是脂肪酸组中增强三种多糖活性的最佳促进剂；Tween 80和Triton X-100是所有促进剂中最有效提高EPS、IPS1活性的促进剂，Tween 80和Tween 20是所有促进剂中最有效提高IPS2活性的促进剂（见图4-3C）。

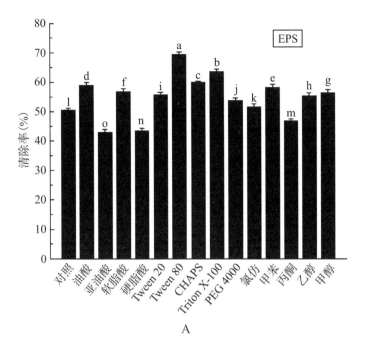

A

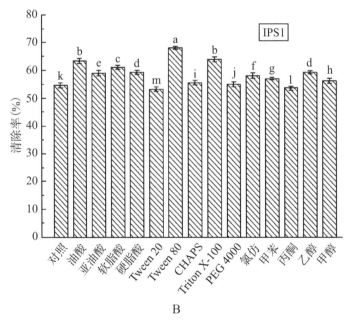

B

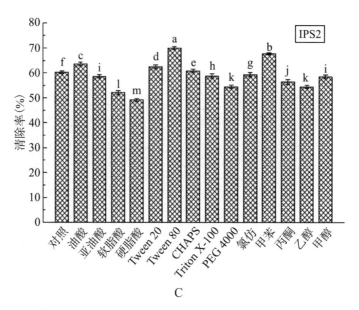

图4-3　不同来源的EPS（A）、IPS1（B）和IPS2（C）的DPPH自由基清除活性

本研究是从真菌细胞膜的角度出发，以通过不同的化学方法改变细胞膜的通透性为目的进行的探索性试验，印证了某些脂肪酸、植物油、表面活性剂和有机溶剂能够促使桦褐孔菌更有效地利用发酵液中的营养物质（见图4-2），同时释放更多的多糖到细胞外，增加EPS的积累。我们发现Tween 80、Triton X-100和油酸能在很大程度上促进菌丝体量或胞内外多糖产量和抗氧化活性。

（三）促进剂的最佳添加时间和浓度

考虑到不同促进剂对桦褐孔菌细胞膜透性的改变有不同的效果，而且添加的量过多还会导致细胞死亡。为了进一步探索油酸、Tween 80、Triton X-100对细胞膜透性的影响，我们接着对它们的添加浓度（体积百分数，0.05%、0.1%、0.3%、0.5%）和添加时间（发酵的第0、1、3、5天添加）进行优化研究，确定添加促进剂的最佳时间和浓度。

表4-1显示，桦褐孔菌菌丝体量、EPS产量随着油酸浓度的增加而增大。0.5%油酸使它们分别提高23.7%和26.2%。油酸浓度为0.1%时，IPS1的产量达到了最大。

表4-1 促进剂的添加浓度对菌丝体量、EPS、IPS1、IPS2产量的影响

浓度 （mL/100mL）	菌丝体量 （g/L）	EPS产量 （g/L）	IPS1产量 （mg/g）	IPS2产量 （mg/g）
对照	12.65 ± 0.15^a	0.515 ± 0.010^a	32.69 ± 0.14^a	28.83 ± 0.06^a
油酸-0.05%	12.87 ± 0.23^f	0.599 ± 0.009^d	31.03 ± 0.18^i	27.27 ± 0.07^i
油酸-0.1%	13.05 ± 0.33^e	0.601 ± 0.006^d	33.20 ± 0.46^g	27.59 ± 0.18^h
油酸-0.3%	14.16 ± 0.41^c	0.625 ± 0.003^d	31.76 ± 0.18^h	27.64 ± 0.09^h
油酸-0.5%	15.65 ± 0.14^b	0.651 ± 0.003^{cd}	28.64 ± 0.29^j	27.86 ± 0.08^g
Tween 80-0.05%	12.88 ± 0.23^f	0.627 ± 0.009^d	39.80 ± 0.12^b	27.90 ± 0.19^g
Tween 80-0.1%	12.90 ± 0.13^f	0.739 ± 0.005^{bc}	38.60 ± 0.26^c	34.35 ± 0.23^b
Tween 80-0.3%	13.13 ± 0.21^d	0.690 ± 0.004^c	36.35 ± 0.15^d	31.39 ± 0.22^e
Tween 80-0.5%	13.10 ± 0.40^{de}	0.570 ± 0.010^a	33.42 ± 0.22^f	30.40 ± 0.16^f
Triton X-100-0.05%	10.64 ± 0.13^g	0.524 ± 0.010^a	33.43 ± 0.12^f	33.83 ± 0.29^c
Triton X-100-0.1%	9.38 ± 0.21^h	0.784 ± 0.009^b	35.78 ± 0.11^e	32.05 ± 0.13^d
Triton X-100-0.3%	9.12 ± 0.17^i	0.549 ± 0.004^a	31.72 ± 0.25^h	24.16 ± 0.32^j
Triton X-100-0.5%	9.02 ± 0.19^j	0.475 ± 0.008^a	27.55 ± 0.11^k	23.14 ± 0.16^k

注：同一列中不同字母表示数据之间差异显著（$p<0.05$）。

当Tween 80添加浓度为0.3%时，菌丝体量达到最大；添加浓度为0.1%时，EPS和IPS2产量达到最大，分别提高45.5%和19.2%；添加浓度为0.05%时，IPS1产量达到最大，提高21.8%。

菌丝体量随着Triton X-100的增加而减少。但添加浓度为0.1%时使EPS和IPS1的产量达到最大，分别提高52.2%和9.5%。IPS2产量则在添加浓度为0.05%时提高27.3%。

结果显示三种促进剂有不同的最佳添加浓度，综合考虑，我们选择添加浓度（体积比）为0.1%来进行添加时间的筛选。分别在发酵的前中期添加油酸、Tween 80、Triton X-100，比较发酵第9天的菌丝体量、EPS和IPS产量。

表4-2显示，第5天添加油酸时，桦褐孔菌菌丝体量提高8.9%。而发酵1天后添加油酸，EPS、IPS1和IPS2产量均比其他添加时间高，分别提高26.0%、2.3%、3.6%。

表4-2　促进剂的添加时间对菌丝体量、EPS、IPS1、IPS2产量的影响

添加时间	菌丝体量（g/L）	EPS产量（g/L）	IPS1产量（mg/g）	IPS2产量（mg/g）
对照	12.65 ± 0.15^a	0.515 ± 0.010^a	32.69 ± 0.14^a	28.83 ± 0.06^a
油酸-第0天	13.05 ± 0.33^f	0.601 ± 0.006^e	33.20 ± 0.46^j	27.59 ± 0.02^h
油酸-第1天	13.04 ± 0.42^f	0.649 ± 0.007^e	33.45 ± 0.53^h	29.87 ± 0.15^a
油酸-第3天	13.15 ± 0.31^e	0.504 ± 0.006^{af}	31.90 ± 0.38^i	25.90 ± 0.16^i
油酸-第5天	13.77 ± 0.50^c	0.501 ± 0.005^{af}	31.24 ± 0.49^j	24.78 ± 0.14^j
Tween 80-第0天	12.90 ± 0.13^g	0.739 ± 0.005^d	38.60 ± 0.26^c	34.35 ± 0.23^b
Tween 80-第1天	14.75 ± 0.42^b	0.935 ± 0.005^b	45.03 ± 0.46^b	34.06 ± 0.16^c
Tween 80-第3天	13.60 ± 0.30^d	0.911 ± 0.006^b	35.25 ± 0.23^e	33.88 ± 0.18^d
Tween 80-第5天	13.63 ± 0.50^d	0.501 ± 0.047^{af}	33.85 ± 0.16^g	33.65 ± 0.19^e
Triton X-100-第0天	9.38 ± 0.21^j	0.784 ± 0.009^{cd}	35.78 ± 0.11^d	32.05 ± 0.13^f
Triton X-100-第1天	9.42 ± 0.46^j	0.803 ± 0.009^c	34.49 ± 0.14^f	30.43 ± 0.13^g
Triton X-100-第3天	10.32 ± 0.38^i	0.468 ± 0.010^f	30.56 ± 0.15^k	23.75 ± 0.19^k
Triton X-100-第5天	10.76 ± 0.69^h	0.457 ± 0.007^f	23.17 ± 0.14^l	19.77 ± 0.17^l

注：同一列中不同字母表示数据之间差异显著（$p < 0.05$）。

Triton X-100的添加时间越延后，桦褐孔菌菌丝体的生长情况越好，由此也可以看出Triton X-100对细胞具有较强的毒性。在发酵培养1天后添加，EPS产量提高55.9%；在第0天添加，IPS1和IPS2产量分别提高9.5%和11.2%。

所有时间添加的Tween 80都提高桦褐孔菌菌丝体量和多糖产量，最好是在发酵1天后添加，菌丝体量和EPS、IPS1、IPS2（发酵起始）产量分别提高16.6%、81.6%、37.8%、19.2%。

二、Tween 80对多糖组分和抗氧化活性的影响

由上可见，三种促进剂中以Tween 80的效果最好，下一步我们研究Tween 80对液体发酵桦褐孔菌多糖的组分和抗氧化活性的影响。

表4-3列出了对照培养基和Tween 80培养基产生的EPS、IPS中的糖、蛋白质含量以及单糖组分。

表4-3　对照和Tween 80培养基来源的EPS、IPS的糖、蛋白质含量以及单糖组分

样品	糖含量（%）	蛋白质含量（%）	单糖组分（摩尔百分数）					
			Rha	Ara	Xyl	Man	Glu	Gal
对照-胞外多糖	38.95±0.14[a]	19.75±0.67[f]	6.1	14.6	14.0	20.4	20.7	24.2
Tween 80-胞外多糖	49.49±0.36[b]	18.18±0.20[e]	2.1	6.3	3.0	20.1	45.3	23.2
对照-胞内多糖1	49.60±0.51[b]	17.57±0.14[d]	3.1	7.2	6.0	28.0	36.7	19.0
Tween 80-胞内多糖1	57.48±0.10[d]	16.72±0.05[c]	3.3	2.4	2.6	6.9	73.4	11.4
对照-胞内多糖2	53.05±0.14[c]	15.91±0.08[b]	3.8	6.0	15.3	30.2	27.1	17.6
Tween 80-胞内多糖2	69.87±0.07[e]	15.61±0.10[a]	1.4	5.2	2.1	18.3	60.9	12.1

注：同一列数据字母不同表示差异显著（$p < 0.05$）。

两种培养基产生的EPS、IPS都是多糖-蛋白质复合物，而且IPS中的糖含量显著高于EPS中的糖含量，而蛋白质含量则IPS中的显著低于EPS的，与我们第二、三章的研究结果一致。

与对照相比，Tween 80显著提高EPS、IPS中的糖含量，降低蛋白质含量。

两种培养基的EPS、IPS都由六种单糖（鼠李糖、阿拉伯糖、木糖、

葡萄糖、甘露糖、半乳糖）构成，但是比例不同，葡萄糖、甘露糖、半乳糖是主要的单糖。EPS 的葡萄糖含量远低于 IPS。但是 Tween 80 培养基产生的 EPS 和 IPS 的葡萄糖含量都大幅提升至 45% 以上，是对照培养基相应多糖粗提物的 2 倍以上。来自 Tween 80 培养基的 IPS1 的葡萄糖含量达 73%，是所有多糖中最高的（见表 4-3）。

对来自这两种培养基的六种多糖粗提物进行浓度（0.5～5.0 mg/mL）依赖的 DPPH 自由基清除率分析，计算出桦褐孔菌多糖抗氧化活性的 DPPH 自由基半抑制浓度（IC_{50}），如表 4-4 所示。

表 4-4　对照、Tween 80 培养基来源的 EPS、IPS 清除 DPPH 自由基的 IC_{50}

样品	IC_{50}（mg/mL）		
	EPS	IPS1	IPS2
对照培养基	2.30[d]	1.08[c]	2.28[d]
Tween 80 培养基	0.88[b]	0.74[a]	0.84[b]

注：数据字母不同表示差异显著（$p < 0.05$）。

来自 Tween 80 培养基的 EPS、IPS1、IPS2 均比来自对照培养基的具有更小的 IC_{50}，表明 Tween 80 增强发酵多糖对 DPPH 自由基的清除活性。根据半抑制浓度，判定不同多糖的活性大小如下：Tween 80-IPS1＞Tween 80-IPS2 ≈ Tween 80-EPS＞对照 IPS1＞对照 IPS2 ≈ 对照 EPS。这个结果可能是由于来自 Tween 80 培养基的 EPS、IPS 的糖含量和多糖中葡萄糖比例更高的缘故（见表 4-3）。含有最高葡萄糖的 Tween 80-IPS1 的 IC_{50} 最低（见表 4-4）。

我们 2015 年发表在国际顶刊 SCI 中科院一区 *International Journal of Biological Macromolecules* 的论文 *Effect of chemicals on production, composition and antioxidant activity of polysaccharides of Inonotus obliquus*（见图 4-4）被引 40 次以上（WOS: 000355713900017）。

International Journal of Biological Macromolecules 77 (2015) 143–150

Contents lists available at ScienceDirect

International Journal of Biological Macromolecules

journal homepage: www.elsevier.com/locate/ijbiomac

Effect of chemicals on production, composition and antioxidant activity of polysaccharides of *Inonotus obliquus*

Xiangqun Xu*, Lili Quan, Mengwei Shen

College of Life Sciences, Zhejiang Sci-Tech University, Hangzhou 310018, China

ARTICLE INFO

Article history:
Received 10 December 2014
Received in revised form 19 February 2015
Accepted 8 March 2015
Available online 19 March 2015

Keywords:
Inonotus obliquus
Polysaccharides
Stimulatory agents

ABSTRACT

Polysaccharides are important secondary metabolites from the medicinal mushroom *Inonotus obliquus*. Various fatty acids, surfactants and organic solvents as cell membrane-reorganizing chemicals were investigated for their stimulatory effects on the growth of fungal mycelium and production of exopolysaccharides (EPS) and endopolysaccharides (IPS) by submerged fermentation of *I. obliquus*. After evaluation of 14 chemicals, oleic acid, Tween 80, and TritonX-100 were chosen for optimization of addition concentration and addition time. Among the three chemicals, 0.1% (v/v) Tween 80 gave maximum production of mycelial biomass, EPS, IPS1, and IPS2 with an increase of 16.6, 81.6, 37.7 and 18.1%, respectively, when supplemented at the early growth phase (24 h after inoculation). These EPS, IPS1, and IPS2 had significantly ($p < 0.05$) stronger scavenging activity against 2,2-diphenyl-1-picrylhydrazyl (DPPH) radicals than those from the control medium. IPS1 from Tween 80-containing medium was the most effective antioxidant, with an estimated IC_{50} value of 0.74 mg/mL. This might be attributed to that the EPS and IPS from the Tween 80-containing medium had significantly ($p < 0.05$) higher content of sugar and glucose among the six monosaccharide compositions than those from the control. The simultaneously enhanced accumulation of bioactive EPS and IPS of cultured *I. obliquus* supplemented with Tween 80 was evident.
© 2015 Elsevier B.V. All rights reserved.

图4-4 刊登在杂志上的《化合物对桦褐孔菌发酵多糖产量、组分和抗氧化活性的影响》论文摘要

2019年发表在国际顶刊 SCI 中科院一区 *International Journal of Biological Macromolecules* 的论文 *Medium composition optimization, structural characterization, and antioxidant activity of exopolysaccharides from the medicinal mushroom Ganoderma lingzhi* 认为，我们发现的化合物促进药用真菌多糖产生的方法非常有意义，并采用了我们的方法。

第二节　促进剂对液体发酵桦褐孔菌合成
和释放多酚的作用

21世纪初，已有促进剂对于真菌发酵产多糖影响的报道，但对真菌发酵产多酚的作用鲜有报道。因此，在我们发现了促进剂对桦褐孔菌产生多糖的正面作用后，认识到筛选提高桦褐孔菌多酚产量的促进剂很有意义。

我们以RSM培养基为对照（发酵第9天的数据），分析三大类促进剂对桦褐孔菌液体深层发酵产胞外多酚、胞内多酚的影响，以确定最佳促进剂。

一、影响多酚产量的最佳促进剂

正如第二、三章描述的，我们对胞外多酚按照极性的不同分别用乙酸乙酯、正丁醇萃取，得到乙酸乙酯层多酚（EA-EPC）和正丁醇层多酚（NB-EPC）。

就胞外多酚而言，除了油酸组以外，其他组的NB-EPC产量（即以发酵液计的单位产量，下同）要高于EA-EPC产量，这说明发酵所得到的多酚强极性的产量要高于弱极性的产量，这与我们在第二、三章的结果一致。

（一）四种脂肪酸的促进作用

四种脂肪酸中对胞外多酚产量（以没食子酸GAE作为检测指标）影响最大的是亚油酸，EA-EPC产量达到202.3 mg/L，是对照组的7.5倍。油酸次之，是对照组的3.8倍；NB-EPC产量达到726.5 mg/L，是对照组的14.5倍，促进效果显著（见图4-5A）。脂肪酸中对桦褐孔菌胞内多酚产量的影响，效果最显著的亦为亚油酸，达到31.8 mg/g，是对照组的9.9倍。虽然前已述及亚油酸会抑制桦褐孔菌菌丝体的生长（见图4-1），但是胞内外多酚产量均显著增加，原因有待研究。

（二）四种植物油的促进作用

四种植物油是由不同脂肪酸以不同比例组成的，EA-EPC中促进率最大的为豆油，达到56.3 mg/L，对NB-EPC增产效果最佳的为葵花籽油，是对照组的2.6倍。植物油中对胞内多酚增产效果最佳的为豆油，达到15.1 mg/g（见图4-5B）；亚油酸在葵花籽油和豆油中的含量分别为66.2%、50%～60%。上文已述，亚油酸对胞内外多酚的增产效果显著，可能解释了葵花籽油和豆油的促进作用。

（三）五种有机溶剂的促进作用

五种有机溶剂对桦褐孔菌胞外多酚的增产效果没有其他两大类促进剂显著，有机溶剂中增产效果最佳的为丙酮，其中EA-EPC含量达到139.3 mg/L，NB-EPC含量反而低于EA-EPC的，为88.9 mg/L，可能的原因是丙酮促进脂溶性多酚的释放。有机溶剂中添加了甲醇和乙醇的培养基，发酵所得的胞内多酚含量接近，分别达到7.8 mg/g、7.8 mg/g（见图4-5C）。

（四）五种表面活性剂的促进作用

五种表面活性剂都能提高胞外多酚和胞内多酚的产量，其中 Tween 20 是最佳的促进剂，EA-EPC 产量达到 103.7 mg/L，是对照组的 4.0 倍；NB-EPC 产量达到 308.0 mg/L，是对照 7.2 倍；IPC 达到 9.3 mg/g（见图 4-5D）。

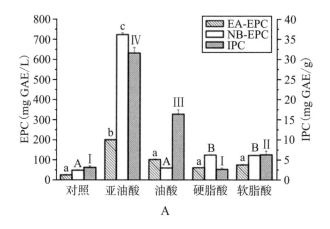

A

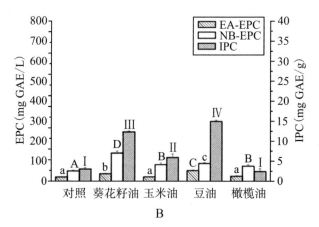

B

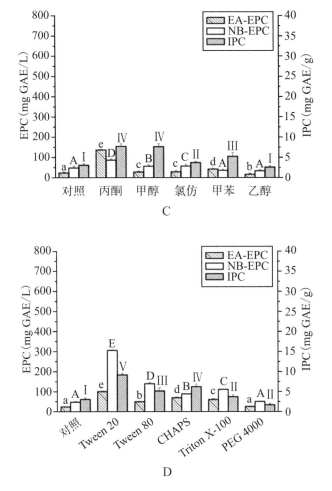

图4-5　脂肪酸（A）、植物油（B）、有机溶剂（C）、表面活性剂（D）对
EA-EPC、NB-EPC、IPC产量的影响

由图4-1C得知，Tween 20 与 Tween 80 对桦褐孔菌菌丝体量的促进效果相近，本章第一节的研究表明 Tween 80 是提高桦褐孔菌多糖产量的最佳促进剂。然而，此研究表明 Tween 20 比 Tween 80 更能促进桦褐孔菌胞内外多酚的产生。Tween 80 为 18 碳链，Tween 20 为 12 碳链，当长碳链的表面活性剂被脂肪酶分解后形成短碳链进入培养基中，Tween 80 产生的

碳源可能要比 Tween 20 更多一点，这些碳源可被作为菌丝体的营养物质。它们对合成多糖和多酚的不同效果的机制，仍需做进一步的探究。

二、增强多酚抗氧化活性的最佳促进剂

同样，除了产量是我们要考虑的，多酚的抗氧化活性更是我们关注的，亚油酸、Tween 20 是否也是增强多酚抗氧化活性的最佳促进剂呢？

我们比较研究了表现较好的两组促进剂脂肪酸（见图4-6A）、表面活性剂（见图4-6B）作用下和对照培养基的 EA-EPC、NB-EPC、IPC 对DPPH 自由基的清除活性。四种脂肪酸都能显著增强胞外多酚、胞内多酚清除自由基的活性，其中亚油酸的促进效果最强。五种表面活性剂亦都能显著增强胞外多酚、胞内多酚清除自由基的活性，其中 Tween 20 的促进效果最强。

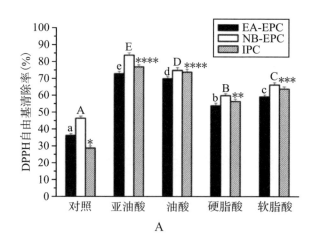

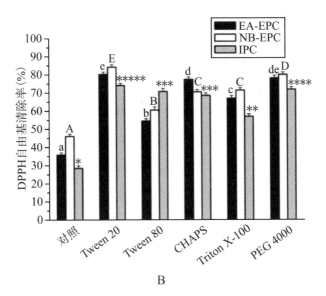

图 4-6　脂肪酸（A）、表面活性剂（B）对 EA-EPC、NB-EPC、IPC 清除
自由基活性的影响

综上，四大类促进剂中，综合考虑菌丝体生物量、胞内外多酚产量、抗氧化活性，亚油酸、Tween 20 是综合效果较好的两种促进剂，可作为后续研究"添加浓度与添加时间"的实验对象。

令人惊讶的是，最佳多酚产生的促进剂（亚油酸、Tween 20）与最佳多糖产生的促进剂（Tween 80）完全不同。我们的猜想是，因为多糖生物合成、多酚生物合成代谢过程中的酶不同，这些酶需要不同的促进剂起作用。对它们各自促进机制的研究，有待开展。

三、促进剂的最佳添加时间和浓度

每种浓度（0.5 g/L、1 g/L、3 g/L、5 g/L）的亚油酸都会抑制桦褐孔菌菌丝体的生长，但所添加的四个浓度对胞内外多酚的产生均能起到较好的促进作用，且胞内外多酚含量随着亚油酸浓度的增加，先增大后减少，其中浓度为 1.0 g/L 时达到最大（见表4-5）。

表4-5　亚油酸浓度对桦褐孔菌菌丝体量及胞内外多酚产量的影响

亚油酸浓度（g/L）	菌丝体量（g/L）	胞外多酚产量（mg GAE/L）		胞内多酚产量（mg GAE/g）
		EA	NB	
0	11.27±0.01[a]	26.89±0.64[a]	50.24±2.98[a]	3.20±0.42[a]
0.5	10.83±0.01[b]	195.28±13.12[c]	389.87±19.48[d]	27.70±1.35[d]
1	10.82±0.01[b]	202.20±14.24[c]	726.47±16.32[e]	31.78±1.37[e]
3	10.87±0.03[b]	100.39±10.34[d]	331.31±14.29[c]	9.98±0.69[c]
5	10.83±0.03[b]	82.08±8.22[b]	234.52±12.09[b]	5.12±0.76[b]

注：同一列数据字母不同表示数据之间差异显著（$p < 0.05$）。

当添加时间为发酵的第0、24小时时，亚油酸抑制了菌丝体的生长。而添加时间为第72、120小时时，菌丝体量有略微的升高。由此可推知，亚油酸与菌丝体接触的时间越少，菌丝体量的抑制作用就越小，且作用时间小于6天时反而能略微促进菌丝体生长。在整个发酵过程的四个时间添加亚油酸都能提高多酚产量，但是，胞内外多酚的产量随着添加时间的延后而显著减少，可见，亚油酸能较好地促进多酚的形成，且在较长的作用时间下（9天）能达到最大值（见表4-6）。

表4-6　亚油酸的添加时间对桦褐孔菌菌丝体量及胞内外多酚产量的影响

添加时间（小时）	菌丝体量（g/L）	EPC产量（mg GAE/L）		IPC产量（mg GAE/g）
		EA	NB	
0	10.82±0.01[a]	202.20±14.24[a]	726.47±16.32[a]	31.78±1.37[a]
24	11.00±0.01[b]	156.49±9.08[b]	450.66±13.72[b]	28.34±1.01[b]
72	11.34±0.01[c]	128.89±11.21[c]	315.65±10.29[c]	21.98±1.21[c]
120	11.44±0.05[c]	40.09±7.58[d]	189.29±12.57[d]	13.28±0.82[d]
对照	11.27±0.01[a]	26.89±0.64[a]	50.24±2.98[a]	3.20±0.42[a]

注：同一列数据字母不同表示差异显著（$p < 0.05$）。

Tween 20 在浓度为 5.0 g/L 条件下使桦褐孔菌菌丝体量达到最大。四种浓度下都能显著提高胞内外多酚产量，但产生最大值的 Tween 20 浓度为 1.0 g/L（见图 4-7A）。

随着添加时间的延后，菌丝体量呈现先增加后减小的趋势，在添加时间为发酵第 24 小时时达到最大值。而且，两种极性胞外多酚的产量均达到最大值。胞内多酚产量在第 0 小时添加时最大（见图 4-7B）。可见，多酚产量与促进剂和菌丝体的接触作用时间有关。

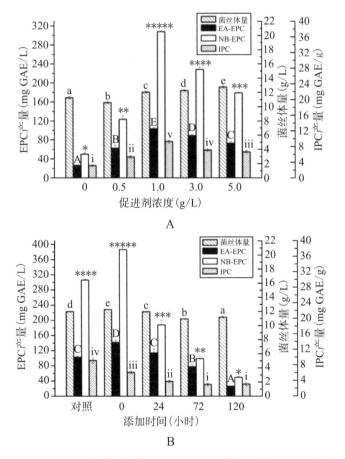

图 4-7　Tween 20 添加浓度（A）、添加时间（B）对桦褐孔菌菌丝体量及 EA-EPC、NB-EPC、IPC 产量的影响

综上，亚油酸、Tween 20的最佳添加浓度均是1 g/L，最佳添加时间分别为第0小时和第24小时（胞外多酚）。胞外多酚（EA-EPC、NB-EPC）和胞内多酚产量分别是对照组的7.5倍、14.5倍、9.9倍和5.3倍、7.7倍、2.9倍。

四、促进剂对多酚抗氧化活性的影响

对从上述两种促进剂培养基最佳条件下获得的胞外、胞内多酚与对照培养基多酚进行清除DPPH自由基的比较研究，亚油酸培养基、Tween 20培养基的EA-EPC、NB-EPC、IPC的IC_{50}都显著低于对照培养基相对应的多酚，而且Tween 20培养基的多酚抗氧化活性最强（见表4-7），两种促进剂在提高产量（见图4-5）和增强活性（见表4-7）上的作用不一致，即亚油酸有利于提高产量，但Tween 20更有利于增强活性。

表4-7　最佳促进剂培养基产生的多酚清除DPPH自由基的IC_{50}

多酚来源	IC_{50}（mg/L）		
	EA-EPC	NB-EPC	IPC
对照	111.80±2.34[f]	95.80±1.99[e]	107.91±1.74[f]
Tween 20培养基	43.28±0.68[b]	40.63±0.89[a]	47.18±1.29[c]
亚油酸培养基	47.41±1.08[c]	43.54±0.92[b]	81.96±1.83[d]

注：数据字母不同表示差异显著（$p < 0.05$）。

三种培养基来源的多酚萃取或提取物的清除DPPH自由基的活性大小：NB-EPC＞EA-EPC＞IPC。在这九种萃取或提取物中，Tween 20培养基的NB-EPC显示最强的DPPH自由基清除能力，IC_{50}低至40.6 mg/L。Tween 20培养基的EA-EPC、亚油酸培养基的NB-EPC次之。

五、促进剂对多酚成分的影响

上述DPPH自由基清除活性分析中，萃取或提取物的多酚总量相同，但各萃取或提取物的清除活性不同，这让我们想搞清楚活性与组成成分之间的关系。第二、三章中已述液体培养桦褐孔菌产生的多酚是复杂的混合物，有些多酚成分具有很强的抗氧化活性，而有些则不然。

由表4-8、表4-9可知，添加亚油酸、Tween 20的培养基发酵所得的EA-EPC、NB-EPC、IPC中较强活性组分的产量均增加，即ECG、EGCG、骨碎补内酯、斜孔菌素B、桑黄素G、柚皮苷的产量都有显著的增加。Tween 20培养基中所得的八种多酚组分比亚油酸培养基的产量高，特别是上述六种强活性的组分。

表4-8　对照培养基和亚油酸培养基的八种多酚单体产量

成分 （mg/L）	对照培养基			亚油酸培养基		
	EA-EPC	NB-EPC	IPC	EA-EPC	NB-EPC	IPC
阿魏酸	15.84±0.23[c]	21.4±1.29[d]	6.98±0.32[b]	39.23±1.21[e]	82.87±5.38[f]	2.87±0.06[a]
没食子酸	34.90±1.32[c]	131.34±7.80[d]	4.66±0.28[a]	130.01±6.39[d]	178.63±10.84[e]	5.98±0.21[b]
柚皮苷	45.72±2.03[c]	177.70±9.26[f]	1.28±0.07[a]	62.48±4.24[d]	129.34±7.20[e]	3.98±0.29[b]
表儿茶素没食子酸酯	39.87±1.90[c]	145.34±8.24[e]	4.28±0.23[a]	61.91±5.01[d]	290.91±18.52[f]	8.36±0.92[b]
表没食子儿茶素没食子酸酯	59.38±2.78[b]	132.96±8.02[d]	10.89±1.22[a]	99.8±6.39[c]	310.89±21.05[e]	12.38±1.24[a]
桑黄素G	6.78±0.29[b]	9.69±0.73[c]	3.12±0.19[a]	12.13±0.31[d]	12.56±0.81[d]	3.64±0.31[a]
斜孔菌素B	–	3.56±0.18[b]	–	2.45±0.08[a]	8.90±0.79[c]	–
骨碎补内酯	3.25±0.09[b]	4.15±0.23[c]	1.03±0.03[a]	5.26±0.47[cd]	5.00±0.56[c]	1.10±0.03[a]

注：同一行数据字母不同表示差异显著（$p < 0.05$）。

表4-9　对照培养基和Tween 20培养基的八种多酚单体产量

成分 (mg/L)	对照			Tween 20培养基		
	EA-EPC	NB-EPC	IPC	EA-EPC	NB-EPC	IPC
阿魏酸	15.84±0.23	21.4±1.29	6.98±0.32	32.39±1.21	99.28±5.38	7.43±0.06
没食子酸	34.90±1.32	131.34±7.80	4.66±0.28	102.39±8.40	100.25±9.99	2.49±0.41
柚皮苷	45.72±2.03	177.70±9.26	1.28±0.07	77.24±4.24	210.42±11.24	5.34±0.59
ECG	39.87±1.90	145.34±8.24	4.28±0.23	110.01±4.83	320.38±11.37	45.34±2.39
EGCG	59.38±2.78	132.96±8.02	10.89±1.22	89.25±4.39	294.31±18.43	57.38±3.28
桑黄素G	6.78±0.29	9.69±0.73	3.12±0.19	7.48±0.97	17.43±1.24	6.39±0.73
斜孔菌素B	–	3.56±0.18	–	6.81±0.91	12.59±0.99	1.29±0.02
骨碎补内酯	3.25±0.09	4.15±0.23	1.03±0.03	10.23±0.93	12.48±1.21	3.22±0.18

由表4-8可知，亚油酸培养基来源的胞外多酚中ECG、EGCG、骨碎补内酯、斜孔菌素B、桑黄素G、柚皮苷、没食子酸、阿魏酸这八种多酚以及胞内多酚中的没食子酸、柚皮苷、ECG的产量均比相对应的对照组高（$p<0.05$）。其中，NB-EPC的阿魏酸是对照组的4倍，但是IPC的阿魏酸减少了58.8%，说明亚油酸能大大促进胞内阿魏酸的释放。EA-EPC的没食子酸产量是对照组的4倍。柚皮苷在EA-EPC、IPC中分别提高了36.6%、210.9%（$p<0.05$）。ECG的产量在EA-EPC、NB-EPC、IPC分别提高了55.2%、100.1%、95.3%。EGCG的产量变化比ECG更显著，EA-EPC、NB-EPC、IPC分别提高了68.1%、133.8%、13.7%（$p<0.05$）。另外三种强活性的多酚组分桑黄素G、斜孔菌素B、骨碎补内酯的含量要大大低于其余五种多酚。亚油酸培养基的正丁醇层多酚中的斜孔菌素B是对照组的2.5倍。此外，EA-EPC、NB-EPC、IPC的桑黄素G和骨碎补内酯分别提高了79.0%、29.6%、16.7%和61.9%、20.6%、6.6%。

由表4-9可知，Tween 20对八种多酚成分的产生都有更大促进作用。EA-EPC、NB-EPC的ECG、EGCG产量有显著提高，分别是对照的2.7

倍、2.2 倍和 1.5 倍、2.2 倍。尤其是对 IPC，对照组中 ECG、EGCG 的产量分别为 4.28 mg/L、10.9 mg/L，添加 Tween 20 后，两者产量分别达到 45.3 mg/L、57.4 mg/L。阿魏酸、没食子酸、柚皮苷的产量也比亚油酸培养基来源的要高。胞内多酚中检测到斜孔菌素 B，含量达到 1.29 mg/L。斜孔菌素 B、骨碎补内酯和桑黄素 G 的产量分别是对照组的 3.1 倍、3.0 倍、3.1 倍和 1.1 倍、1.8 倍、2.0 倍，也显著高于亚油酸培养基的。

来源于对照、亚油酸、Tween 20 培养基的多酚萃取或提取冷冻干燥物中，这些高活性多酚成分含量的高低基本上解释了这九种萃取或提取物的自由基清除活性的大小，Tween 20 培养基的最强、亚油酸的次之、对照的最弱（见表 4-7），即高活性多酚成分含量高则活性强。

六、Tween 20 在发酵过程中多酚产生的调节作用

从以上液体发酵第 9 天的数据，我们确定 Tween 20 对高活性多酚产生和抗氧化活性增强是最有效的促进剂，我们需要搞清楚在 Tween 20 的作用下，第 9 天是否依然是获得高活性多酚单体的最佳时间。

图 4-8 显示，在整个发酵周期中，对照培养基菌丝体量都小于 Tween 20 培养基，而且产生最大菌丝体量（11.3 g/L）的时间是发酵培养的第 9 天，而 Tween 20 培养基的最大菌丝体量（13.6 g/L）出现在第 7 天，即 Tween 20 显著加快菌丝体的生长、缩短发酵时间（见图 4-8A），这可能有利于 EPC 和 IPC 的产生。

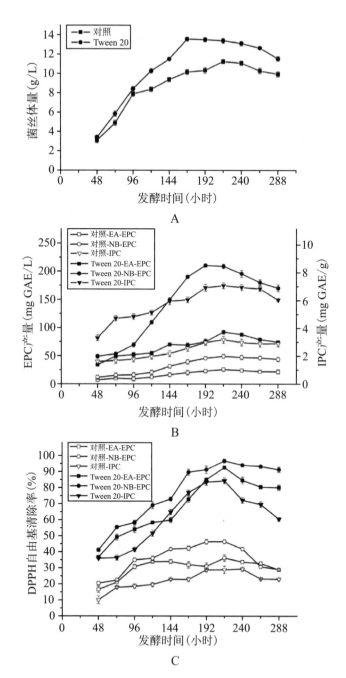

图4-8　对照培养基和Tween 20培养基中菌丝体量（A）、EPC和IPC产量（B）、DPPH自由基清除率（C）的动态变化

在整个发酵周期中，对照培养基胞外多酚、胞内多酚产量都远远低于Tween 20培养基，对照培养基产生最大EA-EPC、NB-EPC、IPC（g/L）产量的时间均是发酵第9天；而Tween 20培养基的NB-EPC最大值出现在第8天，EA-EPC、IPC（g/L）最大产量出现在发酵第9天，三者分别比对照相应萃取或提取物提高了319.5%、245.1%、121.6%，证实Tween 20显著提高桦褐孔菌合成多酚的作用并缩短了发酵时间（见图4-8B）。

来源于Tween 20培养基的NB-EPC产量最高，其次是IPC，EA-EPC产量最低；而对照培养基的IPC产量最高，其次是NB-EPC，EA-EPC产量最低（见图4-8B），表明Tween 20在促进多酚合成的同时还促进了多酚的释放，即从胞内释放到胞外液中，体现了Tween 20作为表面活性剂改变细胞膜透性的作用，并使多酚的提取变得容易。

整个发酵周期获得的多酚萃取或提取物在相同多酚浓度（100 mg/L）下，与前一节的结果一致，两种培养基来源的多酚，其清除DPPH自由基的活性均是NB-EPC＞EA-EPC＞IPC。但是来源于Tween 20培养基的NB-EPC、EA-EPC、IPC的抗氧化活性都显著高于来源于对照培养基相应的多酚萃取或提取物，例如前者第9天的NB-EPC、EA-EPC、IPC的活性分别提高了156.1%、108.7%、187.6%（见图4-8C）。

如何解释发酵过程中多酚萃取或提取物的抗氧化活性的不同，前文已述多酚萃取或提取物是复杂的混合物，我们分析了发酵第3、6、9天两种培养基来源的NB-EPC、EA-EPC、IPC冷冻干燥物中五种主要的多酚化合物的含量来解释这些不同。

图4-9显示，随着发酵的进行，来源于Tween 20培养基的三种萃取或提取物中没食子酸的含量不断降低，而阿魏酸、柚皮苷、ECG、EGCG的含量不断增加（见图4-9B），前文已述没食子酸是合成ECG、EGCG的前体，它的减少意味着桦褐孔菌对它的利用增强。三种黄酮类化合物的增加（见图4-9B）也显著高于对照培养基相应的萃取或提取物，特别是

发酵第9天ECG和EGCG在EA-EPC、NB-EPC、IPC冷冻干燥物中分别
增加了158%、134%、102%和37%、117%、57.7%（见图4-9A）。

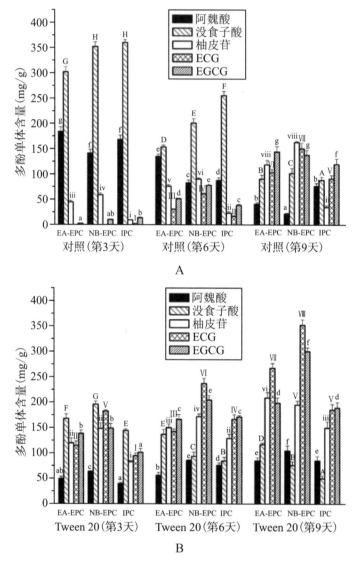

A

B

图4-9 来源于对照培养基（A）和Tween 20（B）培养基的EA-EPC、
NB-EPC、IPC冷冻干燥物中的五种多酚单体含量

特别值得注意的是，来源于第3天（EGCG介于第3～6天）Tween 20培养基的这三种萃取或提取物的这五种黄酮含量大于第9天对照培养基的，表明Tween 20在发酵的早期就大大激活了桦褐孔菌中黄酮的合成代谢途径。

萃取或提取物中这五种多酚单体的含量随发酵时间的变化很好地对应了图4-8C的DPPH自由基清除率随发酵进程的变化，即来源于Tween 20培养基的三种萃取或提取物的抗氧化活性随着阿魏酸、柚皮苷、ECG、EGCG含量的增加而增强，也就是说，抗氧化活性和与菌丝体生长相关联的黄酮类化合物产生强烈相关。

2015年我们发表在国际知名SCI中科院三区期刊 *Applied Biochemistry and Biotechnology* 的论文 *Stimulatory Agents Simultaneously Improving the Production and Antioxidant Activity of Polyphenols from Inonotus obliquus by Submerged Fermentation*（见图4-10）被引12次（WOS: 000358379400001）。

2019年发表在国际顶级SCI中科院二区期刊 *Biomedicine & Pharmacotherapy* 的 *Antioxidant, anti-inflammatory and cytotoxic/antitumoral bioactives from the phylum Basidiomycota and their possible mechanisms of action*，高度评价我们在"促进剂提高药用真菌胞外和胞内多酚的产量和抗氧化活性"方面的发现。

2016年我们发表在国际知名SCI中科院二区期刊 *Journal of the Taiwan Institute of Chemical Engineers* 的论文 *Antioxidant activity of liquid cultured Inonotus obliquus polyphenols using tween-20 as a stimulatory agent: Correlation of the activity and the phenolic profiles*（见图4-11）被引6次（WOS: 000390513200004）。

Appl Biochem Biotechnol
DOI 10.1007/s12010-015-1642-y

Stimulatory Agents Simultaneously Improving the Production and Antioxidant Activity of Polyphenols from *Inonotus obliquus* by Submerged Fermentation

Xiangqun Xu[1] · Mengwei Shen[1] · Lili Quan[1]

Received: 21 January 2015 / Accepted: 21 April 2015
© Springer Science+Business Media New York 2015

Abstract Polyphenols are important secondary metabolites from the edible and medicinal mushroom *Inonotus obliquus*. Both the rarity of *I. obliquus* fruit body and the low efficiency of current method of submerged fermentation lead to a low yield of polyphenols. This study was aimed to determine the effect of applying stimulatory agents to liquid cultured *I. obliquus* on the simultaneous accumulation of exo-polyphenols (EPC) and endo-polyphenols (IPC). Linoleic acid was the most effective out of the 17 tested stimulatory agents, the majority of which increased the EPC and IPC production. The result was totally different from the stimulatory effect of Tween 80 for polysaccharide production in previous studies. The addition of 1.0 g/L linoleic acid on day 0 resulted in 7-, 14-, and 10-fold of increase ($p<0.05$) in the production of EPC extracted by ethyl acetate (EA-EPC), EPC extracted by *n*-butyl alcohol (NB-EPC), and IPC, and significantly increased the production of ferulic acid, gallic acid, epicatechin-3-gallate (ECG), epigallocatechin-3-gallate (EGCG), phelligridin G, inoscavin B, and davallialactone. The EA-EPC, BA-EPC, and IPC from the linoleic acid-containing medium had significantly ($p<0.05$) stronger scavenging activity against 2,2-diphenyl-1-picrylhydrazyl radicals (DPPH), which was attributed to the higher content of these bioactive polyphenols.

Keywords *Inonotus obliquus* · Polyphenols · Stimulatory agents · Linoleic acid · EGCG · Submerged fermentation

Introduction

Inonotus obliquus (*I. obliquus*) is a medicinal mushroom, distributed in Europe, Asia, and North America, from the family Hymenochaetaceae in the Basidiomycota [1]. For

✉ Xiangqun Xu
xuxiangqun@zstu.edu.cn

[1] College of Life Sciences, Zhejiang Sci-Tech University, Hangzhou 310018, China

图4-10 刊登在杂志上的《促进剂同时提高液体发酵桦褐孔菌多酚产量和抗氧化活性》论文摘要

Journal of the Taiwan Institute of Chemical Engineers 69 (2016) 41–47

Contents lists available at ScienceDirect

Journal of the Taiwan Institute of Chemical Engineers

journal homepage: www.elsevier.com/locate/jtice

Antioxidant activity of liquid cultured *Inonotus obliquus* polyphenols using tween-20 as a stimulatory agent: Correlation of the activity and the phenolic profiles

Xiangqun Xu*, Wei Zhao, Mengwei Shen

College of Life Sciences, Zhejiang Sci-Tech University, Hangzhou 310018, China

ARTICLE INFO

Article history:
Received 1 June 2016
Revised 28 September 2016
Accepted 6 October 2016
Available online 26 October 2016

Keywords:
Inonotus obliquus
Antioxidant activity
Phenolic compounds
Stimulatory agents
Tween-20
Submerged fermentation

ABSTRACT

Polyphenols are major functional components of the medicinal mushroom *Inonotus obliquus*. Compared with the wide application of surfactants in medicinal mushroom polysaccharide production, using surfactants to enhance mushroom polyphenol production and antioxidant activity is a relatively new approach. For the first time, in the present study, we evaluated the effect of Tween-20 on the growth-associated generation of different compositions and antioxidant activity expression of exo-polyphenol product (EPC) and endo-polyphenol product (IPC) of liquid cultured *I. obliquus*. The IC_{50} values against 2,2-diphenyl-1-picrylhydrazyl (DPPH) radicals of EA-EPC, NB-EPC, and IPC from the Tween-20 (5.0 g/l on Day 1) adding medium were between 40 and 47 mg/l, significantly ($p < 0.05$) lower than the control group (96–112 mg/l). Phenolic acids, *i.e.*, ferulic acid and gallic acid, and flavonoids, *i.e.*, epicatechin-3-gallate (ECG), epigallocatechin-3-gallate (EGCG), and naringin, were the main components in EPC and IPC analyzed by HPLC. The production of ferulic acid, ECG, EGCG, and naringin was significantly increased by 106.0%, 157.7%, 37.3%, 75.2% in EA-EPC, 372.9%, 133.7%, 117.3%, 19.4% in NB-EPC, and 10.4%, 102.7%, 57.7%, 322.2% in IPC. The antioxidant activity expression of EA-EPC, NB-EPC, and IPC from both the control and Tween-20 media was highly correlated with the growth-associated generation of these flavonoids during fermentation. The significantly higher antioxidant activity of EPC and IPC from the Tween-20 medium compared with the control was also attributed to the higher content of the flavonoids. The strategy of supplementation of surfactants has the potential for other medicinal mushroom fermentation processes to enhance the production of highly bioactive flavonoids.

© 2016 Taiwan Institute of Chemical Engineers. Published by Elsevier B.V. All rights reserved.

图4-11　刊登在杂志上的《吐温20作为促进剂的液体发酵桦褐孔菌多酚
　　　　的抗氧化活性：活性与单体成分的关系》论文摘要

第三节 诱导剂对液体发酵桦褐孔菌合成
三萜的作用

上述研究证明，脂肪酸（油酸、亚油酸）是一类能促进桦褐孔菌菌丝体生长和提高多糖、多酚产量的促进剂。不同种类的脂肪酸对次级代谢产物积累的效果不同。脂肪酸对桦褐孔菌液体深层发酵中三萜合成的影响也值得研究。

21世纪初，不少学者对植物细胞的发酵培养进行研究，发现添加外源性诱导剂，能有效提高其次级代谢产物的含量和活性。茉莉酸甲酯（MeJA）作为一种脂肪酸衍生物，能够促进植物细胞防御应答和次级代谢合成化学诱导因子，在植物中起着信号传递的作用，具有抑制生长、诱导抗逆、促进衰老等许多生理功能，同时对植物次级代谢的产生有明显的促进作用。但是，这类诱导剂在大型药用真菌发酵过程中的研究还很少。

我们计划以桦褐孔菌液体深层发酵制备三萜类化合物，研究不同种类的脂肪酸及其衍生物MeJA对菌丝体、总三萜以及四种重要桦褐孔菌三萜单体产量的影响，并确定其最佳添加时间和最佳浓度。

一、脂肪酸的诱导作用

我们选取长链脂肪酸中的软脂酸、亚油酸和油酸作为诱导剂，筛选出三种脂肪酸中的最佳诱导剂。

（一）最佳添加时间和添加浓度

在发酵过程中，对添加剂脂肪酸来说，添加时间和添加浓度是两个影响菌丝体生长和次级代谢产物积累的主要因素。油酸的添加对菌丝体生长表现出强烈的促进作用（$p < 0.05$），在浓度为 1.5 g/L 时，其最大菌丝体量达 11.3 g/L，软脂酸的添加对菌丝体生长的促进作用相对较弱，然而亚油酸却明显抑制了菌丝体生长（$p < 0.05$）（见图 4-12A）。各种脂肪酸的添加对菌丝体量的影响结果与我们在本章第一节的研究结果基本一致。

研究发现这三种脂肪酸的添加，对桦褐孔菌中总三萜含量的积累均有促进作用，但促进程度却存在一定的差异（见图 4-12B）。亚油酸和油酸的促进效果比较强，在浓度 1.5 g/L 时，亚油酸、油酸、软脂酸的添加使其在发酵第 9 天时总三萜含量分别是 94.6 mg/g（菌丝体干重，下同）、83.8 mg/g、75.7 mg/g，比对照分别提高了 45.7%、29.1%、16.6%。

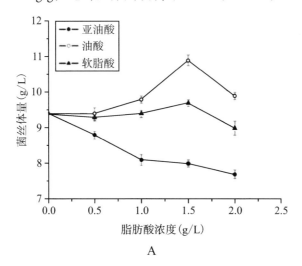

A

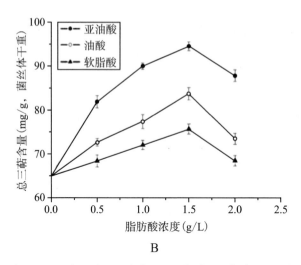

B

图 4-12　油酸、亚油酸和软脂酸在不同浓度下对菌丝体量（A）和总三萜含量（B）的影响

　　结合菌丝体量计算，油酸被确定为最佳诱导剂，总三萜产量达 947.1 mg/L（发酵液，下同）。

（二）对液体发酵桦褐孔菌三萜组成成分的影响

　　我们发现三萜单体的产生也是与脂肪酸的添加浓度相关的，令人意外的是，在提高桦褐孔菌醇（见图 4-13A）、白桦脂醇（见图 4-13D）的产量上，三种脂肪酸的最佳浓度均是 1.5 g/L，油酸促进桦褐孔菌醇（1.9 mg/g）的效果最好，亚油酸促进白桦脂醇（13.1 mg/g）的效果最好。而在提高栓菌酸（见图 4-13B）和 3β-羟基羊毛甾-8，24-二烯-21-醛（见图 4-13C）的产量时，三种脂肪酸的最佳浓度为 1.0 g/L 时，油酸促进栓菌酸（1.9 mg/g）的效果最好，亚油酸促进 3β-羟基羊毛甾-8，24-二烯-21-醛（1.3 mg/g）的效果最佳。

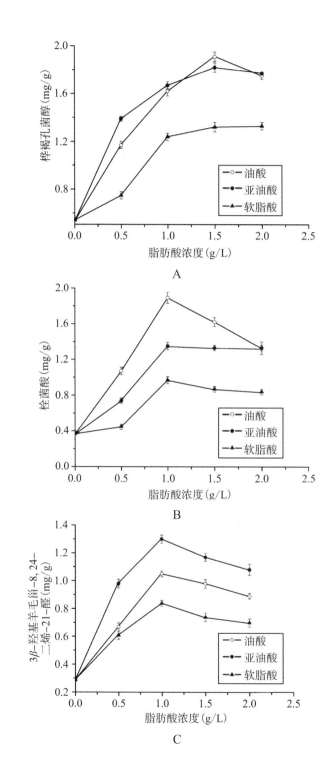

A

B

C

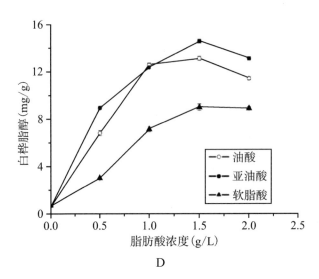

D

图4-13　油酸、亚油酸和软脂酸在不同浓度下对培养液中桦褐孔菌醇（A）、栓菌酸（B）、3β-羟基羊毛甾-8，24-二烯-21-醛（C）、白桦脂醇（D）含量的影响

脂肪酸能促进桦褐孔菌液体发酵总三萜和四种重要三萜单体的积累，其机制可能与其他真菌次级代谢产物的积累类似。由于真菌包括桦褐孔菌生长在自然环境中时，存在包括紫外线辐射、致病性微生物和昆虫袭击等，这类真菌为了保护自己而防止被昆虫类作为食物，本能地会产生一些拒食代谢物，如三萜类化合物。这些脂肪酸也许可作为信号分子，激发真菌产生更多的拒食代谢物。

二、MeJA的诱导作用

（一）最佳添加时间和添加浓度

在发酵过程中，对添加剂MeJA来说，我们推测添加时间和添加浓度亦是两个影响菌丝体生长和次级代谢产物积累的主要因素。

MeJA以Tween 80为助溶剂，浓度从0（仅Tween 80）～50 μmol/L都能促进菌丝体生长、0～150 μmol/L都能提高总三萜含量，但最佳浓度是50 μmol/L，总三萜含量达到99.7 mg/g（菌丝体干重，下同）、以发酵液计的产量1.0 g/L（发酵第9天），比对照分别提高了53.6%和65.8%（见表4-10）。单纯Tween 80的效果远低于MeJA与Tween 80协同的效果。

表4-10 不同浓度MeJA对桦褐孔菌菌丝体和总三萜含量的影响

浓度（μmol/L）	菌丝体生物量（g/L）	总三萜含量（mg/g）
对照	9.36±0.21^a	64.93±1.99^b
0	9.93±0.24^{bc}	84.32±1.76^a
2	9.78±0.16^a	82.98±1.18^{cd}
5	10.02±0.09^e	84.49±1.29^d
10	10.05±0.16^b	88.19±1.84^b
50	10.10±0.07^c	99.72±1.44^a
100	9.27±0.17^d	86.36±1.15^b
150	8.83±0.16^a	73.35±1.23^{bc}
200	8.08±0.18^e	60.38±1.30^c

注：同一列数据字母不同表示差异显著（$p < 0.05$）。

图4-14显示了MeJA添加时间（在发酵的第0、2、4、6、8天添加）对桦褐孔菌菌丝体生长（见图4-14A）和三萜类化合物含量（见图4-14B）随发酵进程的动态变化的影响，不论哪天添加，都不改变桦褐孔菌菌丝体量和总三萜含量达到最大的时间，即仍然是发酵第9天。第6天添加时，其菌丝体量和总三萜含量高于其他时间添加的。

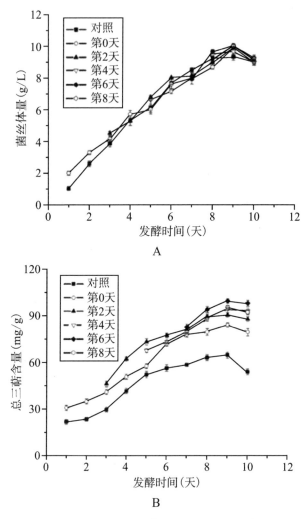

图4-14　MeJA添加时间对菌丝体量和总三萜含量的影响

（二）对发酵过程中产生四种三萜单体的影响

我们除了考虑总三萜的增加外，更关注桦褐孔菌所含的四种重要三萜单体的产生情况。图4-15显示MeJA大大促进了桦褐孔菌醇、栓菌酸、3β-羟基羊毛甾-8, 24-二烯-21-醛、白桦脂醇的产生。从第6天添加

MeJA后，四种单体的含量就显著高于对照组，而且桦褐孔菌醇（见图4-15A）、栓菌酸（见图4-15B）、3β-羟基羊毛甾-8，24-二烯-21-醛（见图4-15C）在第8天达到最大值，比总三萜达到最大值的第9天提前。五环三萜白桦脂醇比以上四环三萜到达最大值的时间晚，应该是MeJA对合成它们的酶的诱导作用不同导致的。

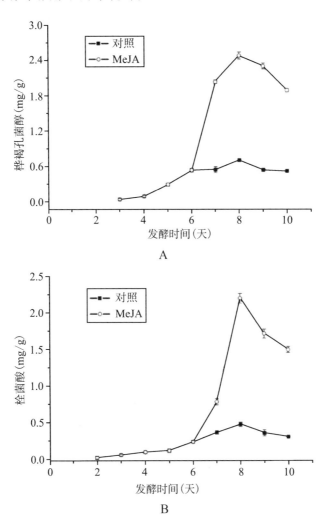

A

B

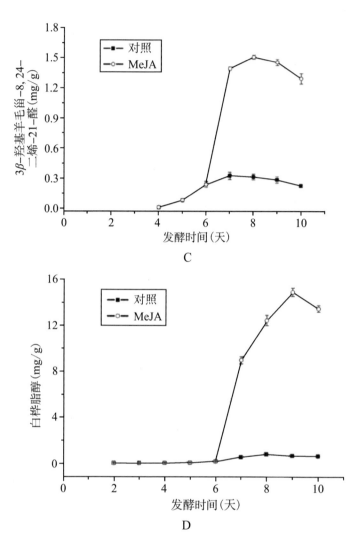

图4-15 对照组和MeJA诱导下四种三萜单体在发酵进程中的含量变化情况

MeJA的诱导作用产生了桦褐孔菌醇 2.5 mg/g、栓菌酸 2.2 mg/g、3β-羟基羊毛甾-8，24-二烯-21-醛 1.5 mg/g、白桦脂醇 14.9 mg/g，分别比对照组提高了 3.0 倍、5.5 倍、4.7 倍、21.8 倍。

表4-11 比较了三种长链脂肪酸和脂肪酸衍生物 MeJA 的作用，可以得出结论，脂肪酸和 MeJA 都能促进液体发酵时桦褐孔菌产生三萜，但是

不论从总三萜还是四种三萜单体的含量来看，MeJA 都是效果最好的诱导剂（除了油酸在促进栓菌酸产生上效果最好）。

表4-11　五种培养基来源的桦褐孔菌总三萜和四种三萜单体的产量

培养基	产量（mg/L）				
	白桦脂醇	栓菌酸	桦褐孔菌醇	3β-羟基羊毛甾-8，24-二烯-21-醛	总三萜
对照	6.43±0.07[b]	3.51±0.14[d]	5.10±0.24[b]	2.73±0.04[a]	607.6±5.32
油酸	142.9±2.54[a]	20.6±0.26[b]	20.82±0.35[e]	11.45±0.24[bc]	910±4.43
亚油酸	141.4±2.68[c]	13.1±0.21[a]	17.65±0.31[c]	12.61±0.08[d]	914±5.48
软脂酸	72.08±1.80[a]	7.76±0.18[e]	10.56±0.17[b]	6.72±0.14[c]	603±3.64
茉莉酸甲酯	150.4±3.35[d]	17.48±0.13[c]	23.26±0.26[a]	14.73±0.26[e]	1007±8.35

注：同一列数据字母不同表示差异显著（$p < 0.05$）。

2016 年我们发表在国际顶刊 SCI 中科院一区 *Industrial Crops and Products* 的论文 *Stimulated production of triterpenoids of Inonotus obliquus usingmethyl jasmonate and fatty acids*（见图4-16）被引 27 次（WOS: 000374361100006）。

2023 年在国际知名 SCI 中科院二区期刊 *Biochemical Engineering Journal* 发表的 *The mechanistic study of adding polyunsaturated fatty acid to promote triterpenoids production in submerged fermentation of Sanghuangporus baumii*，高度评价了我们在"亚油酸改变真菌细胞膜透性、促进细胞营养吸收，从而使液体发酵桦褐孔菌的白桦脂醇产量提高近20倍"方面的发现。

Industrial Crops and Products 85 (2016) 49–57

Contents lists available at ScienceDirect

Industrial Crops and Products

journal homepage: www.elsevier.com/locate/indcrop

Stimulated production of triterpenoids of *Inonotus obliquus* using methyl jasmonate and fatty acids

Xiangqun Xu*, Xin Zhang, Cheng Chen

College of Life Sciences, Zhejiang Sci-Tech University, Hangzhou 310018, China

ARTICLE INFO

Article history:
Received 31 October 2015
Received in revised form 2 February 2016
Accepted 2 February 2016

Keywords:
Inonotus obliquus
Triterpenoids
Fatty acids
MeJA
Inotodiol
Betulin

ABSTRACT

Found in Europe, Asia, and North America, *Inonotus obliquus* is a rare yet popular medicinal mushroom. One type of the most biologically active components found in *I. obliquus* is triterpenoids. The aim of this study is to investigate the feasibility of enhancing triterpenoid production in shake flask cultures of *I. obliquus* by adding methyl jasmonate (MeJA) as an exogenous elicitor and fatty acids as stimulatory agents. The appropriate addition concentration and adding time of MeJA were determined to be 50 μM and on Day 6. The production of total triterpenoids (99.72 mg/g DW and 1.01 g/L) increased by 65.8% and 65.6%, respectively, compared with the control. Of the fatty acids tested, linoleic acid was proved to be the most effective in enhancing total triterpenoid production. With an addition of 1.5 g/L on Day 6, the production of total triterpenoids rose from 64.93 mg/g DW in the control to 94.61 mg/g DW. HPLC analysis showed that the production of four highly bioactive triterpenoids, i.e., inotodiol, trametenolic acid, 3β-hydroxy-lanosta-8,24-dien-21-al, and betulin, was substantially increased by the supplementation of MeJA and fatty acids. The mycelia cultured with additional MeJA yielded 2.5 mg/g inotodiol, 2.2 mg/g trametenolic acid, 1.5 mg/g 3β-hydroxy-lanosta-8,24-dien-21-al, and 14.9 mg/g betulin, showing 3.0-, 5.5-, 4.7-, and 21.8-fold increments, respectively. Of the three fatty acids, linoleic acid was the most effective in enhancing the production of 3β-hydroxy-lanosta-8,24-dien-21-al and betulin (3.5- and 20.4-fold increments, respectively), while oleic acid was the most effective in enhancing the production of inotodiol and trametenolic acid (2.5- and 4.1-fold increments, respectively). This study demonstrated that the addition of MeJA and fatty acids effectively enhanced the production of bioactive metabolites in submerged cultures of *I. obliquus*. The mechanisms were preliminarily discussed.

© 2016 Published by Elsevier B.V.

图4-16 刊登在杂志上的《茉莉酸甲酯和脂肪酸对桦褐孔菌产生三萜的促进作用》论文摘要

2020年发表在国际SCI期刊 *Biotechnology and Bioprocess Engineering* 的论文 *Effects of exogenous elicitors on triterpenoids accumulation and expression of farnesyl diphosphate synthase gene in inonotus obliquus*，高度评价了我们在"茉莉酸甲酯使液体发酵桦褐孔菌的桦褐孔菌醇产量提高3倍、白桦脂醇产量提高近20倍"方面的发现。

第四节 促进剂和木质纤维素对桦褐孔菌
合成多糖的协同作用

　　我和团队在国际上首次研发成功利用降解木质纤维素促进液体发酵桦褐孔菌产生活性多糖、多酚、三萜的发酵工艺；并且，从理论上和应用上证实了我们的推测：木质纤维素的降解为菌丝体提供碳源，以及合成多糖、多酚的原料。

　　更重要的是弄清楚了液体发酵桦褐孔菌对木质纤维素的降解，前期需要羟基自由基作为先锋，菌丝体为了对抗氧化应激、免受自由基损伤，会产生高活性多糖和多酚保护自己。我们利用农作物废弃物生产的桦褐孔菌多糖、多酚提取物，具有更强的抗氧化活性、免疫增强效果，大幅提高了桦褐孔菌特有三萜单体的产量。

　　此后我们研究了促进剂（脂肪酸、表面活性剂）对液体发酵桦褐孔菌产生多糖、多酚、三萜的作用，特别是表面活性剂通过改变菌丝体细胞膜的透性使营养物质更容易进入胞内、多糖和多酚更容易释放到胞外，从而大大促进了这些次生代谢物的生物合成和分泌。

　　对于这三类代谢物的最佳促进剂不同，我们推测是由于合成多糖、多酚、三萜的代谢途径中的酶不同，因而促进剂对它们的作用效果不同。促进作用的分子生物学机制还有待进一步研究。

于是，我接下去的思路是：搞清楚表面活性剂和木质纤维素是否能成为拍档，协同提高桦褐孔菌多糖、多酚的产生。

有可能的话，进一步搞清楚表面活性剂对桦褐孔菌降解木质纤维素做了什么。

一、最佳表面活性剂、木质纤维素组合

根据之前我们对液体发酵桦褐孔菌降解稻草、麦秆、玉米秸秆、甘蔗渣、花生壳以及合成活性多糖、多酚的研究，综合考虑麦秆对桦褐孔菌多糖和多酚的产量、化学组成、抗氧化活性的显著效果（见第三章），我们采用麦秆作为木质纤维素的最佳来源，研究不同表面活性剂与之组合的效果，筛选最佳组合。

（一）不同组合对菌丝体量的影响

如图4-17所示，桦褐孔菌在单独添加麦秆的培养基和对照培养基中发酵9天后，前者的菌丝体量明显高于后者的菌丝体量，与我们之前的研究结果一致。

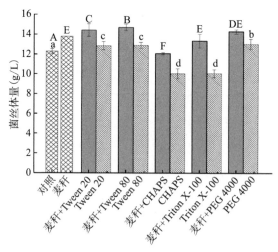

图4-17 不同表面活性剂与麦秆共同对桦褐孔菌菌丝体量的影响

单独添加表面活性剂对菌丝体生长效果各有不同，Tween 20、Tween 80、PEG 4000 促进菌丝体生长，而 CHAPS 和 Triton X-100 在很大程度上抑制菌丝体的生长，与我们在本章第一节的研究结果一致。

但表面活性剂和麦秆同时存在时，菌丝体量明显比单独添加表面活性剂时增加，而且 Tween 20 + 麦秆、Tween 80 + 麦秆的菌丝体量显著高于单独添加麦秆的培养基。其中 Triton X-100 与麦秆共同作用后，不再抑制菌丝体生长，菌丝体量提高 32.9%（$p < 0.05$）。

麦秆和表面活性剂共同作用后的菌丝体量为：麦秆 + Tween 80 > 麦秆 + Tween 20 > 麦秆 + PEG 4000 > 麦秆 + Triton X-100 > 麦秆 + CHAPS。

（二）不同组合对多糖产量的影响

如图 4-18A 所示，不同培养基经过 9 天的发酵，桦褐孔菌发酵产生的胞外多糖 EPS 都出现了一定程度的提高。效果大小为：麦秆 + Triton X-100 > 麦秆 + Tween 80 > 麦秆 + Tween 20 > 麦秆 > 麦秆 + CHAPS > 麦秆 + PEG 4000 > 对照（$p < 0.05$）。其中 Tween 80、Triton X-100 与麦秆结合对多糖产量的提高分别为 64.4% 和 79.7%（与对照相比），与单独麦秆培养基相比，分别提高 21.8% 和 33.2%。因此，对胞外多糖产量促进作用最大的组合是麦秆 + Triton X-100，其次是麦秆 + Tween 80。

如图 4-18B、C 所示，分别在 95 ℃、121 ℃下提取得到的两种胞内多糖 IPS1、IPS2 含量在各种培养基中不同。同时添加 Triton X-100 + 麦秆提高 IPS1、IPS2 含量分别达 23.2%、13.5%（$p < 0.05$），其次是 Tween 80 + 麦秆，分别提高 10.9%、9.54%（$p < 0.05$）。因此，对产生胞内多糖促进作用最大的组合是麦秆 + Triton X-100，其次是麦秆 + Tween 80。

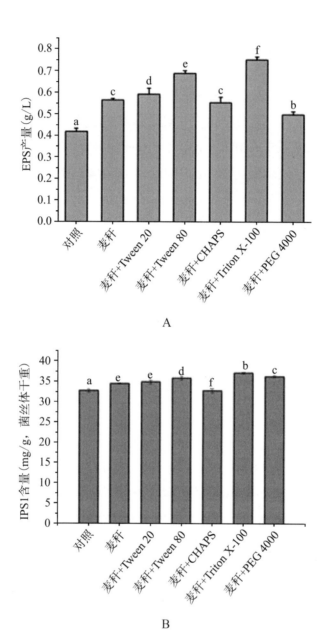

A

B

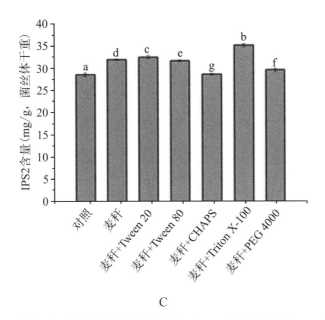

C

图 4-18 不同表面活性剂和麦秆共同作用，对桦褐孔菌 EPS（A）、IPS1
（B）、IPS2（C）产量的影响

（三）不同组合对桦褐孔菌多糖抗氧化活性的影响

我们除了关注多糖产量，更关注多糖的活性，因此为了比较它们的
抗氧化活性，提取发酵第 9 天产生的多糖，进行 DPPH 自由基清除率的
测定。

桦褐孔菌在不同培养基产生的多糖（2 mg/mL）对 DPPH 自由基清除
率大小：麦秆 + Tween 80＞麦秆 + Tween 20＞麦秆 + Triton X-100＞麦
秆 + PEG 4000＞麦秆 + CHAPS＞麦秆＞对照（见图 4-19）。来源于麦
秆 + Tween 80 混合培养基的多糖的抗氧化活性是最高的。

综上，不同表面活性剂和麦秆混合的培养基所得的桦褐孔菌菌丝体
量、多糖产量及其抗氧化活性不同，我们最终筛选出 Tween 80、Triton

X-100两种表面活性剂与麦秆的组合是最佳混合培养基。综合考虑Tween 80＋麦秆对桦褐孔菌菌丝体量、多糖产量以及抗氧化活性的促进效果，我们选择Tween 80＋麦秆培养基进行发酵过程中的动态研究。

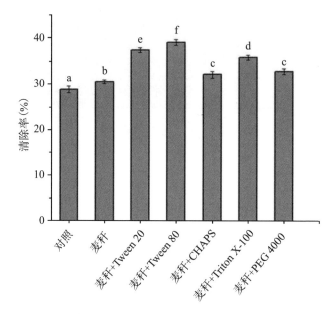

图4-19　不同表面活性剂和麦秆共同作用，对多糖清除DPPH自由基活性的影响

（四）不同组合对多酚产量的影响

我们比较了来源于对照组、麦秆（W）、麦秆＋Tween 20（W＋S1）、麦秆＋Tween 80（W＋S2）、麦秆＋CHAPS（W＋S3）、麦秆＋Triton X-100（W＋S4）、麦秆＋PEG 4000（W＋S5）的七种培养基中，桦褐孔菌液体发酵第9天的胞外多酚（乙酸乙酯萃取得EA-EPC、正丁醇萃取得NB-EPC）和胞内多酚的产量（见图4-20）。与第二、三章的研究结果一致，所有培养基产生的胞外多酚的NB-EPC要远远高于EA-EPC，说明强极性的多酚组分产量要多于弱极性的多酚组分。

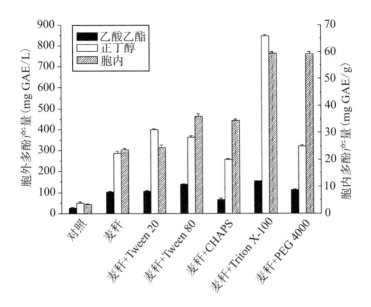

图4-20 不同表面活性剂和麦秆共同作用，对胞外多酚和胞内多酚产量的影响

五种表面活性剂＋麦秆的组合均显著提高了胞外多酚和胞内多酚的产量，令人感到意外的是麦秆＋Triton X-100（W＋S4）的组合大大提高了胞内外多酚的产量，EA-EPC、NB-EPC、胞内多酚的产量分别为对照组的5.7倍、16.8倍、18.5倍，比单独添加麦秆的培养基分别提高53%、202%、148%，也远远高于单独添加Triton X-100的培养基（见本章第二节），结果表明了两者之间极端显著的协同促进作用。这个组合在促进桦褐孔菌活性多糖产生上亦表现上佳（见本章第三节）。

另外，令人感到意外的是在本章第二节中筛选到的最佳促进剂Tween 20在与麦秆的组合中成为表现倒数的组合，这引起我们的关注，我们计划在接下去的研究中，揭示造成这些结果的原因。

综上，以胞外多酚尤其是NB-EPC和胞内多酚的产量为指标，我们选择麦秆＋Triton X-100的组合培养基进行发酵过程中的动态研究。

二、最佳组合在发酵过程中的惊人作为

（一）多糖的产生和组成成分

我们首先要搞清楚对照、麦秆、麦秆＋Tween 80三种培养基中桦褐孔菌菌丝体随液体发酵过程中的生长状况（见图4-21A），三种培养基中菌丝体量均随着发酵时间的延长增加至第9天达最大，麦秆＋Tween 80培养基菌丝体量相比对照提高23.3%，相比麦秆培养基、Tween 80培养基分别提高14.1%、2%（见本章第一节），表明了两者的组合对促进桦褐孔菌生长具有协同促进作用。

胞外多糖EPS的产量亦随着发酵时间的延长不断提高。对照、麦秆培养基的多糖产量都在第9天达到最大值，麦秆能促进桦褐孔菌胞外多糖的产生，与第三章的研究结果一致。麦秆＋Tween 80进一步提高了多糖产量（第10天），与对照、麦秆培养基的最高产量相比分别提高142.9%、20.6%（见图4-21B），表明了两者的组合对桦褐孔菌产生胞外多糖具有协同促进作用。

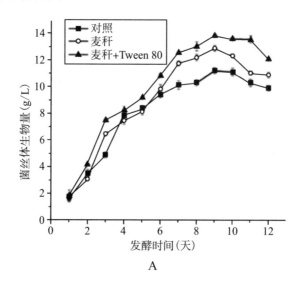

A

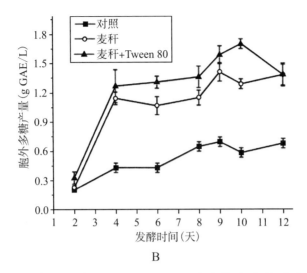

B

图4-21　对照、麦秆和麦秆＋Tween 80三种培养基中菌丝体（A）、胞外多糖（B）随发酵进程的变化情况

相比于单独添加麦秆的培养基，Tween 80改变了来源于麦秆＋Tween 80培养基EPS的糖含量、蛋白含量、糖醛酸含量（见表4-12）。糖醛酸含量的增加能提高多糖的水溶性，从而提高其活性。我们首次报道了"麦秆＋Tween 80"组合的这一作用。

表4-12　三种培养基来源的多糖化学成分和单糖组成

样品	糖含量（%）	蛋白含量（%）	糖醛酸含量（%）	单糖组成（摩尔百分数）					
				鼠李糖	阿拉伯糖	木糖	甘露糖	葡萄糖	半乳糖
对照	30.71±1.58[a]	17.09±1.30[a]	3.45±0.08[a]	2.5[a]	7.3[b]	12.0[b]	24.2[b]	34.9[a]	19.1[c]
麦秆	37.23±1.59[b]	18.65±1.35[b]	4.98±0.07[b]	3.6[b]	14.5[c]	12.4[c]	20.2[a]	38.6[c]	10.7[a]
麦秆＋Tween 80	43.28±1.64[c]	20.53±1.54[c]	7.75±0.16[c]	6.5[c]	6.3[a]	10.8[a]	28.6[c]	35.4[b]	12.4[b]

注：同一列数据字母不同表示差异显著（$p<0.05$）。

三种来源的胞外多糖均由鼠李糖、阿拉伯糖、木糖、甘露糖、葡萄糖和半乳糖组成，但摩尔比例不同。葡萄糖、甘露糖是主要单糖，鼠李糖、阿拉伯糖、木糖的含量较低。与对照的EPS相比，麦秆＋Tween 80的EPS有更高含量的甘露糖（28.6%）、鼠李糖（6.5%），见表4-12。这些单糖可能由麦秆纤维素水解产生的葡萄糖的异构化而产生。

（二）多糖的抗氧化活性

为了更加明确三种来源的EPS的抗氧化活性，我们对它们进行了三种自由基的清除活性研究。随着多糖浓度增加，三种EPS的清除活性增强。如预期，麦秆EPS的三种自由基清除活性都显著强于对照EPS，与第三章的研究结果一致，其中麦秆＋Tween 80的EPS的自由基清除活性显著高于麦秆的EPS（见图4-22）。

为了更好地比较它们的抗氧化活性，表4-13给出了它们的半数抑制浓度IC_{50}。

表4-13　三种来源的胞外多糖清除三种自由基的IC_{50}

样品	抗氧化力（mg/mL）		
	DPPH自由基	ABTS·+自由基	总还原力
对照	6.01 ± 0.04^c	＞100	1.39 ± 0.02^c
麦秆	2.82 ± 0.01^b	6.40 ± 0.50^b	0.82 ± 0.04^b
麦秆＋Tween 80	1.65 ± 0.03^a	4.16 ± 0.21^a	0.55 ± 0.02^a

注：同一列数据字母不同表示差异显著（$p<0.05$）。

三种来源的多糖在三种自由基清除活性中均显示对羟基自由基更强的清除活性（表格横向比较最低的IC_{50}），这可能是由于RSM培养基是根据羟基自由基清除活性优化得到的。

麦秆＋Tween 80的EPS比对照EPS、麦秆EPS的清除三种自由基的IC_{50}更低，即抗氧化活性最强（$p<0.05$），麦秆的EPS次之（$p<0.05$）。尤其值得注意的是，对照的EPS清除ABTS·+自由基的活性很弱，而组合产生的EPS没有这种情况。

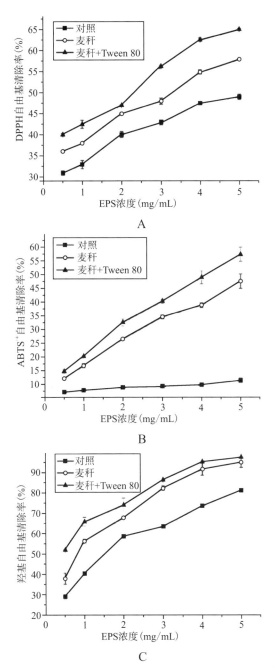

图4-22 对照、麦秆、麦秆＋Tween 80三种培养基来源的胞外多糖对DPPH
自由基（A）、ABTS·+自由基（B）、羟基自由基（C）的浓度依赖清除率

麦秆＋Tween 80的EPS的抗氧化活性最强可能与其糖含量、蛋白质含量、糖醛酸含量最高有关；麦秆EPS的活性次之，也与它这些成分的含量处于中间有关。

另外，多糖粗提物中的酚类化合物是对多糖具有抗氧化活性影响最大的一类物质。

（三）菌丝体生长和多酚的产生

前文已述，Triton X-100是提高多酚产生的最佳促进剂，因此，下面我们探讨麦秆＋Triton X-100组合对桦褐孔菌合成多酚类化合物的影响。

我们首先要搞清楚对照、麦秆、麦秆＋Triton X-100组合三种培养基中桦褐孔菌菌丝体随液体发酵进程的生长状况（见图4-23），对照和麦秆培养基中菌丝体量均随着发酵时间的延长增加至第9天达最大，与第三章的研究结果一致。

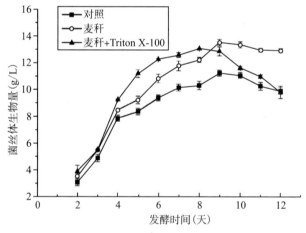

图4-23 对照、麦秆、麦秆＋Triton X-100三种培养基中菌丝体量随发酵进程的变化情况

但是麦秆＋Triton X-100在发酵前8天显示了比麦秆更强的促进生长作用。由于Triton X-100对细胞有一定毒性，在单独存在于培养基时抑制

菌丝体生长（见本章第一节），但是可能是表面活性剂的改变细胞膜透性的作用以及对麦秆降解的促进作用（见本章第五节），发酵到一定时间后，毒性作用和促进作用在第8天达到平衡，因此组合培养基中菌丝体量在第8天达到最大，且比麦秆培养基第9天的低。

正如第二章中的研究结果，桦褐孔菌在液体培养时能产生胞外多酚EA-EPC（见图4-24A）、NB-EPC（见图4-24B）和胞内多酚IPC（见图4-24C），而且三种培养基产生的NB-EPC在整个发酵进程中都是远高于EA-EPC和IPC的。

对照培养基的EA-EPC、NB-EPC、IPC随着发酵进程在第9天达到最大值，麦秆培养基中三者在第10、10、9天最大，然而，麦秆＋Triton X-100培养基中三者在第8、9、7天达到最大值，符合其生长曲线（见图4-23），因此得出多酚的产生是生长依赖的。

尽管组合培养基发酵8天后多酚产量有所下降，但是在整个发酵过程中（除了胞内多酚8天后的表现外），组合培养基的多酚产量都是极端显著性高于麦秆培养基的，也显著高于单独添加Triton X-100的培养结果（见本章第二节）。

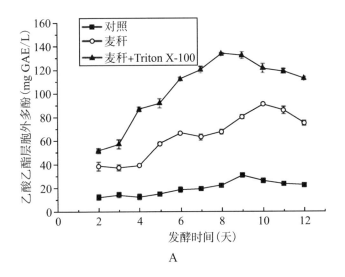

A

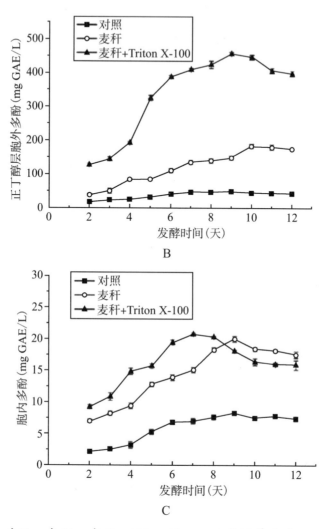

图4-24 对照、麦秆、麦秆＋Triton X-100三种培养基中EA-EPC（A）、NB-EPC（B）、IPC（C）产量随发酵进程的变化情况

　　正如第三章的结论，麦秆大大促进了胞外多酚和胞内多酚的产生，三者的产量比对照培养基的分别增加了2倍、2.8倍、1.4倍，而在此基础上添加Triton X-100后，更进一步协同促进了多酚的产生和释放，三者的产量

比对照培养基的分别增加了3.3倍、8.4倍、1.5倍（见图4-24A、B、C）。

（四）多酚的抗氧化活性

前文已述，三种培养基中的多酚产量是与桦褐孔菌生长相关的，由于液体培养桦褐孔菌所产的多酚是复杂的混合物，我们有必要了解其自由基清除活性与桦褐孔菌菌丝体生长之间的相关性。

图4-25显示了三种培养基在不同发酵时间的EA-EPC（A）、NB-EPC（B）、IPC（C）（调整反应体系中所有样品的多酚浓度统一为100 mg GAE/L）的DPPH自由基清除活性。来源于三种培养基的多酚萃取或提取物的活性都随着发酵进程而增强直至第9天（来自麦秆＋Triton X-100的IPC在第8天最强），可见，活性曲线与生长曲线基本一致，因此，我们推测桦褐孔菌在发酵后期才产生高活性的多酚成分。

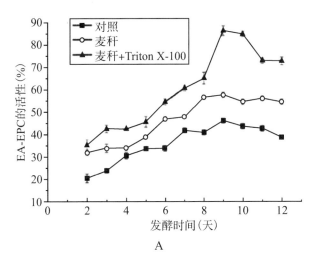

A

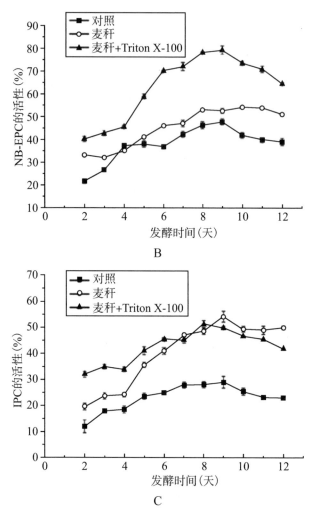

B

C

图4-25 对照、麦秆、麦秆+Triton X-100三种培养基中EA-EPC（A）、NB-EPC（B）、IPC（C）对DPPH自由基的清除活性随发酵进程的变化情况

与第三章的研究结果一致，麦秆培养基产生的胞外多酚、胞内多酚的活性显著强于对照培养基的，分别提高了11.5%、4.9%、25.2%。如预期，麦秆+Triton X-100组合培养基的效果极端显著性强于麦秆培养基的（除了第9天的IPC），比对照培养基分别提高40.1%、31.6%、22.2%。

来源于三种培养基的发酵第9天（来源于麦秆＋Triton X-100培养基的第8天IPC）的胞外多酚和胞内多酚的清除DPPH自由基的IC_{50}列于表4-14。来源于麦秆培养基的EPC、IPC的IC_{50}显著低于对照组，表明其具有更强的清除活性。来源于组合培养基的EA-EPC、NB-EPC具有最强的清除活性。

表4-14　来源于三种培养基的多酚萃取或提取物清除DPPH自由基的IC_{50}

样品	IC_{50}（mg/L）		
	EA-EPC	NB-EPC	IPC
对照	111.69±2.33[b]	108.71±1.70[b]	126.03±3.08[a]
麦秆	63.18±1.34[e]	69.96±0.98[d]	69.17±0.69[d]
麦秆＋Triton X-100	30.96±0.57[g]	42.07±1.05[f]	85.41±2.11[c]

注：数据字母不同表示差异显著（$p < 0.05$）。

正如第三章所述，麦秆木质纤维素的降解刺激了高活性抗氧化多酚的合成，我们推测Triton X-100对液体发酵桦褐孔菌降解麦秆起了作用，会导致更多高活性抗氧化多酚的产生，是否如此呢？我们又对此做了研究。

（五）多酚的组成

由于多酚的抗氧化活性与其结构有着密切的关系，为了证实上面的推测，我们分析了来源于三种培养基的冷冻干燥萃取或提取物的十种成分（两种酚酸、五种黄酮、三种大分子多酚）的含量，重点比较高活性多酚ECG、EGCG、骨碎补内酯（davallialactone）、桑黄素（phelligridin）G、斜孔菌素（inoscavin）B在不同冷冻干燥物中的含量变化，探究Triton X-100和麦秆的共同作用对液体发酵桦褐孔菌多酚成分的影响。

表4-15显示在不同的培养基中，EA-EPC、NB-EPC、IPC中各成分的含量是不同的。

表4-15　来源于三种培养基的多酚萃取或提取物的主要成分含量

成分 （mg/g）	对照			麦秆			麦秆＋Triton X-100		
	EA-EPC	NB-EPC	IPC	EA-EPC	NB-EPC	IPC	EA-EPC	NB-EPC	IPC
阿魏酸	86.74±4.57[b]	163.69±10.43[a]	126.83±2.08[a]	32.56±1.33[e]	52.46±4.71[d]	93.41±6.78[a]	16.71±2.76[f]	31.12±2.35[e]	61.67±5.77[c]
没食子酸	45.55±2.99[e]	33.43±1.12[f]	77.36±6.79[a]	50.88±2.45[bc]	29.85±0.94[f]	62.44±2.89[b]	30.32±1.91[e]	19.60±0.93[g]	49.33±1.66[d]
表儿茶素没食子酸酯	95.16±6.35[f]	102.24±9.33[e]	45.98±1.93[g]	132.69±11.32[c]	144.31±9.93[e]	116.38±7.98[d]	198.27±16.88[a]	176.63±13.11[b]	153.26±3.57[b]
表没食子儿茶素没食子酸酯	103.11±9.54[ef]	91.94±7.69[f]	63.76±2.75[g]	142.30±13.33[c]	110.55±8.70[e]	124.72±11.78[d]	267.32±15.76[a]	179.85±17.02[b]	122.77±9.14[d]
柚皮苷	105.42±9.02[e]	125.25±12.67[c]	57.54±5.66[f]	126.01±11.69[b]	132.88±5.21[d]	109.27±5.40[e]	135.81±8.21[b]	186.10±10.58[a]	114.26±7.65[d]
芦丁	97.32±3.46[cd]	41.31±0.95[g]	67.16±2.03[f]	101.50±2.67[c]	132.37±10.44[b]	91.66±7.31[d]	103.30±4.10[c]	140.24±8.77[a]	83.27±3.41[e]
柚皮素	–	0.1±0.01[e]	1.49±0.44[d]	–	0.21±0.01[e]	1.23±0.06[b]	19.38±0.63[b]	24.39±1.03[a]	3.28±0.21[c]
桑黄素 G	44.22±0.90[b]	37.51±23.66[c]	22.09±0.51[e]	36.32±1.49[c]	31.55±2.37[d]	39.35±2.78[c]	81.07±5.49[a]	36.87±1.16[c]	22.36±1.05[e]
斜孔菌素 B	–	20.70±0.55[f]	–	40.01±1.60[c]	38.26±2.56[d]	19.21±1.54[f]	63.14±1.84[b]	92.07±3.46[a]	31.89±1.91[e]
骨碎补内酯	18.4±0.07[e]	25.3±0.34[d]	10.7±1.03[f]	35.67±4.37[b]	39.46±2.97[c]	21.90±1.56[d]	60.05±7.03[a]	42.40±1.23[b]	9.32±1.71[g]

注：同一行数据字母不同表示差异显著（$p < 0.05$）。

与对照培养基相比，麦秆培养基的黄酮类物质的含量均增加，EA-EPC、NB-EPC、IPC的柚皮苷分别提高了19.5%、10.4%、89.9%，芦丁分别提高了4.3%、220.4%、36.5%。ECG和EGCG作为强抗氧化活性的茶多酚，它们的含量也得到了显著提高（$p < 0.05$），ECG含量分别提高了39.4%、41.1%、153.1%，EGCG含量分别提高了38.0%、20.2%、95.6%。大分子多酚类物质的含量也有很大提高，骨碎补内酯分别提高了93.9%、

56.0%、104.7%，IPC 中桑黄素 G 量提高了 78.1%，NB-EPC 中斜孔菌素 B 量提高了 84.8%。

正如预期，Triton X-100 的加入，增强了麦秆的单一作用。在对照培养基的胞外多酚中不存在的柚皮素或含量很低的三种大分子多酚，单独添加麦秆对它们的影响也很小，然而与麦秆培养基相比，麦秆 + Triton X-100 培养基的 EA-EPC、NB-EPC 含有 19.4 mg/g、24.4 mg/g，桑黄素 G、斜孔菌素 B、骨碎补内酯分别提高了 123.2%、57.8%、68.4% 和 16.9%、140.6%、7.5%。与对照和麦秆培养基相比，柚皮苷含量分别提高了 12.2%、39.6%。芦丁含量也高于麦秆培养基来源的。

来源于麦秆 + Triton X-100 培养基的 EA-EPC、NB-EPC 的主要成分是 EGCG（267.3 mg/g、179.9 mg/g），其次是 ECG（198.3 mg/g、176.6 mg/g）。与麦秆培养基来源的相比，EGCG 含量分别提高了 87.9%、62.7%，ECG 含量分别提高了 49.4%、22.4%。

与对照培养基相比，麦秆培养基的 EA-EPC、NB-EPC、IPC 的没食子酸含量依次降低了 62.5%、47.8%、26.4%，Triton X-100 的加入，没食子酸含量进一步降低了 80.74%、80.99%、51.38%。阿魏酸含量也降低。

总之，Triton X-100 的加入更有利于提高胞外多酚中黄酮类化合物和大分子多酚类物质的含量（$p < 0.05$），降低酚酸的含量。高活性黄酮类化合物量的增加很好地解释了麦秆 + Triton X-100 培养基的 EA-EPC、NB-EPC 的最强 DPPH 自由基清除活性（见图 4-25、表 4-14）。

前已述及木质纤维素的降解产生这些酚酸，这些酚酸可以成为合成 ECG、EGCG 的前体，Triton X-100 对麦秆的降解和 ECG、EGCG 的合成起了什么作用呢？

第五节　表面活性剂对桦褐孔菌降解木质纤维素的作用

麦秆＋Tween 80、麦秆＋Triton X-100组合对多糖、多酚产量提高，糖醛酸含量提高，单糖组成改变，高活性黄酮类产生，以及它们的抗氧化活性增强的效果是"1＋1＞2"的，可能的原因归结于：活性多糖、多酚的产生是应对木质纤维素降解造成的氧化应激以及提供的碳源和多糖、多酚合成前体物；Tween 80、Triton X-100表面活性剂改变了真菌细胞膜透性，促进对营养物质的吸收利用；促进更多的胞内多糖、胞内多酚分泌到发酵液中成为胞外多糖、胞外多酚。

它们各自的作用如何能产生协同？我们设想通过研究表面活性剂对木质纤维素降解起了什么作用来解释这个问题。

我们发现表面活性剂Tween 80、Triton X-100大大促进了液体发酵桦褐孔菌对麦秆木质纤维素的降解，而且Triton X-100的效果比Tween 80更强，从而进一步提高木质纤维素降解在产生活性多糖、多酚的效果。

一、Tween 80对液体发酵桦褐孔菌降解麦秆木质纤维素的作用

（一）Tween 80促进三种成分的降解

麦秆的木质纤维素组成及含量为木质素19.2%、半纤维素29.2%和纤

维素 37.7%。

麦秆培养基和麦秆＋Tween 80混合培养基中的麦秆木质素（见图4-26A）、半纤维素（见图4-26B）、纤维素（见图4-26C）随着发酵进程降解率不断提高，组合培养基的降解程度远远大于单独麦秆培养基，表明了Tween 80大大提高了液体发酵桦褐孔菌降解木质纤维素的能力。

桦褐孔菌在发酵初期就能有效降解麦秆木质素，两种培养基中第3天的降解率分别达到27.3%、35.7%。发酵至第12天，降解率分别达到39.2%、44.1%（见图4-26A）。

半纤维素的降解率在麦秆培养基中在第6天达到35.2%，在组合培养基中在第4天达到38.9%（见图4-26B）；纤维素在麦秆培养基中在第8天达到24.8%，在组合培养基中在第4天达到23.8%（见图4-26C）。结果显示Tween 80大大缩短了桦褐孔菌降解半纤维素、纤维素所需的时间。

两种培养基发酵培养12天后，半纤维素的降解率分别达到42.4%、46.4%；纤维素的降解率分别为30.8%、46.1%。

（二）Tween 80改变麦秆表面结构

图4-27为经过扫描电子显微镜（scanning electron microscope, SEM）观察的不同处理条件下的麦秆表面结构，图4-27A是未经过桦褐孔菌液体发酵的对照组麦秆，图4-27B是经过桦褐孔菌发酵至第9天的麦秆，图4-27C是在麦秆培养基中添加了Tween 80且发酵至第9天的麦秆。对照麦秆表面完好平整，木质素没有被破坏，尚未观察到纤维素暴露出来（见图4-27A）。经过桦褐孔菌发酵9天的麦秆，出现大面积的降解，表面结构被破坏，桦褐孔菌破坏木质素，进一步降解半纤维素和纤维素（见图4-27B）。来自混合培养基中的麦秆降解痕迹更加明显，木质素被破坏，表面有小洞出现，局部的孔隙率增大，表面更加光滑（见图4-27C）。表面结构破坏程度与降解率结果一致，进一步验证了表面活性剂Tween 80

促进桦褐孔菌降解麦秆木质纤维素。

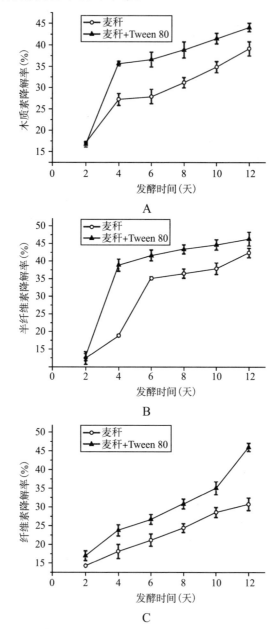

图4-26　麦秆、麦秆＋Tween 80培养基中木质素（A）、半纤维素（B）、
纤维素（C）随发酵进程的降解率

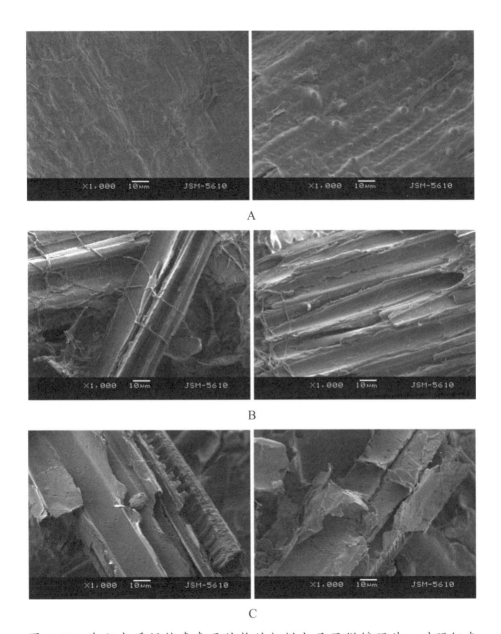

图4-27 麦秆木质纤维素表面结构的扫描电子显微镜照片：对照组麦秆（A）、经桦褐孔菌降解后的麦秆（B）和麦秆＋Tween 80组合培养基中的麦秆（C），左右图片代表不同部位

二、Triton X-100对液体发酵桦褐孔菌降解麦秆木质纤维素的作用

（一）Triton X-100促进三种成分的降解

图4-28所示为桦褐孔菌液体发酵过程中对木质素（A）、半纤维素（B）、纤维素（C）的降解情况，两种培养基中都随发酵进程而增加。

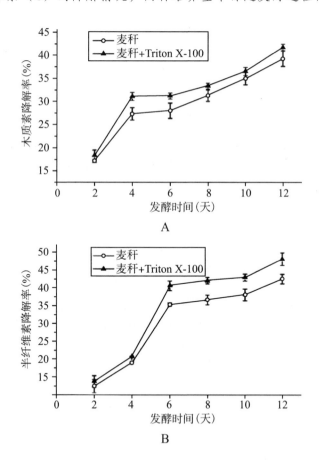

A

B

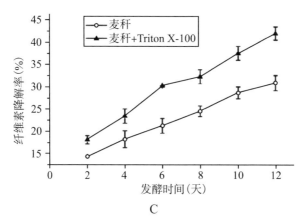

C

图4-28　麦秆、麦秆＋Triton X-100培养基中木质素（A）、半纤维素（B）、
　　　　纤维素（C）随发酵进程的降解率

Triton X-100大大提高了木质素、半纤维素、纤维素的降解率，而且缩短发酵时间，如组合培养基中木质素、纤维素降解率在第4天分别达到31.1%、23.0%，而麦秆培养基在第8天才分别达到31.2%、23.8%。半纤维素在第6天达到40.1%，而麦秆培养基在第10天才达到39.8%。

发酵12天后，单独麦秆和组合培养基中的木质素降解率分别为39.2%、42.3%；半纤维素降解率分别为42.5%、47.6%；纤维素降解率分别为30.9%、41.3%。

（二）Triton X-100改变麦秆表面结构

图4-29为经过扫描电子显微镜观察的不同处理条件下的麦秆表面结构的变化。图4-29A是未经过桦褐孔菌发酵处理的对照组麦秆，表面完好平整，木质素没有被破坏，尚未观察到纤维素暴露出来。图4-29B是经过桦褐孔菌液体发酵至第9天的麦秆，出现大面积降解，表面结构被破坏。图4-29C是在麦秆培养基中添加了Triton X-100且发酵至第9天的麦秆，表现出了比Tween 80组合培养基中的更严重的降解，木质素被完全破坏，表面出现的小洞远多于前者，孔隙率更大，表面更加光滑。表

面结构更大的破坏程度，进一步验证了表面活性剂 Triton X-100 比 Tween 80 更强的促进桦褐孔菌降解麦秆木质纤维素的效果。

A

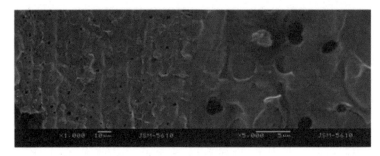

B

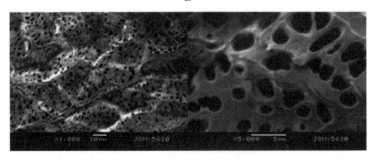

C

A. 对照；B. 经桦褐孔菌降解后的麦秆；C. Triton X-100 混合培养基后的麦秆。

图 4-29　麦秆木质纤维素表面结构的扫描电子显微镜照片

《液体深层发酵生产桦褐孔菌免疫增强活性物质的工艺》获中国专利授权 ZL201310055029.5（授权公告日 2014-6-4）。发明人：徐向群。本发明涉及发酵工程技术领域，公开了一种液体深层发酵生产桦褐孔菌免疫增强活性物质的工艺。本发明包括菌种活化、液体菌种培养、液体深层发酵及桦褐孔菌免疫增强活性物质制备等主要步骤。本发明提供一种优化的液体深层发酵生产桦褐孔菌免疫增强活性物质的工艺，获得的免疫增强活性物质含量更高、活性更好、产品更利于工业化应用。

2019年我们发表在国际顶刊SCI中科院一区 *Bioresource Technology* 的论文 *Synergistic effects of surfactant-assisted biodegradation of wheat straw and production of polysaccharides by Inonotus obliquus under submerged fermentation*（见图4-30）被引35次（WOS: 000457852400006）。

Bioresource Technology 278 (2019) 43–50

Contents lists available at ScienceDirect

Bioresource Technology

journal homepage: www.elsevier.com/locate/biortech

Synergistic effects of surfactant-assisted biodegradation of wheat straw and production of polysaccharides by *Inonotus obliquus* under submerged fermentation

Xiangqun Xu*, Pan Wu, Tianzhen Wang, Lulu Yan, Mengmeng Lin, Cui Chen

College of Life Sciences and Medicine, Zhejiang Sci-Tech University, China

GRAPHICAL ABSTRACT

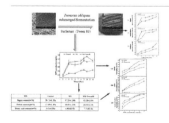

图4-30　刊登在杂志上的《表面活性剂辅助的麦秆生物降解对液体发酵桦褐孔菌产生多糖的协同作用》论文摘要

2020 年国际知名 SCI 中科院三区期刊 *Process Biochemistry* 的论文 *Surfactant induces ROS-mediated cell membrane permeabilization for the enhancement of mannatide production*，高度评价了我们在 "Tween 80 提高液体发酵桦褐孔菌多糖产量和活性" 方面的发现。

2023 年发表在国际顶刊 SCI 中科院一区 *International Journal of Biological Macromolecules* 的论文 *Enhanced α-glucosidase inhibition activity of exopolysaccharides fractions from mycelium of Inonotus obliquus under addition of birch sawdust lignocellulose component*，高度评价了我们的策略，即利用促进剂提高液体发酵桦褐孔菌对木质纤维素的降解，促进剂和木质纤维素的降解达到提高桦褐孔菌发酵多糖产量和活性的双重有益效果。

2020 年我们发表在国际顶刊 SCI 中科院一区 *Journal of the Science of Food and Agriculture* 的论文 *Production of phenolic compounds and antioxidant activity via bioconversion of wheat straw by Inonotus obliquus under submerged fermentation with the aid of a surfactant*（见图 4-31）被引 10 次以上（WOS: 000564080200001）。

2023 年发表在国际知名 SCI 中科院二区期刊 *Mycology: An International Journal on Fungal Biology* 的综述 *Therapeutic properties of Inonotus obliquus (Chaga mushroom): a review*，高度评价了我们用高效木质纤维素降解来提高液体发酵桦褐孔菌积累大分子多酚桑黄素 G、骨碎补内酯，促进黄酮类化合物如表儿茶素没食子酸酯、表没食子儿茶素没食子酸酯、芦丁、柚皮苷的产生，从而增强桦褐孔菌抗氧化活性的方法。

液体发酵桦褐孔菌是如何实现对木质纤维素的降解的，表面活性剂又是如何促进桦褐孔菌降解木质纤维素的，我们将在第五章阐述。

Research Article

Received: 9 June 2020　　Revised: 28 July 2020　　Accepted article published: 6 August 2020　　Published online in Wiley Online Library:

(wileyonlinelibrary.com) DOI 10.1002/jsfa.10710

Production of phenolic compounds and antioxidant activity via bioconversion of wheat straw by *Inonotus obliquus* under submerged fermentation with the aid of a surfactant

Wei Zhao, Panpan Huang, Zhenduo Zhu, Cui Chen and Xiangqun Xu[*]

Abstract

BACKGROUND: This study investigated the effect of surfactants on wheat straw biodegradation and the growth-associated generation of exo- and endo-phenolic compounds (EPC and IPC) and antioxidant activity expression by liquid-cultured *Inonotus obliquus*, an edible and medicinal mushroom, also known as a white rot fungus. Changes in the chemical composition and multiscale structure of wheat straw, in the production and activity of EPC and IPC and in individual flavonoids were analyzed.

RESULTS: Fungal pretreatment decreased significantly the contents of all lignocellulose components, increased and enlarged substrate porosity and caused changes in the structure of wheat straw with the aid of Triton X-100. A gradual increase in EPC and IPC production was observed up to 6.4- and 1.5-fold for 9 days. The EPC obtained on day 9 showed the highest antioxidant activity (IC_{50} of 30.96 mg L^{-1}) against 2,2-diphenyl-1-picrylhydrazyl radicals. High-performance liquid chromatographic results indicated the presence of high amounts of epicatechin-3-gallate (ECG; (374.9 mg g^{-1}) and epigallocatechin-3-gallate (EGCG; 447.2 mg g^{-1}) in the EPC; other polyphenols were also enhanced but to a lesser extent. Surfactant supplementation was effective in enhancing flavonoid production and in increasing antioxidant activity in EPC.

CONCLUSIONS: The results indicated enhanced accumulation of phenolic compounds, particularly ECG and EGCG in *Inonotus obliquus* via biodegradation and bioconversion of lignocellulose residues. They also indicated enhancement in the production of several flavonoids and also an increase in antioxidant activity in the product by a surfactant-treated process, which may be a useful way of exploiting underused lignocellulosic residues to various high-added-value functional ingredients.
© 2020 Society of Chemical Industry

Keywords: *Inonotus obliquus*; lignocellulose bioconversion; flavonoids; antioxidant activity; surfactant; submerged fermentation

ABBREVIATIONS

DPPH	2,2-diphenyl-1-picrylhydrazyl
EA	ethyl acetate
EA-EPC	ethyl acetate-soluble exo-phenolic product
ECG	epicatechin-3-gallate
EGCG	epigallocatechin-3-gallate
EPC	exo-phenolic compound
FTIR	Fourier transform infrared
GAE	gallic acid equivalents
HPLC-DAD	high-performance liquid chromatography with diode array detection
IPC	endo-phenolic compound
NB	*n*-butanol
NB-EPC	*n*-butanol-soluble exo-phenolic product
SEM	scanning electron microscopy
Tr-100	Triton X-100
WS	wheat straw

INTRODUCTION

As early as the 16th century in Russia and the Nordic countries, *Inonotus obliquus* was widely used as an effective and low-toxicity folk medicine for the treatment of gastritis, ulcers, tuberculosis, cardiovascular diseases and cancers.[1] *I. obliquus* is an edible and medicinal mushroom belonging to the Hymenochaetaceae Donk family, which mainly grows in cold regions at 45–50° N. The special medicinal value of *I. obliquus* is mainly due to its containing a large number of bioactive metabolites.[1] Among them, phenolic compounds including flavonoids from both wild sclerotia and liquid culture have attracted much attention for their excellent antioxidant, antitumor and anti-inflammatory effects.[1] However, due

* Correspondence to: X Xu, College of Life Sciences and Medicine, Zhejiang Sci-Tech University, Hangzhou 310018, China. E-mail: xuxiangqun@zstu.edu.cn

College of Life Sciences and Medicine, Zhejiang Sci-Tech University, Hangzhou, China

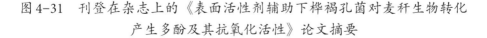

图4-31　刊登在杂志上的《表面活性剂辅助下桦褐孔菌对麦秆生物转化产生多酚及其抗氧化活性》论文摘要

第五章

大显身手降解酶

桦褐孔菌在发酵中是如何实现木质纤维素的降解的呢？

我们在第三章的研究证明了羟基自由基在木质纤维素降解中的作用，但是对桦褐孔菌木质纤维素降解酶的组成、活性，以及其对不同木质纤维素种类的影响、与菌丝体生长的关系都尚未知晓；木质素、纤维素和半纤维素在发酵过程中的动态降解过程，以及与酶动态产生的关系也都一无所知。这让我和团队产生了强烈的好奇心。

常常有人问我，研究的方向不应该是桦褐孔菌次生代谢产物的生物活性吗，健康才是更好的方向啊。为什么要去研究降解酶？

我想说，所有的科学研究，未知和好奇才是最大的牵引力，也正是因为这个牵引力，让我和团队揭示了桦褐孔菌不同于其他白腐真菌最特别的一面，并且带来了巨大的产业应用前景。

我和团队对相关领域已经取得的进展进行了系统回顾和整理。

白腐真菌自身可以合成分解木质素所需的酶系，对木质素进行生物降解，暴露出半纤维素和纤维素，然后由其产生的半纤维素酶和纤维素酶实现对它们的水解，成为相应的单糖供菌丝体生长所需。但由于酶蛋白分子的体积过于庞大，无法顺利通过木质素组成的致密网状结构，故白腐真菌菌丝体首先以自由基引发的链式反应氧化分解木质素，这是整个木质纤维素降解过程中的关键步骤。

木质素过氧化物酶（LiP）最先在黄孢原毛平革菌（*Phanerochaete chrysosporium*）的液体发酵培养基中被发现并得以分离，随着进一步研究，在其他微生物中不仅发现了 LiP，还发现了锰过氧化物酶（MnP）和漆酶（Lac）等木质素降解酶。

LiP 和 MnP 均是含有 Fe^{3+} 和糖基的血红素蛋白，而且它们属于过氧化物酶，需要过氧化氢的催化才能发挥降解木质素的作用。LiP 能够直接从底物的苯环中夺取单个电子，使其形成正离子自由基中间体，紧接着通过链式反应形成大量的自由基，导致化学键断裂，苯环结构被破坏，同时木质素单体的丙基侧链中的 C_α-C_β 链也可能会发生断裂。MnP 与 LiP 的不同点是：MnP 是在过氧化氢存在的情况下，通过 Mn^{2+} 氧化成 Mn^{3+} 来提供电子，Mn^{3+} 再与有机酸螯合，进一步与底物中的芳环作用形成苯氧残基，从而实现对木质素的降解。

漆酶是一种含有 Cu^{2+} 的多酚氧化酶，在氧化反应中，通过 O_2 来接受电子。一般漆酶都是以四个 Cu^{2+} 作为活性中心，在降解的前期对木质素进行氧化，这样也将有利于其他酶对木质素的降解。几种木质素降解酶的共同作用，实现了对木质素的降解。

目前发现的白腐真菌能同时产生这三种木质素降解酶的为数不多，大多产生一种或两种。

纤维素酶是一类可以水解纤维素 β-D-糖苷键而生成寡糖或单糖的酶系，按催化功能来分，主要由外切-β-1，4-葡聚糖酶（exo-β-1,4-glucanases）、内切-β-1，4-葡聚糖酶（endo-β-1,4-glucanases）、β-葡萄糖苷酶（β-1,4-glucosidases，简称 BG）等三类组成。

内切 β-葡聚糖酶也称羧甲基纤维素酶（CMC 酶），主要降解纤维素结构中的非结晶区，通过断裂纤维素分子中的 β-1，4 糖苷键形成更多的末端，有利于其他酶的进一步作用；外切 β-葡聚糖酶也叫微晶纤维素酶，主要降解纤维素中结晶度较高的部分，能够释放纤维素中的纤维素链，通过切割纤维素分子链末端的 β-1，4 糖苷键形成纤维二糖或者少许葡萄糖；BG 是一种重要的纤维素降解酶，能够将产生的纤维二糖最终水解成葡萄糖。

半纤维素酶是一类含有木聚糖酶（xylanase）、甘露聚糖酶、阿拉伯聚糖酶等用于水解半纤维素的多组分酶，可将半纤维素水解成各种低聚糖等物质。其中木聚糖酶是主要的酶，主要通过破坏木聚糖上的 β-1，4 糖苷键，从而把木聚糖降解成低聚木糖、单糖和乙酸等物质。

木质素降解酶、纤维素酶、半纤维素酶均为胞外酶，即能被分泌到菌体细胞外的酶。

了解了以上信息，我们的研究开始了。

第一节　液体发酵桦褐孔菌木质纤维素降解酶的产生

　　白腐真菌在氮、碳、硫等营养物质受到限制的时候，才会分泌木质素降解酶、纤维素酶、半纤维素酶等酶系，对木质纤维素进行降解来获取营养物质。

　　为了搞清楚桦褐孔菌在发酵过程中的产酶规律，以及木质纤维素种类对桦褐孔菌产酶的影响，我们比较研究了对照、麦秆、稻草、玉米秸秆、花生壳、甘蔗渣培养基中桦褐孔菌在不同发酵时间木质素降解酶（LiP、MnP、Lac）、纤维素酶（滤纸酶FPA、CMC酶、β-葡萄糖苷酶）、木聚糖酶的酶活性。滤纸酶FPA可水解滤纸生成还原糖。滤纸酶活性可反映纤维素酶三种水解酶，即外切葡聚糖酶、内切葡聚糖酶和β-葡萄糖苷酶组成的诱导复合酶系协同作用后的总酶活性。

　　我们欣喜地发现液体发酵桦褐孔菌在三种秸秆诱导下具有很强的产LiP和MnP的能力。

　　图5-1显示对照培养基中也能产生活性较低的LiP、MnP，但在麦秆、稻草和玉米秸秆三种秸秆培养基中，MnP在发酵第2天即达到最大，分别为159.0 IU/mL、68.9 IU/mL、84.8 IU/mL（见图5-1A）；LiP在发酵第4天即达到最大，分别为123.4 IU/mL、58.1 IU/mL、94.4 IU/mL（见图

5-1B）。这些结果显示MnP、LiP是桦褐孔菌降解三种秸秆木质素的主要酶，与已发现的白腐真菌相比，桦褐孔菌是在发酵初期就能同时产生高活性MnP、LiP的佼佼者。MnP-LiP共同体导致三种秸秆木质素的高效降解，在发酵第4天，麦秆、稻草、玉米秸秆的木质素降解率分别达40.1%、21.9%、35.1%（见第三章），木质素降解程度与它们诱导酶产生的效果一致，即麦秆＞玉米秸秆＞稻草，即木质素的降解是随着MnP-LiP共同体酶活性的增加而提高的。

图5-1C～F显示四种培养基中随发酵时间延长CMC酶、FPA、β-葡萄糖苷酶、木聚糖酶的产生，虽然麦秆是诱导木质素降解酶产生的最佳生物质（见图5-1A、B），但是稻草对纤维素酶产生的诱导作用最强，产酶曲线与其生长曲线基本一致，而且稻草诱导的桦褐孔菌CMC酶活力是黑曲霉（*Aspergillus niger*）NCIM548发酵小麦麸皮、玉米麸皮和柑橘皮混合物的4倍（见图5-1C）。

四种培养基中的FPA均在发酵第4天达到最高酶活力。添加麦秆和稻草的FPA酶活力高于添加玉米秸秆的（见图5-1D）。

在整个发酵过程中，四种培养基中的β-葡萄糖苷酶酶活都比较高，其中添加稻草、麦秆的明显高于添加玉米秸秆的。两者诱导的酶活力是里氏木霉（*Trichoderma reesei*）RutC-30的3倍（发酵麦麸）（见图5-1E）。

三种秸秆中，稻草很强的诱导纤维素酶的能力，可能是其纤维素被高效降解（见第三章）的关键因素。

稻草、麦秆、玉米秸秆培养基都测到非常高的木聚糖酶活性，整个发酵过程中出现两个峰值，发酵第12天分别达307.2 IU/mL、282.8 IU/mL和288.2 IU/mL，是木霉（*Trichoderma atroviride*）676的5倍（见图5-1F）。

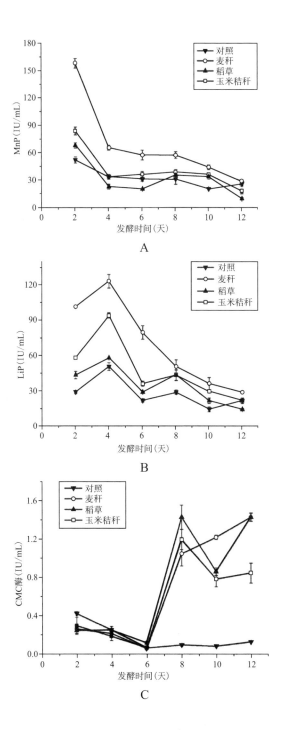

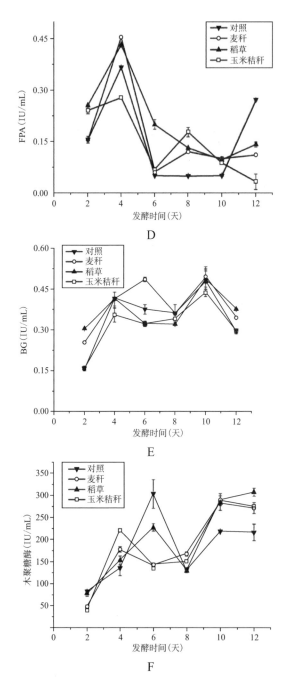

图 5-1 桦褐孔菌在对照、麦秆、稻草、玉米秸秆培养基中 MnP（A）、
LiP（B）、CMC酶（C）、FPA（D）、β-葡萄糖苷酶（E）、木聚糖酶（F）
的活性变化

综上，三种秸秆诱导的木质素降解酶、纤维素酶、半纤维素酶的酶活力随发酵时间变化，各类酶出现的规律大致为桦褐孔菌首先产生木质素降解酶，破坏木质素，打破木质素对纤维素和半纤维素的包裹，随后产生纤维素酶和半纤维素酶降解纤维素和半纤维素，为真菌生长提供碳源。其中添加麦秆的 LiP 和 MnP 酶活力在发酵前期均高于添加稻草、玉米秸秆的，这与化学分析桦褐孔菌在发酵前期选择性降解麦秆木质素结果一致，其他成分的降解顺序与酶活性大小也具有一定相关性（见第三章）。

由此，我们在国际上首次发现了液体发酵桦褐孔菌能同时产生三种木质素降解酶，而且证明 LiP-MnP 的高活性和共同作用对木质素降解至关重要。

总之，桦褐孔菌能产生高活性的木质纤维素降解酶，从而在液体发酵中降解木质纤维素为其生长提供营养物质，不同秸秆诱导的酶的组成、比例和活性不同，这可能是导致它们对桦褐孔菌生长和合成多糖、多酚的促进作用不同的原因。

结合第三章桦褐孔菌对秸秆木质纤维素的降解的研究结果，2017 年我们发表在国际顶刊 SCI 中科院一区 *Bioresource Technology* 的 *Lignocellulose degradation patterns, structural changes, and enzyme secretion by Inonotus obliquus on straw biomass under submerged fermentation*（见图 5-2）被引 80 次以上（WOS: 000405502400051）。

2021 年发表在国际顶刊 SCI 中科院一区 *Bioresource Technology* 的综述 *An overview of fungal pretreatment processes for anaerobic digestion: Applications, bottlenecks and future needs*，指出在木质纤维素的生物预处理中，为了达到较高的木质素降解率，真菌需要较长的培养时间，从几周到几个月不等。培养周期长是真菌预处理在工业上应用的最大障碍。文章高度评价了我们的发现，即桦褐孔菌在发酵的早期就能产生高活力的木质素降解酶，因此在短时间内就能取得木质素的高效降解，从而有效缩短了真菌的培养周期。

Bioresource Technology 241 (2017) 415–423

Contents lists available at ScienceDirect

Bioresource Technology

journal homepage: www.elsevier.com/locate/biortech

Lignocellulose degradation patterns, structural changes, and enzyme secretion by *Inonotus obliquus* on straw biomass under submerged fermentation

CrossMark

Xiangqun Xu *, Zhiqi Xu, Song Shi, Mengmeng Lin

College of Life Sciences, Zhejiang Sci-Tech University, China

HIGHLIGHTS

- Degradation patterns and structures of three straw biomass were compared.
- Lignin in wheat straw was selectively and effectively degraded.
- Crystalline cellulose in rice straw was significantly decreased.
- Degradation was in line with the production of ligninolytic and hydrolytic enzymes.

GRAPHICAL ABSTRACT

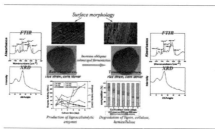

图5-2 刊登在杂志上的《液体发酵桦褐孔菌对秸秆木质纤维素的降解模式、结构改变以及酶的产生》论文摘要

第二节 表面活性剂提高液体发酵桦褐孔菌木质纤维素降解酶活性

在第四章中我们看到在培养基中添加表面活性剂和麦秆对桦褐孔菌合成和分泌活性多糖、多酚有很大的促进作用，我们不禁想要弄清楚除了它们各自的作用，表面活性剂是否能通过提高桦褐孔菌木质纤维素降解酶的酶活性来促进木质纤维素的降解，从而更好地降解木质纤维素，答案是肯定的。

一、Tween 80 + 麦秆的作用

在第四章中，我们筛选出了对产生活性多糖最有利的组合 Tween 80 + 麦秆，因此我们首先研究了两者共同存在时液体发酵桦褐孔菌木质纤维素降解酶产生的情况。

在发酵第 8 天，对照、麦秆、Tween 80 + 麦秆三种培养基中的 MnP 酶活力达到最大值 23.07 IU/mL、153.84 IU/mL、300 IU/mL（见图 5-3A）；LiP 酶活力分别达到 125.0 IU/mL、223.08 IU/mL、282.26 IU/mL（见图 5-3B）；Lac 酶活力分别达到 2.08 IU/mL、2.64 IU/mL、2.91 IU/mL（见图 5-3C）。这三种酶的产生模式与本章第一节麦秆诱导的结果（MnP 在第 2 天

达到 159.0 IU/mL，LiP 在第 4 天达到 123.4 IU/mL）不同，可能原因是所用培养基不同，第二节用的是产活性多糖培养基（见第二章 Chen et al., 2010），比第一节木质素降解培养基（见本章 Xu et al., 2017）有更高的玉米淀粉含量，过多的玉米淀粉造成碳代谢物阻遏。

与单独添加麦秆的培养基相比，添加 Tween 80 使 LiP 提高了 1.3 倍、MnP 提高了 2 倍；MnP、LiP、Lac 比对照分别提高了 1200%、125%、39.9%。

我们在国际上首次报道了表面活性剂对液体发酵桦褐孔菌三种木质素降解酶同时产生显著性促进作用（见第四章 Xu et al., 2019）。

虽然是意料之外但又合理的是 Tween 80 对纤维素酶（见图 5-3D～F）的产生影响甚微，可能还是因为过多的玉米淀粉导致的阻遏，当培养基有充足碳源时，微生物利用已有碳源，只有限碳才会启动水解酶基因的转录。那么我们不禁要问，既然纤维素酶的活性没有提高，为什么添加 Tween 80 + 麦秆培养基中的麦秆纤维素比单独添加麦秆培养基的降解程度高（见第四章 Xu et al., 2019）呢？可能的原因是由于 Tween 80 大幅提高了木质素降解酶的活性，增强了木质素的降解，从木质素中释放了纤维素和半纤维素，更有利于它们与水解酶接触，因此造成它们更多地被水解。另一方面，Tween 80 吸附到木质素表面，阻止了酶的非特异性结合，即减少纤维素酶在木质素上的无效吸附，而是更多地吸附在纤维素上，从而提高纤维素的水解。

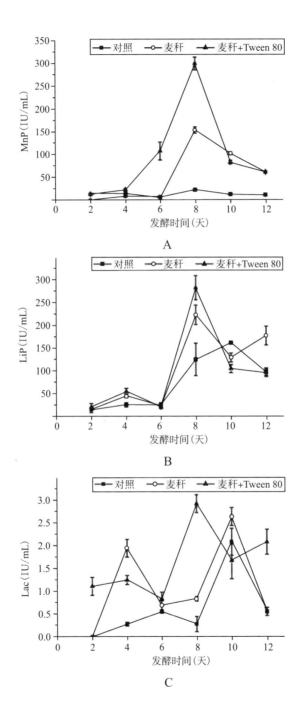

A

B

C

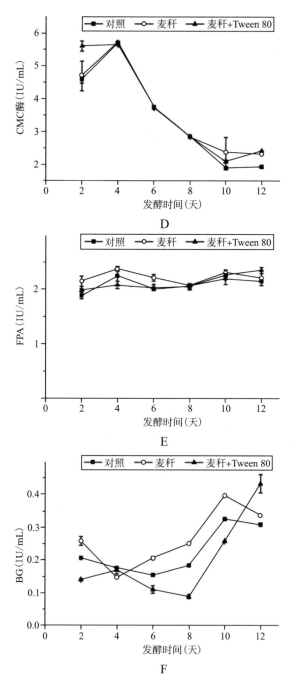

图5-3 对照、麦秆、Tween 80+麦秆培养基中MnP（A）、LiP（B）、Lac（C）、
CMC酶（D）、FPA（E）、β-葡萄糖苷酶（F）酶活性随发酵时间的变化

二、Triton X-100 + 麦秆的作用

第四章中我们阐述了在促进麦秆木质纤维素降解上，Triton X-100比Tween 80的效果更好，Triton X-100对液体发酵桦褐孔菌木质纤维素降解酶产生的情况又如何呢？

对照培养基中MnP、LiP酶活性分别在发酵的第3、4天时达到最大值18.5 IU/mL、10.7 IU/mL（见图5-4A）；添加麦秆的培养基中，MnP、LiP酶活性分别在发酵的第3、2天时达到最大值25.7 IU/mL、12.1 IU/mL（见图5-4B）；同时添加麦秆 + Triton X-100的培养基，MnP、LiP酶活性在发酵的第3、2天时达到最大值36.2 IU/mL、12.7 IU/mL（见图5-4C）。结果表明Triton X-100极显著地提高了木质素降解酶活性，而且使产生最大酶活性的发酵时间提前，这是保证木质素在发酵前期被降解的先决条件（见第四章）。

与木质素降解酶在发酵初期较高不同，木聚糖酶活性在发酵中期活性较高，对照培养基的在发酵第8天时达到最高值72 IU/L（见图5-4A）；麦秆培养基的在第4天时达到最大值104 IU/L（见图5-4B），麦秆 + Triton X-100培养基的在第5天时达到最大值347 IU/L（见图5-4C）。Triton X-100极显著地提高了木聚糖酶的活性，因此促进了麦秆半纤维素的高效降解（见第四章）。

纤维素酶在发酵后期活性较高，对照培养基在发酵第10天时滤纸酶活性达到最大值41 IU/L，CMC酶、β-葡萄糖苷酶的活性在第7天时达到最大值24 IU/L、34 IU/L。麦秆培养基滤纸酶活性在第9天时达到55 IU/mL，CMC酶活性在第7天时最高33 IU/L，β-葡萄糖苷酶活性在第6天达到最大值39 IU/L。麦秆 + Triton X-100培养基滤纸酶活性在第9天时最高达到99 IU/L，CMC酶活性在第7天时最高达到38 IU/L，β-葡萄糖苷酶活性在第6天时达到最大值47 IU/L。

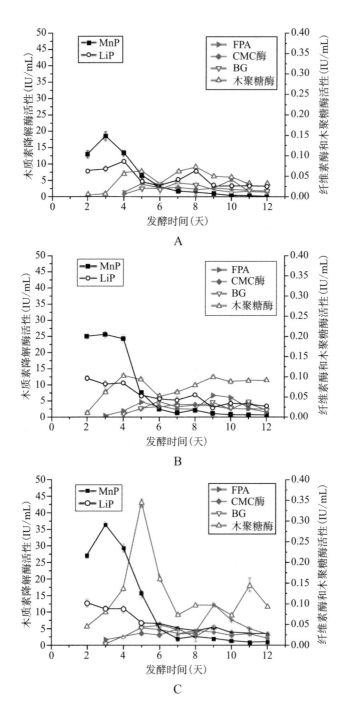

图 5-4　对照（A）、麦秆（B）、Triton X-100 + 麦秆培养基（C）MnP、LiP、
滤纸酶、CMC酶、β-葡萄糖苷酶、木聚糖酶的酶活性随发酵时间的变化

　　结果表明，三大类酶的酶活性随着发酵时间的变化情况是不同的，木质素降解酶最早产生，并最早达到最大值，其次是半纤维素酶和纤维素酶，证明了发酵过程中木质纤维素的三种成分的降解顺序与降解酶的产生时间具有一定的相关性。

　　综上，添加 Triton X-100 后，提高了发酵过程中木质纤维素酶活性。与单独添加麦秆的培养基相比，酶活性变化较大的有：MnP 的最大酶活性增加 40.9%；半纤维素酶的最大酶活性增加 143.6%；滤纸酶的最大酶活性增加 80%（见图 5-4B、C）。

　　不同于 Tween 80 对纤维素酶的影响小，Triton X-100 显著提高纤维素酶的活性，这可以解释第四章中的结果，即 Triton X-100 对液体发酵桦褐孔菌降解麦秆木质纤维素具有更强的促进作用。

　　这可能是由于 Triton X-100 不仅可以改变细胞膜透性，增加木质纤维素酶的释放；还能增加酶的稳定性，阻止酶的变性失活。Triton X-100 对木质素的疏水作用，可以减少木质素对纤维素酶的吸附，同时 Triton X-100 也可能会减少纤维素与纤维素酶的无效吸附，在酶解完成后，使纤维素酶更容易从纤维素表面解除吸附，增加酶的循环利用率。

　　总之，我们发现了 Triton X-100 使得麦秆木质素、纤维素和半纤维素的降解率显著提高（见第四章 Xu et al., 2020）的重要原因是其增强了发酵过程中的三大类酶系的酶活性。

第三节　固体发酵桦褐孔菌木质纤维素降解酶的产生

　　我们确定了液体发酵桦褐孔菌能产生高活性木质纤维素降解酶，鉴于固体发酵是真菌最初降解木质素的自然环境，而且真菌对木质纤维素的生物预处理大多是固体发酵，即以含少量水分的底物代替液体混合物。

　　固体发酵相比液体发酵的优点是发酵所用的反应器更小，更简单，更便宜，且产生的废水更少，基质的通气效果更好，因此我们接着研究了固体发酵桦褐孔菌木质纤维素降解酶的产生，以及对木质纤维素降解转化利用的潜力（其应用详见第六章）。

一、麦秆的诱导作用

　　在优化的以麦秆为底物的培养条件下（详见第六章），桦褐孔菌木质素降解酶 LiP、MnP 酶活力随发酵时间的变化模式见图 5-5A，LiP 在第 5 天就达到最大酶活力 1729 IU/g（干燥底物，下同）；MnP 在第 15 天达到最大酶活力 610 IU/g；而且 LiP 活性强并持续整个发酵周期，桦褐孔菌 LiP-MnP 复合体活性比已知的大多数白腐真菌的木质素降解酶活性强。而 Lac 在发酵的第 25 天才达到最大值 98 IU/g。

纤维素酶活力随发酵时间的变化模式见图5-5B。CMC酶和滤纸酶都在第15天达到了最大酶活力，分别为10.1 IU/g和2.6 IU/g，同时发酵前期的酶活力相对较低，而在发酵的中后期均保持了较高的酶活力水平。

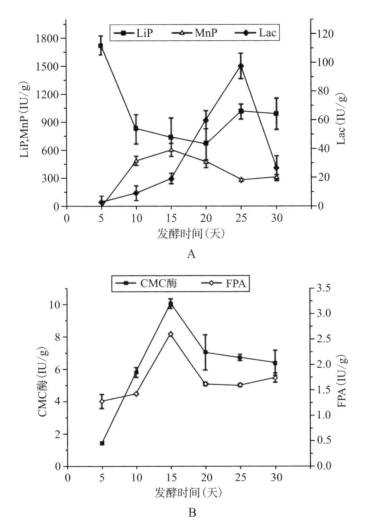

A

B

图5-5 麦秆诱导的桦褐孔菌木质素降解酶（木质素过氧化物酶、锰过氧化物酶、漆酶，A）、纤维素酶（羧甲基纤维素酶、滤纸酶，B）酶活力随发酵时间的变化

在发酵处理的早期阶段，由于纤维素的可及性低，真菌需要分泌高活性的木质素降解酶降解木质素，用于提高纤维素的可及性。同时，在发酵的中后期纤维素酶的高活力也表明，真菌需要从纤维素中获得更多的能量。

木质素降解酶在发酵前期产生，纤维素酶在发酵后期产生，使得桦褐孔菌在发酵早期体现出显著的选择性降解，这在饲料转化、纤维素乙醇制备中尤其重要（其应用、发明专利、学术论文详见第六章）。

这些麦秆诱导的固体发酵桦褐孔菌木质纤维素降解酶的研究结果结合麦秆转化饲料的研究于 2022 年在国际顶刊 SCI 中科院一区发表论文（详见第六章）。

二、杜仲叶的诱导作用

为了通过杜仲叶木质纤维素发酵降解来提高杜仲胶提取率（详见第六章），我们研究了以杜仲叶为底物，固体发酵桦褐孔菌木质纤维素降解酶的产生。

在发酵早期，桦褐孔菌就释放出了高活力的木质素降解酶。第 2 天时，MnP 和 LiP 的酶活力分别为 973 IU/g 和 1341 IU/g。其中，MnP 的活力在发酵第 6 天达到了最高 1227 IU/g，是肺形侧耳（*Pleurotus pulmonarius*）MTCC 1805 在甘蔗渣上发酵产生的 MnP 活力的 767 倍。LiP 的最大活力出现在第 8 天，为 1517 IU/g，是迷孔菌（*Daedalea flavida*）MTCC 145 在棉花秸秆上发酵产生的 627 倍。MnP 和 LiP 的酶活力在整个发酵周期相对稳定。

与麦秆相比（见图 5-5），杜仲叶不但大幅提高了 MnP 的活性，而且使 LiP、MnP 最大值出现的时间大大提前，由此可见，杜仲叶对于桦褐孔菌是一种很好的木质素降解酶诱导剂。

与 MnP 和 LiP 相反，Lac 的活力较低，最大值为 17 IU/g，出现在第 6

天（见图5-6A）。

　　滤纸酶FPA的最大酶活力出现在第8天，为1.35 IU/g；CMC酶在第6天达到了最大酶活力1.38 IU/g；β-葡萄糖苷酶的活力在整个发酵周期较为稳定，大约保持在0.2 IU/g（见图5-6B）。

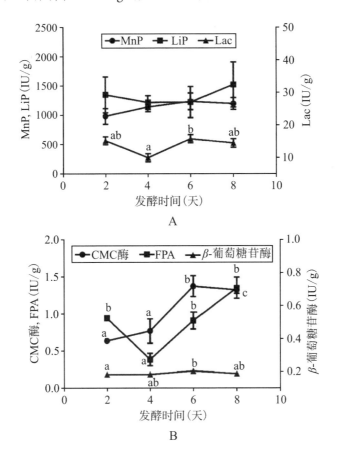

A

B

图5-6　杜仲叶诱导的桦褐孔菌木质素降解酶（锰过氧化物酶、木质素过氧化物酶、漆酶，A）、纤维素酶（羧甲基纤维素酶、滤纸酶、β-葡萄糖苷酶，B）酶活力随发酵时间的变化

　　和木质素降解酶相反，桦褐孔菌添加杜仲叶进行固体发酵所产生的纤维素酶活力比不上其在麦秆优化培养基上产生的纤维素酶活力，使得

杜仲叶木质纤维素选择性降解系数更高，这意味着木质素被降解，而更多的纤维素保留下来，使得经过发酵处理的杜仲叶在酶解糖化时得到更高产量的还原糖（其应用、学术论文详见第六章）。

这些杜仲叶诱导的固体发酵桦褐孔菌木质纤维素降解酶的研究结果结合杜仲胶发酵提取的研究于 2020 年在 SCI 中科院三区期刊发表论文（详见第六章）。

三、笋基部废弃物的诱导作用

为了通过笋基部废弃物木质纤维素发酵降解来提高其膳食纤维的品质和功能（详见第六章），我们研究了以笋基部废弃物为底物，固体发酵桦褐孔菌木质纤维素降解酶的产生。

得益于笋基部废弃物中丰富的营养物质，桦褐孔菌在发酵第 3 天时就已经出现较多的菌丝，而在此时就测得 MnP 最大酶活性为 1059.8 IU/g，LiP、Lac 最大酶活性分别为 580.7 IU/g、30.6 IU/g，分别出现在发酵第 9 天、第 6 天，与 MnP 相比，两者的最大活性出现的时间有所推迟（见图 5-7A）。与麦秆、杜仲叶的诱导情况略有不同，体现了底物的特异性。

纤维素酶 FPA 在整个发酵周期中维持较为稳定的酶活性，在发酵至第 12 天时达到最大酶活性为 12.0 IU/g。CMC 酶、β-葡萄糖苷酶活性在发酵前期均较低，而随着发酵时间的延长活性不断增大，β-葡萄糖苷酶在发酵至第 15 天时酶活性仍呈现上升趋势并达到最大值为 2.8 IU/g，而 CMC 酶活性则在发酵至第 12 天时达到最大值为 11.2 IU/g（见图 5-7B），这与我们之前研究报道的桦褐孔菌随发酵时间延长 CMC 酶、β-葡萄糖苷酶活性逐渐增加一致。

综合桦褐孔菌在该发酵体系中的木质素降解酶与纤维素降解酶活性随发酵时间增加的变化趋势，可知在发酵前期桦褐孔菌主要分泌木质素

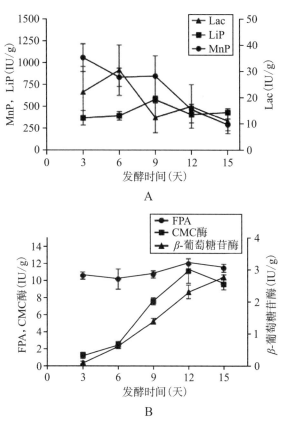

A

B

图 5-7 笋基部废弃物诱导的桦褐孔菌木质素降解酶（锰过氧化物酶、木质素过氧化物酶、漆酶，A）、纤维素酶（羧甲基纤维素酶、滤纸酶、β-葡萄糖苷酶，B）酶活力随发酵时间的变化

降解酶以破坏笋基部废弃物木质纤维素结构中的木质素包被，在发酵中后期随着半纤维素与被木质素包埋的纤维素组分的暴露，纤维素降解酶活性不断上升实现纤维素的降解并为发酵后期的真菌生长提供后续碳源（其应用、发明专利、学术论文详见第六章）。

这些笋基部废弃物诱导的固体发酵桦褐孔菌木质纤维素降解酶的研究结果结合笋基部废弃物发酵制备膳食纤维的研究论文已被国际顶级SCI中科院一区期刊录用（详见第六章）。

第四节　绿色氧化反应提高桦褐孔菌木质纤维素降解酶活性

当前，绿色化学的发展在木质素降解中起到重要作用，结合绿色化学的白腐真菌发酵处理技术是进一步提高木质素降解效率的创新思路。芬顿（Fenton）反应条件温和、成本低廉，是一种绿色氧化反应，而且具有生物相容性。

Fenton反应是一种经济环保的预处理方法，已被应用于木质纤维生物质的降解研究。Fenton反应和类Fenton反应，即羟基（－OH）和过羟基（HOO－）自由基可以氧化和降解木质纤维素生物质的牢固结构，破坏细胞壁，改善纤维素酶水解反应条件。铁基纳米颗粒因其优异的性能，如低毒、生物相容性和优越的顺磁性而显示出巨大的潜力。与传统的Fenton反应体系相比，氧化铁与草酸共存可以在没有外加H_2O_2的情况下，通过生成羟基自由基（·OH）来建立类Fenton光催化体系。Fe_3O_4纳米颗粒与白腐真菌的结合具有很大的潜在应用价值。

我们在国际上首次开展了两个体系降解麦秆木质素的研究：①Fenton反应预处理与桦褐孔菌固体发酵协同作用（FRP＋*I.o*）；②桦褐孔菌发酵体系中添加Fe_3O_4纳米颗粒（NMs＋*I.o*）。

我们的研究结果表明，两种Fenton反应方式均能显著提高桦褐孔菌木质素降解酶的活性，达到选择性降解木质素并缩短发酵处理周期的目的（详见第六章）。

一、Fenton反应促进固体发酵桦褐孔菌生长

在整个发酵过程中，菌丝体量均处于一个增长状态。发酵第5天，对照组的菌丝体量为54.5 g/kg（发酵物干重，下同），而Fenton组则为58.0 g/kg，略大于对照组。之后，Fenton组的桦褐孔菌生长加速，菌丝体量增长速度加快，至第15天后速度略微放缓，但仍然处于增加的趋势，第30天达到149.9 g/kg。对照组在第10~20天内，增长速度低于Fenton组，因此菌丝体量与Fenton组出现了明显差距，最大差距在第20天，差值为31.8 g/kg；第20~25天菌丝体出现快速增长，之后再度放缓，至第30天达到139.3 g/kg。添加Fe_3O_4纳米颗粒的类Fenton反应也能提高桦褐孔菌生物量，并在发酵第15~25天时达到与Fenton组相同的水平（见图5-8）。

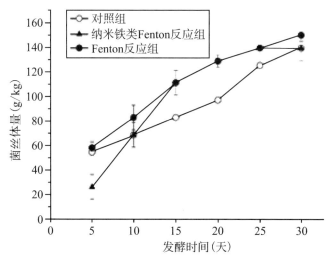

图5-8　对照、Fenton反应、纳米铁类Fenton反应对桦褐孔菌生长的影响

二、Fenton反应提高固体发酵桦褐孔菌木质素降解酶活性

以经Fenton反应预处理的麦秆为底物，在发酵初期三种主要的木质素降解酶都处于较高的活性水平，在发酵过程中三种木质素降解酶的活性均有不同程度的提高（见图5-9）。MnP是三种主要木质素降解酶中活性最高的酶。Fenton组MnP活性在第15天升至周期内最高值471.0 IU/g，显著高于对照组（$p<0.01$）（见图5-9A）。Fenton组的LiP活性显著高于对照组（$p<0.01$），第15天达到最大值108.0 IU/g，为同时期对照组的7.2倍（见图5-9B）。Fenton组的漆酶活性变化较为剧烈，在发酵第10天便快速增长至18 IU/g，显著高于对照组（$p<0.01$）（见图5-9C）。

在发酵过程中加入Fe_3O_4纳米颗粒的类Fenton组，三种木质素降解酶活性均有不同程度的提高，桦褐孔菌的MnP活性最高，而Lac活性处于最低水平（见图5-9）。在整个发酵过程中，Fenton组的MnP活性显著高于对照组（$p<0.05$）。类Fenton组在发酵刚开始时，酶活性便处于较高水平319.8 IU/g，为对照组的2.2倍。到第15天，升至周期内最高值359.8 IU/g（见图5-9A）。加入Fe_3O_4纳米颗粒，LiP活性显著增加（$p<0.01$），类Fenton组在发酵刚开始，LiP便表达了最高活性，酶活为48.6 IU/g，为同时期对照组的11倍（见图5-9B）。对照组与类Fenton组的Lac皆在发酵第5天达到最大表达活性，对照组酶活为5.4 IU/g，类Fenton组为13.4 IU/g（见图5-9C）。

从以上数据可看出，Fenton反应预处理麦秆和发酵体系中加入Fe_3O_4纳米颗粒的类Fenton组，由于Fenton试剂对麦秆木质素结构的破坏（详见第六章），可能对桦褐孔菌的生长及木质素降解酶的产生具有促进作用，这为在发酵过程中麦秆木质素被选择性降解提供了酶学机制（其应用、发明专利、学术论文详见第六章）。

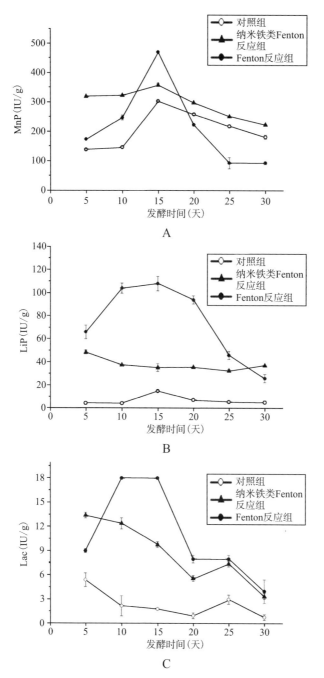

图5-9　对照、Fenton反应、纳米铁类Fenton反应对桦褐孔菌产生木质素
降解酶MnP（A）、LiP（B）、Lac（C）的影响

这些研究结合糖化效应的结果在国际顶刊 SCI 中科院一区发表论文（详见第六章）。

三、Fenton 反应预处理结合诱导剂对桦褐孔菌产生木质素降解酶的促进作用

Fenton 反应预处理虽然也属于化学预处理，但是与其他常见的化学处理方式相比，成本低，能耗低，设备简单，是一种相对绿色温和的处理方式。但是，单一利用 Fenton 反应处理生物质材料，其酶解糖化的效率往往达不到一些高能耗处理方式的水平。而单一使用白腐真菌降解木质素又存在发酵周期长、降解效率低的问题。

我们的研究表明，在桦褐孔菌发酵处理过程中加入诱导剂能够促进特定木质素降解酶的分泌，从而促进桦褐孔菌脱木质素的效率。因此，我们在上一节的研究基础上，从发酵前和发酵过程两个角度出发，鉴于 Fenton 反应预处理对于木质纤维结构的破坏能力以及诱导剂对桦褐孔菌固体发酵降解木质素能力的促进作用，首次提出 Fenton 反应预处理与诱导发酵相结合的生物质材料处理方式，目的在于找到一种既能提高降解效率，又能有效提高秸秆转化的预处理方式（其应用详见第六章）。

本研究使用 Fenton 反应预处理麦秆底物，再结合诱导剂促进桦褐孔菌固体发酵降解木质纤维素，以促进麦秆转化。首先进行诱导剂的筛选以及诱导条件的确定，通过比较木质纤维素的选择性降解情况，从 $MnSO_4$（Mn^{2+}）、丁香酸、藜芦醇、白藜芦醇、没食子酸（GA）、Tween 80 和 Triton X-100 中筛选出最佳诱导剂 Mn^{2+}、GA，通过比较木质纤维素的选择性降解情况确定最佳诱导浓度以及联合使用浓度。使用最佳处理体系对经 Fenton 反应预处理的麦秆进行动态监测，分析桦褐孔菌木质素降解酶的产生情况。

Fenton 反应预处理 + 诱导发酵组（FRP + Mn²⁺ + GA），Fenton 反应预处理 + 发酵组（FRP + 发酵）、发酵对照组在 20 天动态发酵中，在发酵的第 5～10 天内，三组的 MnP 活性增长速度最快。随后发酵对照组继续缓慢增长，直至第 20 天达到最大值 192.3 IU/g。FRP + 发酵组和 FRP + 诱导发酵组的 MnP 活性均在第 15 天达到最大值 512.8 IU/g 和 1019.4 IU/g（见图 5-10A）。发酵对照组和 FRP + 发酵组的 LiP 活性在第 5～10 天处于缓慢增长期，由此判断其分泌高峰期在第 5 天以前。发酵对照组、FRP + 发酵和 FRP + 诱导发酵组的 LiP 活力最大值均在发酵的第 10 天，分别为 322.6 IU/g、430.2 IU/g 和 967.9 IU/g（见图 5-10B）。三组的 Lac 活性在发酵前 10 天处于迅速增长期，发酵对照组和 FRP + 诱导发酵组在第 10 天达到峰值 13.4 IU/g 和 22.2 IU/g，FRP + 发酵组则在第 15 天达到最大值 14.6 IU/g（见图 5-10C）。FRP + 诱导发酵组的 MnP、LiP 和 Lac 最大值分别是发酵对照组的 5.30 倍、2.30 倍和 1.66 倍（见图 5-10）。

比较发酵对照组与 FRP + SSF 组的酶活变化情况可以得出结论，Fenton 预处理能够提高木质素降解酶活性，尤其是 MnP。FRP + 发酵组的 MnP、LiP 和 Lac 的活力分别是对照组的 2.67 倍、1.33 倍和 1.09 倍（见图 5-10）。

比较 FRP + 发酵组与 FRP + 诱导发酵组的木质素酶活力变化情况，可以体现 Mn²⁺、没食子酸对木质素降解酶活性的进一步促进作用。FRP + 诱导发酵组的 MnP、LiP 和 Lac 的活力分别是 FRP + 发酵组的 1.99 倍、2.25 倍和 1.52 倍，即其对 LiP 的促进作用最为明显（见图 5-10）。

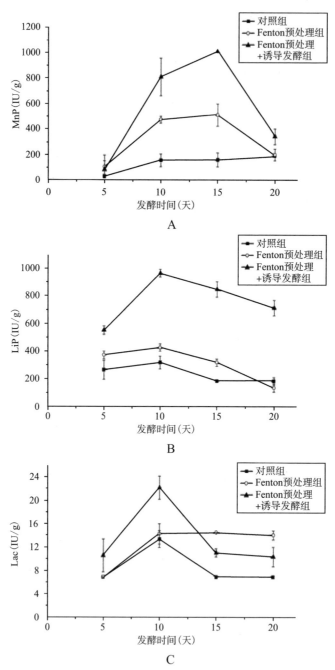

图 5-10　发酵对照组、Fenton 预处理 + 发酵组、Fenton 预处理 + 诱导
发酵组的桦褐孔菌木质素降解酶 MnP（A）、LiP（B）、Lac（C）活性随
发酵时间的变化

第五节　桦褐孔菌纤维素酶的固体发酵制备工艺

作为植物的支撑和保护组织，植物细胞壁在长期的自然进化中形成木质纤维素复杂的化学成分和结构，成为其抗微生物和酶攻击的天然屏障，使生物质难以被降解。

高效降解这些木质纤维素材料需要微生物能够产生比较完整的木质纤维素降解酶系：酶系组分多种多样、各种酶组分间的比例合理。

纤维素酶是一种复合酶，它可降解纤维素并将其转化为葡萄糖，因其底物催化范围较广泛，因此在造纸、酿酒、纺织、工业乙醇生产、食品加工、动物饲料等领域都有潜在的应用价值。

目前用于工业生产的纤维素酶主要来源于子囊菌真菌如里氏木霉、黑曲霉和青霉，但是尽管里氏木霉的纤维素酶活性较高，但它的酶系不够完整，通常需要添加β-葡萄糖苷酶、糖苷水解酶、部分半纤维素酶，才能高效降解预处理脱除了木质素的生物质材料。然而天然木质纤维素材料即使经过一定程度的预处理，脱除了部分影响纤维素水解的成分，通常仍或多或少地含有半纤维素和木质素组分，部分纤维素仍会被半纤维素和木质素所包裹。因此，寻找和开发高产纤维素酶真菌，是植物纤维高效降解并转化为葡萄糖等单糖，从而提高单糖在酵母菌的发酵下产纤维素乙醇的产量的关键。

现今已知的分泌纤维素酶的微生物菌株均为木霉、青霉、黑曲霉等，但关于大型真菌如担子菌中的药用真菌、食用真菌生产纤维素酶的研究比较落后。

鉴于我们在上述研究中发现桦褐孔菌能产生高活性的木质素降解酶、半纤维素酶、纤维素酶，我们设计和实现了利用固体发酵桦褐孔菌制备纤维素酶的工艺。由此，我们在国际上首次探索桦褐孔菌产生纤维素酶的固体发酵工艺，研究其纤维素酶的酶学性质，最终确定了降解天然木质纤维素产生单糖的最佳酶组成。

一、培养条件优化

目前，生产纤维素酶所用的菌株通常能在很广的培养条件下生长并积累纤维素酶，但产量很低。因此，要想进一步提高菌株分泌纤维素酶的能力，除选育优良纤维素酶生产菌株外，还必须对培养基的组成（如碳源、氮源、微量元素等）以及发酵环境的各种参数进行优化，从而大幅度地提高目标产物的产量。

在进行单因子发酵条件优化中，我们分别从发酵培养基的不同碳源、不同接种量、不同初始pH、水料比、发酵时间等几个方面进行研究。

（一）碳源的确定

凡能提供微生物所需碳元素的营养物质均称为碳源。碳元素是菌丝体生长代谢的必需元素，在微生物发酵培养的各营养成分中，选择合适的碳源极其重要，不同的碳源对桦褐孔菌菌丝体生长以及代谢生产纤维素酶都将产生重大的影响。

我们在固体发酵培养基中分别加入不同种类的木质纤维素碳源，麸皮（WB）、桦树枝（BI）、榉木屑（BE）、稻秆（RS）、麦秆（WS）、甘蔗渣（SB）、木薯皮（CP）、花生壳（PS），根据 CMC 酶、滤纸酶（FPA）和 β–葡萄糖苷酶（BG）酶活力确定各种碳源对桦褐孔菌发酵产纤维素酶的影响，结果如图 5-11 所示。桦褐孔菌能利用供试的八种碳源，当以麸皮为碳源时，CMC 酶和 β–葡萄糖苷酶酶活力达到最大，分别为 17.7 IU/g、1.7 IU/g；当以甘蔗渣为碳源时，滤纸酶 FPA 酶活力达到最大，为 5.6 IU/g。与同样以麸皮为碳源的其他菌株相比，桦褐孔菌可产生较高的纤维素酶活力，其 CMC 酶活力是棘孢木霉（*T. asperellum*）RCK 2011 的 1.72 倍、*T. asperellum* SR 7 的 1.35 倍；其 FPA 酶活力是 *T. asperellum* RCK 2011 的 1.11 倍。

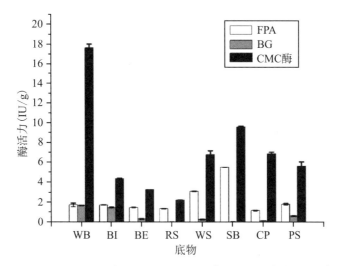

图 5-11　不同的木质纤维素碳源对桦褐孔菌固体发酵产纤维素酶的影响

出人所料却又合理的是，天然寄主桦树枝对桦褐孔菌诱导产生纤维素酶的作用并不强（见图 5-11）。

从产三种纤维素酶的综合效果考虑，我们选择麸皮作为最佳的培养基碳源。麸皮作为来源丰富、供应充足且价格廉价的农作物废弃物，可用作大规模生产纤维素酶的原料。

（二）接种量、初始pH、水料比的确定

菌种的接种量对发酵是一个重要的因素，接种量过小会减缓菌丝体生长速度，产酶活力低下；接种量过大，使得微生物生长由于条件的缺乏而代谢缓慢，因此要在实验中摸索最适的接种量（见图5-12A）。

固体发酵培养基中虽然水分含量比较少，但是培养基初始pH的大小影响着微生物的生长状态、代谢产物纤维素酶的分泌。为此，我们调节Mandels' 营养盐溶液的初始pH（见图5-12B）。

固体发酵中，培养基中的含水量关系着微生物利用营养的情况，间接影响微生物生长代谢及纤维素酶的合成（见图5-12C）。

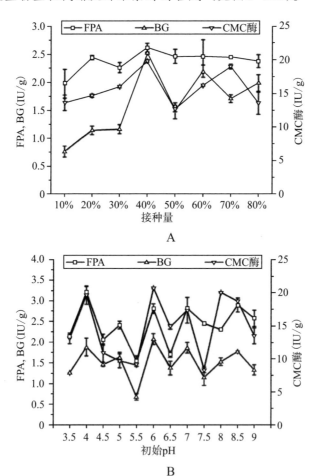

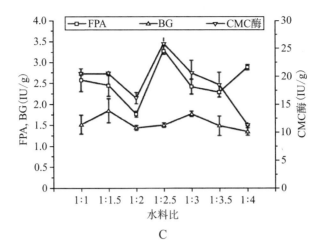

图5-12　接种量（A）、初始pH（B）、水料比（C）对桦褐孔菌固体发酵
的滤纸酶、β–葡萄糖苷酶、羧甲基纤维素酶产生的影响

　　最终，我们确定了发酵优化培养基工艺为：麸皮作为固体发酵底物、含微量元素混合液的Mandels' 营养盐溶液，其初始培养基pH为6.0，合适的接种量和水料比1：2.5。

二、桦褐孔菌产酶的动态规律

　　在产纤维素酶发酵中，发酵时间对产酶影响很大，通常在一定的时间内有产酶高峰期，一旦过了这个高峰期，酶的活力势必下降，给生产应用带来不利，因此我们必须对目的菌株的产酶高峰期进行研究。

　　利用上述优化的发酵条件，对桦褐孔菌菌株在发酵过程中的产酶规律进行研究，我们发现纤维素酶活力总体随发酵时间延长而提高，胞外CMC酶、FPA在培养至第10天时酶活力达到最大，分别为27.2 IU/g、3.2 IU/g，β–葡萄糖苷酶在第12天酶活力达到最大，为2.5 IU/g（见图5-13A）。

　　经过发酵条件优化后，桦褐孔菌菌株的纤维素酶活力显著提高，CMC酶活力是优化前的1.68倍；FPA酶活力是优化前的1.46倍；β–葡萄糖苷酶酶活力是优化前的1.43倍。

尽管与里氏木霉、黑曲霉等子囊菌相比，桦褐孔菌产生的纤维素酶活力不如它们的，但是这两种菌均不能产生木质素降解酶，而我们发现桦褐孔菌在以麦麸为底物的固体发酵中能产生MnP、LiP、Lac三种木质素降解酶（见图5-13B）。木质素降解酶是木质纤维素生物降解的关键步骤酶类。

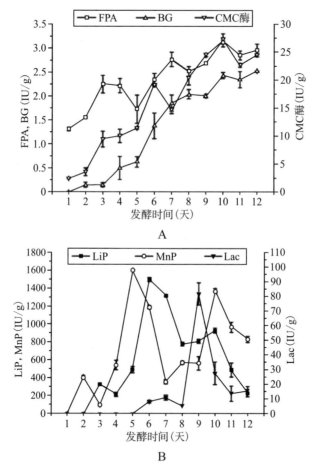

图5-13　发酵条件优化后产纤维素酶（滤纸酶、β-葡萄糖苷酶、羧甲基纤维素酶，A）、木质素降解酶（木质素过氧化物酶、锰过氧化物酶、漆酶，B）的动态规律

在发酵过程中，MnP 和 LiP 酶活性均有两个峰值（见图5-13B）。发酵培养第 5 天，MnP 酶活力达到最大为 1603 IU/g；而在第 10 天产生第二个峰值为 1380 IU/g，而后酶活力略有下降。LiP 最大酶活力值出现在第 6 天，为 1500 IU/g，随后急速下降，在第 8 天酶活力降至 780 IU/g；然后缓慢上升，于第 10 天达到第二个峰值，为 930 IU/g。不同于 MnP 和 LiP，Lac 在发酵第 6 天时才被检测到，在培养第 9 天酶活力达到最大，为 82 IU/g。与彼时已报道的其他真菌相比，桦褐孔菌具有一定的产木质素降解酶优势，所产的最高 MnP 酶活为肺形侧耳（*Pleurotus pulmonarium* MTCC 1805）的 1001.9 倍，是脉射菌（*Phlebia radiata* MTCC 2791）菌株的 419.6 倍；Lac 酶活为潘多拉菌（*Pandoraea sp.* ISTKB）的 2.85 倍。

正如前述，自然界中白腐真菌是能产生木质素降解酶的主要菌株，但是并不是所有的白腐真菌均具有产生 MnP、LiP、Lac 三种木质素降解酶的能力。我们的研究再次证明桦褐孔菌是能产生三种木质素降解酶的优越白腐真菌，这一特点使它的粗酶液在酶解未经任何脱木质素预处理的秸秆产糖时起重要作用（详见本章第四节）。

三、桦褐孔菌纤维素酶酶学性质

纤维素酶是一种极其复杂的酶系统，根据催化功能可将其分为三类：外切-β-1, 4-葡聚糖酶、内切-β-1, 4-葡聚糖酶、β-葡萄糖苷酶。关于能够生产纤维素酶的真菌或者细菌的报道很多，而来源于不同纤维素酶生产菌株的纤维素酶，其催化活性、酶组分、底物特征都存在差异。尽管人们对于纤维素酶的研究已有百余年，但是纤维素酶产生菌的产酶能力低且质量不稳定是目前纤维素酶研究与实际应用的主要瓶颈。因此，要进一步提高纤维素酶的性能，不仅要选育优良纤维素酶生产菌株、优化发酵条件，还需研究其酶学性质以确定其酶促反应的最佳条件、热稳定性等，从而提高纤维素酶的利用率。

为了解桦褐孔菌纤维素酶的部分理化特性，我们通过确定最适酶促反应温度、最适酶促反应pH以及热稳定性来提高桦褐孔菌纤维素酶的质量和稳定性。

（一）桦褐孔菌粗酶液最适酶促反应pH

反应体系中pH会影响酶的催化活性。酶的最适反应pH不是一个常数，它受缓冲液特性、温度、底物浓度等影响。将所得的粗酶液在不同pH的缓冲液中分别进行酶促反应，测定CMC酶、FPA和β-葡萄糖苷酶相对酶活力，它们的酶活力在pH3.0～8.0之间的走势基本一致，CMC酶最适反应pH为3.0～3.5、FPA为3.5～4.5、β-葡萄糖苷酶为3.5（见图5-14A），说明该纤维素酶系在偏酸性pH范围内较稳定即具有较强的耐酸性，但在碱性环境中CMC酶和β-葡萄糖苷酶酶活力较差。

在pH为7.0时FPA酶活力能保持在60%以上，推测桦褐孔菌所产的纤维素酶是个比较复杂的纤维素酶系，酶系中可能存在一些中性纤维素酶组分，使得其在中性pH条件下仍能维持较高酶活性。

与里氏木霉产生的纤维素酶的最适pH（CMC酶4.0～5.0、β-葡萄糖苷酶4.8）相比，桦褐孔菌纤维素酶是一种嗜酸性酶，显示了更强的耐酸性。由于工业制备纤维素酶的价格高且质量不稳定是实际应用的主要瓶颈，故而这种极端性的纤维素酶的价值是显而易见的。

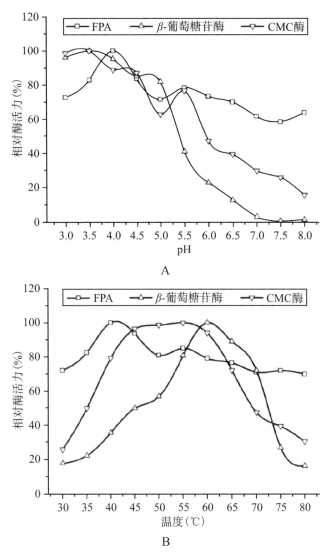

A

B

图5-14 不同pH（A）和温度（B）对纤维素酶（滤纸酶、β-葡萄糖苷酶、羧甲基纤维素酶）酶活力的影响

（二）桦褐孔菌粗酶液最适酶促反应温度

桦褐孔菌属于白腐真菌，菌丝体在零下40℃仍可正常生长，推测其

分泌的酶的最适反应温度相对较低，因此，我们研究了该菌在发酵培养10天后产生的胞外酶CMC酶、FPA、β-葡萄糖苷酶在不同温度（30～80℃）条件下的相对酶活力。结果如图5-14B所示，桦褐孔菌粗酶液CMC酶、FPA、β-葡萄糖苷酶的最适酶促反应温度分别为55℃、40℃、60℃。

桦褐孔菌纤维素酶的最适温度与已报道真菌产生的相当，如宠物球菌（*Petriella setifera* LH）产生的CMC酶的最适反应温度为55℃，低于里氏木霉的60℃；烟曲霉（*A. fumigatus* AR1）的FPA最适反应温度为40℃，黑曲霉的β-葡萄糖苷酶最适反应温度为60℃。

当温度高于65℃，CMC酶丧失大部分酶活力；当温度高于70℃，β-葡萄糖苷酶酶活力迅速降低且丧失大部分；而当温度为80℃时，FPA酶活力仍保持在69%，由此可见桦褐孔菌所产纤维素酶为嗜热酶，表明桦褐孔菌纤维素酶可以适应较大温度范围的使用场所。

（三）桦褐孔菌粗酶液热稳定性研究

在50℃和55℃条件下预处理桦褐孔菌粗酶液，然后用酶促反应测定其纤维素酶活力，结果表明，在50℃下保温1小时，β-葡萄糖苷酶保持50.5%的酶活力；在此温度下处理1.5小时，FPA酶活力保留了52.9%；而CMC酶在50℃条件下的半衰期为12小时（见图5-15A）。当粗酶液保温于55℃，0.5小时后β-葡萄糖苷酶活性降至50%以下，CMC酶活力在2小时后丧失49.2%（见图5-15B），类似的报道有碱沙蚕（*Alkalilimnicola sp.*）NM-DCM1的CMC酶在55℃的半衰期为169分钟。不同于CMC酶和β-葡萄糖苷酶，FPA在55℃下处理48小时后仍能保持50%的酶活力（见图5-15B），而木霉菌（*Trichoderma sp.*）B-8的FPA在55℃保温3小时后酶活力残余50%以下。

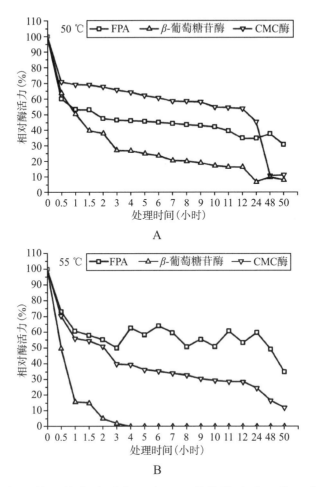

图 5-15 桦褐孔菌纤维素酶（滤纸酶、β-葡萄糖苷酶、羧甲基纤维素酶）
在 50 ℃（A）和 55 ℃（B）条件下的热稳定性

由此可见，桦褐孔菌产生的纤维素酶与文献报道的纤维素酶相比具有更好的热稳定性。

总之，酶促反应温度和 pH 对桦褐孔菌纤维素酶的催化活性有显著影响，最适酶促反应温度为 40~60 ℃，最适酶促反应 pH 为 3.0~4.5，说明该酶系是一种嗜热和嗜酸性纤维素酶。此外，桦褐孔菌纤维素酶还具有良好的热稳定性，在 50 ℃条件下 CMC 酶、FPA、β-葡萄糖苷酶的半衰期分别为12小时、1.5小时和1小时，在55℃条件下三种酶的半衰期分别为2小时、48小时和0.5小时。可见，桦褐孔菌纤维素酶具有良好的热稳定性和较宽的pH耐受范围，因而具有较好的工业化生产潜能。

四、秸秆糖化效率与木质纤维素酶系组分相关

利用木质纤维素酶系转化木质纤维素生产生物制品具有巨大的开发潜力。目前，木质纤维素在生物燃料（纤维素乙醇等）中的应用已得到重视，糖化是木质纤维素材料生产纤维素乙醇的关键步骤，也成为目前研究的热点之一。木质纤维素糖化主要包括化学水解法和生物酶水解法。化学水解法存在不同程度的环境污染问题，已不适用于工业生产中。与化学水解法相比，生物酶水解法具有无污染、操作简单等优点，但是纤维素酶产生菌的产酶能力低、质量不稳定导致生产成本过高，是目前纤维素酶研究与实际应用的主要瓶颈，因而寻找和开发高效纤维素酶将是纤维素资源能否被高效降解并转化为产品的关键。

我们发现桦褐孔菌所产的纤维素酶具有良好的热稳定性和较宽的pH耐受性。为研究桦褐孔菌纤维素酶的应用前景，我们利用桦褐孔菌所产的粗酶液酶解未经处理的天然稻草、麦秆、甘蔗渣以及经过预处理后的甘蔗渣，分析粗酶液对不同木质纤维素的转化情况以考察其在实际应用中的可行性。

为评估在不同发酵时间段（第6天、第8天、第10天、第12天）产生的粗酶液降解未处理的稻草、麦秆木质纤维素产糖效果，分别取发酵培养的粗酶液酶解稻草、麦秆12、24、36、48小时。

结果显示，发酵培养第12天的粗酶液降解麦秆、稻草，经48小时水解的产糖能力最强，分别达130.2 mg/g底物（见图5-16A）、125.4 mg/g底物（见图5-16B），这可能与发酵培养第12天的粗酶液中含有高活性木质

素降解酶MnP-LiP（见图5-13B）和β-葡萄糖苷酶（见图5-13A）有关，由于MnP-LiP活性强，能高效降解天然秸秆的木质素，使被木质素包裹的纤维素和半纤维素暴露出来，而且减少纤维素酶在木质素上的吸附，从而使得纤维素更容易被纤维素酶降解成糖。β-葡萄糖苷酶酶活力在发酵第12天达到最大，而β-葡萄糖苷酶是酶解糖化过程最后一步的关键限速酶，是它将纤维二糖最终降解成葡萄糖，从而最终提高了酶解糖化效率。

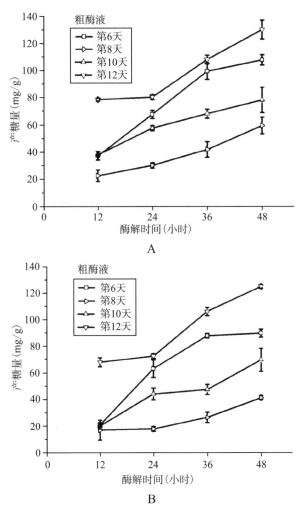

图5-16　不同发酵时间（第6天、第8天、第10天、第12天）产生的纤维素酶对麦秆（A）、稻草（B）糖化效率的影响

有趣的是，发酵至第 6 天的粗酶液的酶解能力比第 8 天、第 10 天的强，处理的麦秆、稻草的还原糖总含量分别为 108.0 mg/g 底物、90.2 mg/g 底物。其原因还是归于第 6 天的木质素降解酶 MnP 和 Lac 的高活性（见图 5-13B），降低了木质素对纤维素的"包裹效应"，使得纤维素酶更易接触纤维素，从而大大地提高了糖化率。

在酶解糖化过程中伴随着木质纤维素组分含量的变化。发酵培养第 6 天的粗酶液在酶解过程中，使得麦秆中纤维素、半纤维素、木质素降解率最大值分别达 23.5%、11.7% 和 22.4%；稻草中纤维素、半纤维素、木质素降解率最大值分别为 18.9%、11.2% 和 14.8%。

桦褐孔菌粗酶液的酶解产糖能力比彼时已报道的一些商业酶的糖化能力都要强。例如，在相同酶量情况下，利用商业纤维素酶 Accellerase®1500 水解未经处理的稻草 48 小时，酶解后还原糖总含量为 50.89 mg/g 底物；未经过热压和接种处理的稻草，在商业纤维素酶 Accellerase®1500 水解 48 小时后，还原糖总含量为 98.31 mg/g 底物；利用 Accellerase®1500 与轮枝镰孢菌（*Fusarium verticillioides*）分泌蛋白混合水解未经处理的麦秆 72 小时，还原糖总含量为 65.4 mg/g 底物。

由此可见，木质纤维素的酶解糖化效率与桦褐孔菌分泌木质素降解酶、纤维素降解酶的组成和活性有关。

《一种利用桦褐孔菌固体发酵农林废弃物生产酸性纤维素酶的工艺》ZL201710558365.X 获得中国发明专利授权（授权公告日 2020-10-20）。发明人：徐向群、林蒙蒙。本发明的目的在于提供一种利用桦褐孔菌固体发酵农林废弃物生产酸性纤维素酶的工艺，设备投资少，后处理简单，基本无污染，成本低，生产的纤维素酶具有较好的 pH 耐受性和温度稳定性。

2018 年我们发表在顶刊 SCI 中科院一区 *Bioresource Technology* 的 *Solid state bioconversion of lignocellulosic residues by Inonotus obliquus for production of cellulolytic enzymes and saccharification*（见图 5-17）被引 60 次以上

（WOS：000417841800013）。

Bioresource Technology 247 (2018) 88–95

Contents lists available at ScienceDirect

Bioresource Technology

journal homepage: www.elsevier.com/locate/biortech

Solid state bioconversion of lignocellulosic residues by *Inonotus obliquus* for production of cellulolytic enzymes and saccharification

CrossMark

Xiangqun Xu*, Mengmeng Lin, Qiang Zang, Song Shi

College of Life Sciences, Zhejiang Sci-Tech University, China

GRAPHICAL ABSTRACT

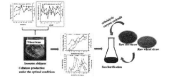

ARTICLE INFO

Keywords:
Inonotus obliquus
Cellulolytic enzymes
Ligninolytic enzyme
Solid state fermentation
Optimal conditions
Saccharification

ABSTRACT

White rot fungi have been usually considered for lignin degradation and ligninolytic enzyme production. To understand whether the white rot fungus *Inonotus obliquus* was able to produce highly efficient cellulase system, the production of cellulolytic enzyme cocktails was optimized under solid state fermentation. The activities of CMCase, FPase, and β-glucosidase reached their maximum of 27.15 IU/g, 3.16 IU/g and 2.53 IU/g using wheat bran at 40% (v/w) inoculum level, initial pH of 6.0 and substrate-moisture ratio of 1:2.5, respectively. The enzyme cocktail exhibited promising properties in terms of high catalytic activity at 40–60 °C and at pH 3.0–4.5, indicating that the cellulolytic enzymes represent thermophilic and acidophilic characteristics. Saccharification of raw wheat straw and rice straw by the cellulolytic enzyme cocktail sampled on Day 12 resulted in the release of reducing sugar of 130.24 mg/g and 125.36 mg/g of substrate after 48 h of hydrolysis, respectively.

图 5-17　刊登在杂志上的《桦褐孔菌生物转化木质纤维素废弃物产纤维素酶以及糖化作用》论文摘要

2019 年发表在国际顶刊 SCI 中科院一区 *Biotechnology Advances* 的综述 *Developments and opportunities in fungal strain engineering for the production of novel enzymes and enzyme cocktails for plant biomass degradation*，指出我们研究的担子真菌桦褐孔菌固体发酵用于木质纤维素的生物预处理引起广泛关注。

2021 年发表在国际顶刊 SCI 中科院一区 *Sustainable Production and*

Consumption 的综述 *Closing the loop of cereal waste and residues with sustainable technologies: An overview of enzyme production via fungal solid-state fermentation*，充分肯定了我们在"麦麸大大提高桦褐孔菌固体发酵的羧甲基纤维素酶酶活力"的发现。

综上，和其他白腐真菌相比，我们发现了桦褐孔菌的两个优势：桦褐孔菌不论液体发酵或固体发酵都能产生三种木质素降解酶，两种或者三种木质素降解酶结合可以起到很好的木质素降解作用；而且发酵前期的木质素降解酶活性高、纤维素酶活性低，有利于木质素的脱除而保留纤维素。

这两个优势为桦褐孔菌选择性降解木质纤维素，实现木质纤维素饲料转化、纤维素乙醇制备、提高药用植物有效成分提取效率、竹材造纸、笋基部废弃物的膳食纤维转化等提供了可能，详见第六章"变废为宝万能菌"。

第六章

变废为宝万能菌

　　我国是农业大国，农林废弃物资源十分丰富，每年超过8亿吨。农林废弃物中的木质纤维素是一种价格低廉、可循环利用、来源丰富的资源。有效地利用农林废弃物中的木质纤维素，是一种将碳转化为生物能源、食物和其他化学品的良好方式。

　　目前，通常使用物理或化学手段降解木质纤维素，但需要昂贵的设备或化学药品。而有些白腐真菌能选择性地降解木质纤维素，这可能是一个有力替代物理和化学方法的方案。

　　白腐真菌是目前已知的自然界中唯一能彻底降解木质纤维素的微生物。研究中发现，白腐真菌降解木质纤维素仍然存在以下几个问题：①木质素降解效率低、脱木质素时间长。即便是为数很少的选择性降解木质素的白腐真菌，也需要花费很长时间才能降解木质素。②降解率低。虽然有些白腐真菌能够选择性降解木质素，但是木质素降解酶的产率和活力低，导致木质素的总降解率低。③生长速度慢。白腐真菌在固态发酵中生长速度较慢，而且白腐真菌在固态发酵中生长易受杂菌的影响。④木质素选择性降解能力差（选择性降解的白腐真菌少）。绝大多数的白腐真菌都是同时降解木质素、半纤维素和纤维素，即在去除木质素的同时，白腐真菌利用纤维素和半纤维素作为碳源，这种真菌被称为"同步降解菌"。适合降解农林废弃物中木质纤维素的白腐真菌需要通过研究筛选发现。

　　桦褐孔菌在选择性降解木质纤维素上是非常有潜力的，因此，我和团队计划研究桦褐孔菌降解转化条件的优化、木质纤维素降解酶的产生、木质纤维素降解转化效率的调控。这些研究将具有重要的科学意义和应用价值。

　　这一章我将展示几个实例，大家可以关注几个实例中对桦褐孔菌预处理的优化，使其在选择性降解木质素方面更有效，以缩短脱木质化的过程。

第一节　桦褐孔菌降解木质纤维素及麦秆
饲料转化

　　种植业在加工产品的过程中，会产生大量的如秸秆、甘蔗渣、苹果渣等农林废弃物，它们往往被直接扔掉或者作为能源物质直接燃烧，这不仅造成环境污染，而且是资源的极大浪费。其实，这些废弃物中含有许多动物所需的重要营养物质，如淀粉、脂类、蛋白质等，可以作为动物饲料的主体部分，但是由于这些物质中往往含有一些抗营养因子如单宁、棉酚、植酸和草酸等，直接喂食会导致动物对营养物质的消化吸收出现问题。

　　实际上，受到抗营养因子干扰无法被利用的农林废弃物，可通过固态发酵技术进行处理，并在合适的条件下显著提高其蛋白质的含量，使之成为优质饲料。利用固态发酵技术对农林废弃物进行营养转化、富集及脱毒处理，为动物养殖业提供高蛋白生物饲料，不仅可以缓解我国饲料蛋白的紧张局面，而且对环境保护起着重要作用。

　　秸秆的主要成分是木质纤维素，由纤维素、半纤维素和木质素组成。反刍动物瘤胃中的纤维素降解菌能够降解秸秆中的多糖类化合物（纤维素、半纤维素），然而，木质素在外围包裹形成的物理屏障，导致瘤胃中的微生物对于纤维素和半纤维素的可及性显著降低。干物质的消化率与日粮中的木质素含量呈负相关，木质素对于反刍动物饲料来说是一种难消化的物质。因此，虽然秸秆在转化为动物饲料方面具有很大的潜力，但未经处理的秸秆适口性差、消化利用率低、蛋白质含量低，限制了其营养价值。

白腐真菌寄生在木质纤维素生物质上，能够产生分解木质素的酶、自由基和其他小分子化合物。虽然对于这些真菌如何降解木质素的机制还不完全清楚，但不妨碍我们研究不同真菌菌株、木质纤维素种类以及不同培养条件对该过程的影响。

桦褐孔菌作为一种药用白腐真菌，不但能够有效降解木质纤维素，还含有许多生物活性物质，例如多糖、多酚、三萜等化合物，因此将经过桦褐孔菌降解后的木质纤维素生物质制成饲料，具有良好的发展前景。

我和团队首先通过响应面法优化桦褐孔菌的培养条件，以缩短固体发酵的时间，增加粗蛋白含量，降低木质素含量。然后在动态发酵过程中研究纤维素酶和木质素酶的变化情况（见第五章）。之后再分析发酵样品的化学成分和营养成分，包括纤维成分、粗蛋白、氨基酸、麦角甾醇等。最后在体外模拟反刍动物消化饲料的过程，运用体外产气法衡量发酵后的样品在瘤胃中的消化情况，为生物制秸秆饲料提供新的方法（见图6-1）。

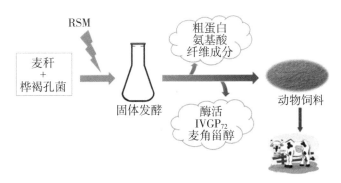

图6-1 桦褐孔菌固体发酵转化麦秆饲料

一、响应面法优化桦褐孔菌固体发酵培养条件

微生物发酵产生各种有用的代谢产物，但是组成培养基的成分种类繁多，各成分间的相互作用也错综复杂，对研究微生物降解生物质的培养条件造成了一定的困难。我们应用响应面法（RSM）研究了桦褐孔菌固体发酵麦秆培养过程中粗蛋白含量与木质素降解率的变化情况，围绕响应面法，选取了温度、pH、KH_2PO_4 等 10 个可能的影响因素进行了 Plackett-Burman 试验、最陡爬坡试验、中心组合试验等，期望寻求最大粗蛋白含量（提高营养成分）与木质素降解率（提高消化率）。最后得到了最佳优化条件，并且将得到的最佳发酵参数应用到后续发酵实验中，对发酵后的底物做进一步研究。

桦褐孔菌固体发酵麦秆优化后的最佳发酵工艺为：麦秆 90%，玉米粉10%，水料比 2∶1，其中营养液的成分为：$(NH_4)_2SO_4$ 1%，$MgSO_4 \cdot 7H_2O$ 0.03%，KH_2PO_4 0.011%，Tween 80 0.4%，pH 7.4，发酵温度为 26 ℃，静置培养 12 天。麦秆经过优化后的发酵工艺处理 12 天，粗蛋白含量达到 86 g/kg，比发酵前麦秆（粗蛋白含量 44 g/kg）提高了 95.5%，样品中的木质素降解率为 27.0%。

二、优化培养基提高麦秆木质纤维素的生物降解

（一）桦褐孔菌产生木质纤维素降解酶

固体发酵过程中，木质素降解酶活力远高于纤维素酶活性，且更早达到高活性阶段，用于降解木质素成分，而后纤维素酶发挥作用，降解利用内部的纤维素和半纤维素。可以认为在此条件下处理 15 天可获得最

好的处理效果（详见第五章）。

（二）桦褐孔菌选择性降解麦秆的木质纤维素

桦褐孔菌在发酵15～30天显著降解麦秆木质纤维素，木质素、纤维素和半纤维素的降解率分别在45%～48%、51%～55%、41%～48%（见表6-1）。

表6-1 ■ 桦褐孔菌降解麦秆木质素选择系数和百分效率

发酵时间（天）	选择系数	成分损失率（%）				ESSF[a]
		质量	木质素	纤维素	半纤维素	
5	4.01	27.51	12.18	3.04	10.34	11.11%
10	1.13	42.53	42.16	37.34	15.83	41.46%
15	0.88	20.58	45.05	51.00	41.13	27.27%
20	0.84	54.01	45.73	54.14	42.50	22.92%
25	0.85	55.43	46.58	54.55	46.85	34.29%
30	0.88	56.79	48.71	55.09	48.82	37.50%
固体发酵百分效率（ESSF），即木质素降解的量与纤维素损失量的百分比。						

发酵第5天，桦褐孔菌降解相对较多的木质素（12%）和较少的纤维素（3%），选择系数高达4。第10天时，桦褐孔菌降解42%木质素、37%纤维素、16%半纤维素，选择系数1.13，随着发酵时间延长，选择系数降低。但是测定木质素降解所消耗的碳水化合物的百分效率提高到最大值41%（见表6-1），表明了桦褐孔菌很强的选择性降解能力，即高效降解木质素而保留碳水化合物。

毛皮伞属（*Crinipellis sp. RCK-1*）、黄孢原毛平革菌（*Phanerochaete chrysosporium*）、平菇（*Pleurotus ostreatus*）、灵芝属（*Ganoderma sp.*）、虫拟蜡菌（*Ceriporiopsis subvermispora*）、侧耳属（*Pleurotus sp.*）、香菇（*Lentinula edodes*）需要更长的发酵时间而降解更少的木质素，如毛皮伞

属（28%，15天）、黄孢原毛平革菌（33%，14天）、灵芝属（35%，15天）、虫拟蜡菌（52%，49天）、杏鲍菇（27%，49天）、香菇（40.1%，49天）。更重要的是桦褐孔菌在第10天达到最大百分效率，比其他真菌高且快，如毛皮伞属（15%）、灵芝（16%）（数据来源的参考文献见本节Zang et al., 2020）。桦褐孔菌在更短固体发酵时间内高效降解木质素，有利于纤维素和半纤维素的保留。

三、优化培养基促进桦褐孔菌生长，提高麦秆饲料的营养价值

饲料中的粗蛋白含量是评价饲料营养价值的一个重要指标，因为它直接影响了动物的适口性和随机采食率。为了探明菌体粗蛋白产生与桦褐孔菌生长的关系，我们进行了发酵过程中菌丝体量和粗蛋白量的分析。

在发酵第3天即发现麦秆上有菌丝体产生，到第7天菌丝体生长旺盛，直至第15天全覆盖。麦角甾醇的数据（发酵第15天、第20天分别达到280 g/kg、309 g/kg底物干重）定量反映了菌丝体生物量。发酵第20天桦褐孔菌的生物量最高，达到300 g/kg底物干重（见图6-2A）。

随着桦褐孔菌菌丝体的生长，粗蛋白含量与生物量在发酵前20天呈现很强的线性关系，并在第15、20天达到最高即102.4 g/kg、107.6 g/kg（见图6-2C），比未处理的麦秆增加132%、143%（见图6-2B）。

发酵后生物质的粗蛋白主要来自三个部分：麦秆、菌丝体和其产生的次级代谢产物。对发酵第20天的麦秆粗蛋白组成进行研究，发现菌丝体中的蛋白质占总蛋白的60.8%，所以另外一部分的蛋白质（39.2%）来源可能是麦秆、含氮化合物、次级代谢产物等，这类物质虽然不是真蛋白，但是同样具有营养价值，非蛋白氮能被瘤胃中的微生物利用。

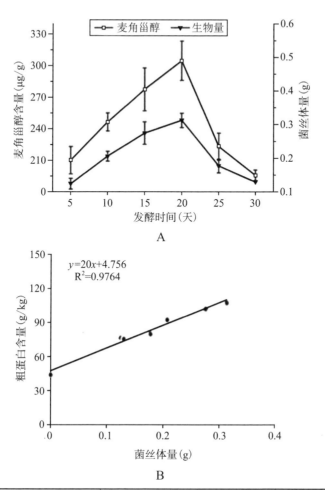

A

B

发酵时间（天）	粗蛋白含量（g/kg）（+%）
0	44.2
5	76.7（+73.5）
10	92.5（+109.3）
15	102.4（+131.7）
20	107.6（+143.4）
25	79.9（+80.8）
30	75.6（+71.0）

C

图6-2　发酵过程中麦角甾醇和菌丝体量的动态变化（A）、粗蛋白含量与
菌丝体量的关系（B）、粗蛋白含量随发酵时间的变化（C）

发酵5、10天的桦褐孔菌即能使生物质中的粗蛋白提高74%、109%，也远远高于文献报道的，虫拟蜡菌（12个种）、杏鲍菇（10个种）、香菇（10个种）发酵28天后使粗蛋白提高6.3%～30%。利用灵芝发酵麦秆10天，粗蛋白增加了57%（数据来源的参考文献见本节 Zang et al., 2021）。可见桦褐孔菌对于麦秆的生长选择性优于香菇、灵芝等，这可能依靠了桦褐孔菌自身产生菌体蛋白的非凡能力。菌体蛋白是继动物蛋白、植物蛋白之后科学界研究和倡导的蛋白质来源。

反刍动物和人类一样无法合成其生长所需的必需氨基酸，必须从日常喂养的饲料中摄取，所以日粮中的氨基酸成分就显得尤为重要。

我们的研究发现发酵15天的麦秆的粗蛋白中含有17种氨基酸，表明所含氨基酸种类（已发现构成蛋白质的氨基酸有20种）较全面。

总蛋白质的氨基酸含量从天然麦秆的27.9 g/kg增加到35.0 g/kg，提高25.3%，这个结果介于虫拟蜡菌、杏鲍菇、香菇发酵49天后使氨基酸含量提高16.7%～42.9%之间，但是桦褐孔菌花更短的发酵时间就达到了。

发酵麦秆的必需氨基酸含量增加了47.8%。天然麦秆蛋白质的氨基酸主要由谷氨酸、亮氨酸、丙氨酸、脯氨酸、天冬氨酸构成，而构成发酵后的麦秆蛋白质的氨基酸增加了甲硫氨酸、苏氨酸、缬氨酸、赖氨酸、丝氨酸、甘氨酸。7种必需氨基酸甲硫氨酸、赖氨酸、苏氨酸、缬氨酸、异亮氨酸、组氨酸、精氨酸分别提高了1070.4%、60.5%、74.4%、39.6%、47.6%、33.6%、20.5%（见表6-2）。

表6-2　麦秆发酵饲料的氨基酸种类和含量

种类	含量（g/kg）		增加量（%）
	原料对照	发酵15天	
必需氨基酸			
甲硫氨酸	0.29	3.36	1070.4
缬氨酸	1.18	1.64	39.6

种类	含量（g/kg）		增加量（%）
	原料对照	发酵15天	
异亮氨酸	0.88	1.29	47.6
亮氨酸	3.35	2.57	–
苯丙氨酸	1.36	1.44	5.7
赖氨酸	0.83	1.33	60.5
组氨酸	0.66	0.88	33.6
精氨酸	0.85	1.03	20.5
苏氨酸	0.10	1.74	74.4
非必需氨基酸			
天冬氨酸	1.55	2.74	76.9
谷氨酸	4.59	3.54	–
丝氨酸	1.35	2.13	57.6
甘氨酸	0.89	1.53	72.2
丙氨酸	2.24	2.42	8.1
脯氨酸	1.66	1.24	–
酪氨酸	0.86	0.81	–
半胱甘酸	0.24	0.22	–
所有氨基酸	27.90	34.95	25.3

非常有趣且令人振奋的发现是，真菌蛋白质通常缺乏含硫氨基酸，而桦褐孔菌发酵后的麦秆中甲硫氨酸的含量达到惊人的15.8 mg/g底物干重（见图6-2A、表6-2），而平菇中的甲硫氨酸含量仅为5.9 mg/g底物干重。文献报道，虫拟蜡菌、杏鲍菇、香菇对甲硫氨酸的含量没有影响甚至降低，毛皮伞属RCK发酵麦秆15天使甲硫氨酸的含量降低70%（数据来源的参考文献见本节Zang et al., 2021）。

桦褐孔菌发酵后的麦秆富含甲硫氨酸、赖氨酸等必需氨基酸，因此其营养价值更高，对于补充动物日粮的营养成分具有很大的意义。

四、桦褐孔菌发酵提高麦秆饲料消化率

消化率是指动物从食物中消化吸收的部分占总摄入量的百分比，是评价饲料营养价值的重要指标之一。体外消化法是利用精制的消化酶或研究对象的消化道酶提取液在试管内进行的消化试验，其测定值可近似反映动物对饲料的消化率。此法能快速测定原料的相对利用率，测定结果与体内法近似，重复效果好，且不受外界条件影响，因此被广泛使用。

我们运用体外产气法分别对发酵5～30天的麦秆进行体外72小时瘤胃消化酶处理产气量（$IVGP_{72}$）分析，天然麦秆的产气量为125.0 mL/g有机物（OM），$IVGP_{72}$随发酵时间的延长而提高，至第20天$IVGP_{72}$达到最大，为182.5 mL/g OM，比对照麦秆的产气量提高了46%，发酵15天的麦秆产气率亦提高了43%（见图6-3A）。综合考虑，我们认为桦褐孔菌发酵转化麦秆的最佳时间可以定为15天。

文献报道，经香菇发酵12周的麦秆产气量只提高了23%，另一篇文献比较了虫拟蜡菌与香菇，发酵42天的麦秆产气量也仅提高38%、23%（数据来源的参考文献见本节Zang et al., 2021）。

这些结果进一步证明，桦褐孔菌比其他真菌在更短发酵时间内更高效地降解了麦秆木质素，使得瘤胃消化酶更容易水解发酵麦秆的纤维素和半纤维素。发酵15天的麦秆木质素损失率与纤维素损失率的比值（见表6-1）高于文献中的虫拟蜡菌、香菇发酵处理麦秆的比值（数据来源的参考文献见本节Zang et al., 2021），这可能是桦褐孔菌发酵具有更好效果的原因。

除了木质素的降解是提高消化率的原因外，发酵麦秆的产气量与发酵过程中菌丝体量的增加（见图6-2A，麦角甾醇分析）和粗蛋白的增加（见图6-2C）有关，$IVGP_{72}$与菌丝体量、粗蛋白量之间的线性关系拟合度

分别达到0.8744（见图6-3B）、0.9484（见图6-3C）。前已述及菌丝体量水平直接影响生物质粗蛋白含量的高低（见图6-2B），粗蛋白含量又直接影响IVGP$_{72}$，所以如果要提高瘤胃对秸秆饲料的消化率，关键是提高生物质的粗蛋白含量。

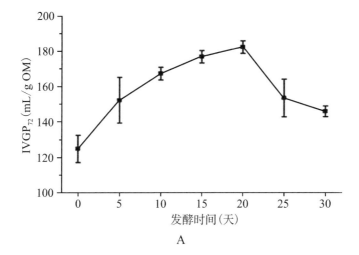

A

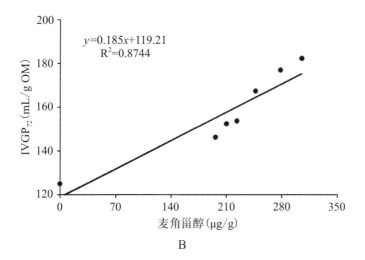

B

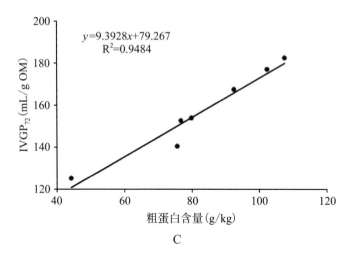

图 6-3　桦褐孔菌发酵 0、5、10、15、20、25、30 天的麦秆 IVGP$_{72}$（A）以及 IVGP$_{72}$ 与菌丝体量（B）和 IVGP$_{72}$ 与粗蛋白量（C）之间的关系

另外，桦褐孔菌发酵降解麦秆产生的游离糖也构成麦秆饲料的可消化部分。

《一种麦秆转化饲料的桦褐孔菌固体发酵方法》获得中国发明专利授权 ZL201710798330.3，授权公告日为 2020-10-20。发明人：徐向群、臧强。本发明公开了一种麦秆转化饲料的桦褐孔菌固体发酵方法，该方法以麦秆为原料，采用白腐真菌桦褐孔菌固体发酵降解麦秆，最终得到麦秆转化饲料。本发明发酵工艺简单，成本低，发酵产品风味良好，粗蛋白、氨基酸含量有不同程度提高，并且含有较高活性的羧甲基纤维素酶、滤纸酶、木质素过氧化物酶和锰过氧化物酶，体外消化率高，营养丰富，达到生产优质发酵饲料效果。

2021 年我们发表在国际顶刊 SCI 中科院一区 *Journal of the Science of Food and Agriculture* 的论文 *Improving crude protein and methionine production, selective lignin degradation and digestibility of wheat straw by Inonotus obliquus using response surface methodology*（见图 6-4）被引 3 次（WOS：000684827500001）。

Research Article

Received: 11 September 2020   Revised: 29 June 2021   Accepted article published: 30 July 2021   Published online in Wiley Online Library:

(wileyonlinelibrary.com) DOI 10.1002/jsfa.11451

Improving crude protein and methionine production, selective lignin degradation and digestibility of wheat straw by *Inonotus obliquus* using response surface methodology

Qiang Zang, Xiaoxiao Chen, Chao Zhang, Mengmeng Lin and Xiangqun Xu[*]

Abstract

BACKGROUND: To date, fungus-assisted pretreatment of agricultural residue has not become the preferred method to produce protein-enriched and ruminally digestible animal feed because of low time efficiency of fungal delignification and protein production, i.e. the long solid-state fermentation period, and because of laccase as a potential inhibitor of cellulose activity. In this study, response surface methodology was employed to optimize the parameters in the process of producing nutritious animal feed from wheat straw with *Inonotus obliquus* pretreatment.

RESULTS: The mineral salt solution containing (w/v) (NH$_4$)$_2$SO$_4$ 1%, MgSO$_4$·7H$_2$O 0.03%, KH$_2$PO$_4$ 0.011%, Tween-80 0.4%, and corn starch 10% with pH of 7.4 was optimized. *Inonotus obliquus* rapidly and completely colonized on wheat straw with an ergosterol content of 280 μg g^{-1} dry matter, consuming 45% of lignin after 15 days of fermentation, producing maximums of lignin peroxidase (1729 IU g^{-1}), manganese peroxidase (610 IU g^{-1}) and laccase (98 IU g^{-1}) on days 5, 15, and 25, respectively. The crude protein (102.4 g kg^{-1}) of 15-day fermented wheat straw increased by ~132%. After hydrolysis, the essential protein-bound amino acids (15.3 g kg^{-1}) increased by ~47%, within which Met and Lys measured ~1070% and ~60% higher. The treatment with *I. obliquus* also improved the *in vitro* gas production after 72 h (IVGP$_{72}$) of wheat straw to 178.8 mL g^{-1} organic matter (~43% increase).

CONCLUSION: For the first time, we found that *I. obliquus* is an effective white rot fungus turning wheat straw into ruminally digestible animal feed without laccase inhibitor.
© 2021 Society of Chemical Industry.

Supporting information may be found in the online version of this article.

Keywords: *Inonotus obliquus*; protein and amino acids; lignin degradation; solid-state fermentation; process optimization; response surface methodology

图6-4 刊登在杂志上的《利用响应面法改善桦褐孔菌发酵转化麦秆的粗蛋白和甲硫氨酸含量、选择性木质素降解和消化率》论文摘要

2023年发表在国际知名SCI中科院二区期刊 *Journal of Fungi* 的论文 *Ergosterol and its metabolites induce ligninolytic activity in the lignin-degrading fungus Phanerochaete sordida YK-624*，高度评价了我们的发现，即桦褐孔菌能在麦秆上高效生长并产生大量麦角甾醇，在发酵15天内就造成木质素的高效降解，缘于高活性木质素降解酶的产生。

2023年发表在国际知名SCI中科院三区期刊 *AMB Express* 的论文 *Lignin-degrading enzymes from a pathogenic canker-rot fungus Inonotus obliquus strain IO-B2*，充分肯定我们发现的桦褐孔菌木质纤维素降解酶能用于麦秆制备动物饲料。

第二节　桦褐孔菌发酵提高杜仲胶提取率和糖化效率

杜仲（*Eucommia ulmoides Oliver*），属杜仲科杜仲属，是一种体型较小的乔木，为我国特有经济植物，是珍稀濒危二类保护树种，同时是一种名贵的中药材，已有2000多年的栽培历史。杜仲具有较高的药用价值，其地上部分如树叶、树皮甚至雄花被广泛应用于各种中药配方中。

人们除了认识到杜仲的药用价值外，还认识到杜仲是为数不多能产生反式聚异戊二烯（杜仲胶）的木本植物之一，这对降低我国橡胶对外的依赖度具有深刻的战略价值。

杜仲的多个部位都含有杜仲胶，例如杜仲叶（1%～5%）、杜仲皮（6%～10%）、杜仲翅果壳（12%～17%）等。杜仲胶是天然橡胶的同分异构体，化学式为反式-1，4-聚异戊二烯。和天然橡胶相比，杜仲胶特有的橡塑二重性和极好的黏结性，使其在很多方面的性能优于天然橡胶。不仅如此，杜仲胶还具有优良的可塑性、绝缘性，且耐酸、耐碱、耐水，同时还有形态记忆功能。杜仲胶作为一种特殊的功能型高分子材料，在橡胶工业、航空航天、海底电缆、船舶、医疗、化工、体育器材等方面都有应用。

杜仲胶的提取主要受到细胞壁阻碍，细胞壁的存在阻止了有机溶剂浸入细胞，使溶剂和杜仲胶难以接触，从而降低了提取率。破坏植物细胞壁可有效提高提胶率。植物细胞壁主要由木质素、纤维素和半纤维素组成，纤维素为主要物质，由木质素和半纤维素保护，三者通过蛋白、果胶等结合在一起，形成牢固的保护层。此外，杜仲叶的细胞壁还含有角质层，增加了破坏细胞壁的难度。因此，破坏细胞表面木质纤维素结构对提取杜仲胶具有重要意义。

在提胶前，常采用预处理方法，破坏表面木质纤维素结构而为提取杜仲胶做准备。现有的传统提胶方法分为干法提胶和湿法提胶，其中干法提胶主要是利用机械力物理破坏杜仲表面结构以实现杜仲胶提取，如研磨法、压榨法等，但这种方法提胶损失率较大，且得到的杜仲胶纯度不高。因此现在多采用湿法提胶，主要利用有机溶剂在适当条件下溶解杜仲胶，并在特定条件下再次将杜仲胶析出，已有的研究也多将此法与其他辅助方法结合使用，以期提高提胶率。

正如第三～五章所述，我和团队发现白腐真菌桦褐孔菌能产生高活力的木质纤维素降解酶，能有效降解植物木质纤维素，基于此，我们试图通过桦褐孔菌固体发酵降解杜仲叶木质纤维素，来提高杜仲胶的提取效率。

我们的探索获得了满意的结果，不但提高了杜仲胶的提取效率，桦褐孔菌对杜仲叶木质素的选择性降解还提高了提胶后的杜仲叶渣中的纤维素的糖化效率，为纤维素乙醇制备提供糖原料。

一、桦褐孔菌是否能在杜仲叶上生长

我们在前面的研究中证实了桦褐孔菌在8种生物质废弃物中都能很好生长，但是杜仲叶中含有杜仲胶和一些化学成分，是否会影响桦褐孔菌的生长呢？

经历过多次失败后，我们通过调整培养条件和杜仲叶的大小、形状，终于惊喜地发现，桦褐孔菌可以很好地附着在杜仲叶上生长（见图6-5）。发酵前两天，桦褐孔菌就快速生长，两天后生长速度稍微放缓，菌丝体量继续增加，但第4天和第2天的菌丝体量没有显著差异，经过短暂调整，第4天后，桦褐孔菌再次高速生长（见图6-5A）。仅在发酵第2天，菌丝体量就达到39 mg/g发酵基质，与起始菌丝体量相比显著增长（$p<0.05$）（见图6-5B）。这可能是因为在发酵早期，桦褐孔菌利用培养基中的营养成分来促进自己的生长，而当其适应杜仲叶后，便通过转化杜仲叶来补充碳源、氮源，为自己的生长持续供能。由于生物转化带来的营养物的补充，菌丝体从第4天开始生长速度加快，并持续增长（见图6-5B）。发酵第8天时，杜仲叶几乎被桦褐孔菌完全覆盖，桦褐孔菌基本为满瓶状态（见图6-5A），菌丝体量达到111 mg/g（见图6-5B），可见桦褐孔菌很好地适应了杜仲叶，能够在杜仲叶基质上实现固体发酵，而且比在秸秆等废弃物中的生长更有优势，可能是杜仲叶中含有的营养物质高于秸秆等。利用杜仲叶为发酵基质，桦褐孔菌生长得更快，即可以缩短发酵时间。

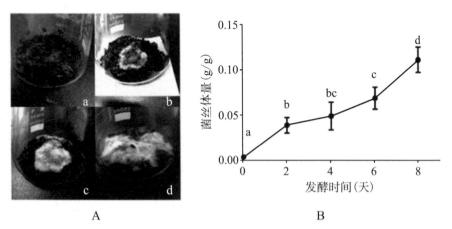

图6-5　桦褐孔菌菌丝体生长情况（A）和菌丝体量（B）

二、桦褐孔菌产生木质纤维素降解酶及降解杜仲叶木质纤维素

桦褐孔菌在杜仲叶上生长良好并能产生木质纤维素降解酶，结果见第五章。

在桦褐孔菌木质纤维素降解酶的作用下，随着发酵的进行，杜仲叶质量不断减少，到发酵第8天时，质量损失达到22.7%（见表6-3、图6-6），这表明桦褐孔菌对杜仲叶实现了有效降解。

表6-3　发酵过程中杜仲叶质量损失（三种成分的降解率、选择系数）与发酵时间的关系

发酵时间（天）	选择系数	成分损失（%）			
		质量	木质素	纤维素	半纤维素
2	2.05	7.86±0.78[a]	7.11±0.10[a]	3.47±0.07[a]	6.44±0.05[a]
4	1.02	11.20±1.66[b]	10.92±0.11[b]	10.68±0.17[b]	24.09±0.61[b]
6	0.62	15.95±0.86[c]	13.05±0.13[b]	21.12±0.21[c]	29.20±0.30[b]
8	0.74	22.70±0.87[d]	20.15±0.21[c]	27.41±0.58[d]	38.68±0.10[c]

注：同一列数据字母不同表示差异显著（$p < 0.05$）。

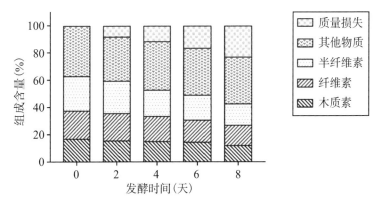

图6-6　杜仲叶经桦褐孔菌固体发酵处理后的木质纤维素含量变化情况

天然杜仲叶的木质素、纤维素、半纤维素含量分别为 17.1%、20.7% 和 25.4%。发酵第 2 天时，木质素的降解率是三者中最高的，选择系数为 2.05，而纤维素和半纤维素在之后的发酵中被快速降解，特别是半纤维素，选择系数也随之下降（见表 6-3）。从第 6 天开始，选择系数低于 1，意味着纤维素的降解率开始高于木质素。发酵 8 天后，三种成分的降解率分别为 20.2%、27.4% 和 38.7%（见表 6-3）。

我们之前的研究发现，桦褐孔菌对麦秆具有很好的选择性降解，液体发酵两天时，选择系数最高，为 2.81，但是在同样条件下，桦褐孔菌对稻草和玉米秸秆没有表现出选择性降解能力（见图 5-2 相关论文）。结果再次证明了底物基质的种类对桦褐孔菌降解模式具有重要影响，也证明了桦褐孔菌是降解杜仲叶木质纤维素的优良菌种。

三、木质纤维素的降解能提高杜仲胶提取率

桦褐孔菌固体发酵预处理对杜仲叶胶的提取有积极作用，与未预处理对照组（见表 6-4 中的 0 天）相比，可以有效提高杜仲胶得率。仅在发酵第 2 天时，杜仲胶的得率就达到最高，为 4.86%，相比于对照组（3.69%）提胶率提高了 31.7%。而延长发酵时间至 4～8 天并没有使杜仲胶的提取率有更多的提高，可见，发酵选择系数最高的第 2 天（见表 6-3）是最佳固体发酵预处理时间，如此短的发酵时间为杜仲叶提胶的工业应用提供了可能。

表6-4　杜仲叶经不同发酵时间后的提胶率

发酵时间（天）	提胶率（%）				
	0	2	4	6	8
总杜仲胶	3.69 ± 0.07^a	4.86 ± 0.39^b	4.66 ± 0.42^b	4.63 ± 0.50^b	4.66 ± 0.46^b

注：数据字母不同表示差异显著（$p<0.05$）。

用 ATR-FTIR 鉴定发酵后提取到的杜仲胶的化学结构如图6-7所示。图谱中，波数 3228 cm⁻¹处的峰为 C-H 伸缩振动吸收，波数 1648 cm⁻¹和 1096 cm⁻¹ 的吸收为 C＝C 双键伸缩振动，其中 1648 cm⁻¹ 处为强吸收，1345 cm⁻¹ 的吸收为 C-H 不对称弯曲振动吸收。这一结果与先前报道的杜仲胶红外结构一致。

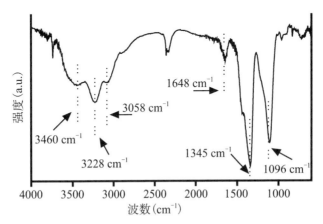

图6-7 杜仲叶经桦褐孔菌发酵后所得杜仲胶的红外光谱图

我们的研究表明，经过固体发酵预处理没有改变杜仲胶的化学结构，可见发酵预处理法切实可行。而且，利用真菌固体发酵预处理只需要将杜仲叶切成合适的大小，不需要粉碎，由此提取到的杜仲胶具有更好的抗拉强度、断裂伸长率、撕裂强度，可以得到更高品质的杜仲胶。

四、提胶后叶渣的糖化率

为了减轻对化石燃料的高度依赖，替代燃料的研究和生产受到相当大的关注。生物乙醇作为资源可持续发展的可再生燃料，产能安全无毒，是石油的优质替代物，具有广阔的市场。

木质纤维素中含有约75%的碳水化合物，且来源丰富，农业、工业废弃物如稻草、麦秆、甘蔗渣、树枝和树叶等都含有丰富的木质纤维素资源，是制备生物燃料的优良原材料。用纤维素酶酶解法将木质纤维素转化成可发酵为生物乙醇的糖需要经过预处理和糖化步骤，这是因为可发酵糖的主要来源是以纤维素为代表的葡聚糖，而木质纤维素中的纤维素在半纤维素和木质素的保护下不易被纤维素酶酶解（详见第五章第五节）。

杜仲叶经过桦褐孔菌固体发酵预处理后，木质素被选择性降解，纤维素被更大程度地保存下来，且没有木质素的保护，纤维素暴露出来，更易被纤维素酶酶解糖化。以往提胶后的杜仲叶多是被废弃，再利用的研究报道极少，造成资源的严重浪费。因此，我们考虑将经发酵预处理提胶后的杜仲叶残渣进行纤维素酶酶解糖化，探究杜仲叶提胶残渣用作生产生物乙醇原料的可能性，以期为杜仲资源综合利用提供新思路。

由图6-8可知，对照组（天然杜仲叶）和发酵2、4、6、8天组的杜仲叶都在市售纤维素酶酶解60小时产生的还原糖产量最高，分别为55.1 mg/g、97.8 mg/g、89.5 mg/g、75.6 mg/g和70.6 mg/g。酶解时间对发酵处理的样品比对照组表现出了更强的影响，即发酵的杜仲叶随着酶解时间的延长，还原糖增量显著高于对照组。比如，从12小时到60小时，发酵两天的杜仲叶还原糖产量增加了71.9%，而对照组仅增加了36.1%，而且，所有发酵组的还原糖产量在各个酶解时间点都显著高于对照组。在四个发酵组中，发酵2天组的样品的还原糖产量不止在酶解60小时的时候最高，在其他酶解时间，发酵2天组的产糖量都是最高的，且都按照发酵2天＞发酵4天＞发酵6天＞发酵8天这一顺序从高到低排列。

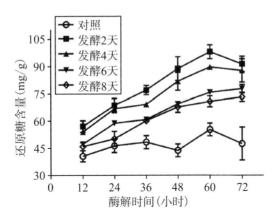

图 6-8 天然杜仲叶（对照）和不同发酵时间的杜仲叶经纤维素酶酶解不同时间后的还原糖含量

对照杜仲叶和不同时间发酵杜仲叶的产糖率的不同，可以归因于它们木质纤维素含量的变化和选择系数的差异（见图 6-6、表 6-3）。

对照组的产糖量仅为 55.1 mg/g，纤维素转化率仅为 11.9%，杜仲叶发酵 2 天后，产糖量增加了 78.1%，转化率达 22.4%，这是因为发酵第 2 天时，桦褐孔菌产生了高活力的木质素降解酶（见图 6-5A），并具有较强的选择性降解能力（见表 6-3），样品的木质素被破坏了，表面结构也变得更加疏松，同时保存下来的纤维素也更易被纤维素酶触及。

但是，还原糖产量并没有随着发酵时间的延长而进一步增加，可能是由于随着发酵时间的增加，杜仲叶纤维素和半纤维素含量逐渐下降（见图 6-6）。发酵 4 天后，桦褐孔菌对半纤维素和纤维素的降解逐渐增强，在第 6 天时选择系数为 0.62，第 8 天的选择系数为 0.74（见表 6-3）。

另外，虽然很多研究表明，木质素的消除对酶解糖化效率的提高具有积极的促进作用，但也不是木质素降解越多，糖化率越高。当木质素降解达到一定值时，继续降解木质素对碳水化合物的转化不再有影响。

文献报道，在对杜仲叶进行热水提、碱处理（产生环境问题）等多步处理后，将得到的杜仲叶残渣做酶解糖化研究，产糖量为 10%（数据来源的参考文献见图 6-9 相关论文），和本研究的产糖量相近，可见，桦褐孔菌固体发酵预处理是一种积极有效且环境友好的产糖方法，促进杜仲叶残渣再利用，提高杜仲资源利用率。

2020 年我们发表在国际知名 SCI 中科院三区期刊 *Applied Biochemistry and Biotechnology* 的论文 *White rot fungus Inonotus obliquus pretreatment to improve tran-1, 4-polyisoprene extraction and enzymatic saccharification of Eucommia ulmoides leaves*（见图 6-9）被引 20 次以上（WOS: 0005395078 00001）。

2021 年发表在国际顶刊 SCI 中科院一区 *Journal of Agricultural and Food Chemistry* 的综述 *Natural polymer Eucommia ulmoides rubber: A novel material*（《天然聚合物杜仲胶：一种新颖材料》），高度评价了我们的发现，即桦褐孔菌能利用杜仲叶做底物并在非常短的时间内产生高活性的木质素降解酶，从而达到选择性降解木质纤维素，提高杜仲胶提取效率和产糖效率的目的。

2022 年发表在国际顶刊 SCI 中科院一区 *Industrial Crops and Products* 的综述 *Valorization of waste biomass through fungal technology: Advances, challenges, and prospects*，指出木质素是生物聚合物，由于其芳香环和多分支的复杂结构而难于降解，并高度评价了我们在桦褐孔菌解聚杜仲叶木质纤维素结构而显著提高杜仲胶提取效率和糖化效率的发现。

Applied Biochemistry and Biotechnology
https://doi.org/10.1007/s12010-020-03347-1

Check for
updates

White rot fungus *Inonotus obliquus* pretreatment to improve *tran*-1,4-polyisoprene extraction and enzymatic saccharification of *Eucommia ulmoides* leaves

Shiyi Qian[1] · Chao Zhang[1] · Zhenduo Zhu[1] · Panpan Huang[1] · Xiangqun Xu[1]

Received: 7 April 2020 / Accepted: 22 May 2020 / Published online: 10 June 2020
© Springer Science+Business Media, LLC, part of Springer Nature 2020

Abstract

This study proposes an innovative strategy of lignocellulose biodegradation by *Inonotus obliquus* under solid-state fermentation in extracting *Eucommia ulmoides* trans-1,4-polyisoprene (EUG) and producing reducing sugars efficiently. EUG and sugars were obtained through the white rot fungal pretreatment of *E. ulmoides* leaves, ultrasound-assisted solvent extraction, and enzymatic saccharification. After mere 2-day fermentation, the loss of lignin, cellulose, and hemicelluloses of the leaves achieved 7.11%, 3.47%, and 6.44%, respectively due to the high activity levels of manganese peroxidase (MnP, 973 IU g^{-1}) and lignin peroxidase (LiP, 1341 IU g^{-1}) produced by the fungus. The breakdown of fibrous networks brought higher yields of EUG and reducing sugars. The highest extraction yield of EUG was 4.86% from the 2-day fermented leaves, 31.4% greater than that from the control (3.69%). Meanwhile, the leaf residues after EUG extraction released 97.8 mg g^{-1} reducing sugars with enzymatic saccharification, 77.5% greater than that from the control (55.1 mg g^{-1}). The results demonstrated that *I. obliquus* could use *E. ulmoides* leaves as substrate to produce high-activity-level ligninolytic enzymes in a very short time and the lignocellulose selective degradation of *E. ulmoides* leaves enhanced the yields of EUG and reducing sugars.

Keywords *Eucommia ulmoides* Oliver · *Tran*-1,4-polyisoprene · *Inonotus obliquus* · Lignocellulose degradation · Saccharification

Introduction

Eucommia ulmoides Oliver (known as "Du-Zhong" in Chinese) belongs to a single species and genus in the plant family Eucommiaceae and is extensively cultivated in China.

✉ Xiangqun Xu
xuxiangqun@zstu.edu.cn

图6-9　刊登在杂志上的《白腐真菌桦褐孔菌预处理提高杜仲叶的提胶
效率和酶解糖化效率》论文摘要

第三节　桦褐孔菌发酵促进杜仲叶有效成分释放

中国第一部药书《神农本草经》记载了杜仲的药效，李时珍在《本草纲目》中指出："昔有杜仲，服此得道，因以名之。"现代研究也发现杜仲含有大量有效成分，主要为木脂素类、苯丙素类、环烯醚萜类、黄酮类化合物，还有酚类、三萜类、多糖、有机酸，此外还含有丰富的营养成分，如氨基酸、脂肪和微量元素等，具有抗氧化、抗炎、降脂、抗糖尿病、抗肿瘤、增强免疫力等作用。杜仲优秀的药用价值与产天然橡胶的特性使其成为一种极具开发价值的植物，值得深入研究。

然而目前杜仲有效成分的提取往往需要用到大量碱性试剂和有机溶剂，不利于环境友好发展，也增加了生产成本。温和稳定的提取方法对于杜仲价值的实现具有极大促进作用。酶作为催化剂，具有高效、专一、反应条件温和的特点，纤维素酶对纤维素的水解能力为天然中草药有效成分的释放提取提供了新的方法，经酶解处理之后，植物细胞壁被大大破坏，有效成分更易于释放，提高了提取效率。但是纯粹的纤维素酶酶解又给工业化生产带来了成本压力。因此，我们把目光投向生物发酵降解手段，能极大地降低成本，并且对环境更加友好。

在有效成分提取过程中，如何保证杜仲有效成分的稳定性？例如，如何克服环烯醚萜在常规提取时的热不稳定性，加热提取导致氧化聚集的问题？如何使杜仲叶中的多种活性成分得到充分释放并提取利用，提高有效成分的提取率，又尽可能地降低生产成本？

我们在第三～五章明确了桦褐孔菌发酵降解秸秆等多种生物质的木质纤维素，在上一节明确了固体发酵桦褐孔菌降解杜仲叶木质纤维素提取杜仲胶的有效性。在这些基础上，我们研究桦褐孔菌液体发酵降解杜仲叶木质纤维素，使有效成分充分释放，从而提高有效成分的提取率。

一、液体发酵桦褐孔菌能有效降解杜仲叶木质纤维素

正如预期，杜仲叶粉末的加入为桦褐孔菌菌丝体的生长提供了营养，杜仲叶发酵组菌丝体量明显高于发酵对照组。

天然杜仲叶的木质素、纤维素和半纤维素含量分别为34.0%、29.6%和16.6%。随着发酵的进行，杜仲叶质量不断减少，发酵第14天时，质量损失达到45.5%，此时木质素、纤维素、半纤维素降解率分别为42.0%、47.7%和50.3%（见图6-10），这表明桦褐孔菌对杜仲叶实现了有效降解。

从图6-10降解率变化与选择系数可以看出，在发酵第2天时，与固体发酵一致（见本章第二节），选择系数最大，为1.56，此时桦褐孔菌对木质素选择性降解，尽可能保留纤维素，因此，在制备生物乙醇等产品时可以考虑仅发酵2天。

二、木质纤维素的降解显著促进杜仲叶中各成分的释放

杜仲叶水提对照组的胞外多酚产量在第2天达到最大值134 mg GAE/L，延长提取时间对多酚的提取无益。与之相比，发酵降解组在第4天达到

最大值143 mg GAE/L（胞外液，下同），发酵4～6天的产量变化很小。

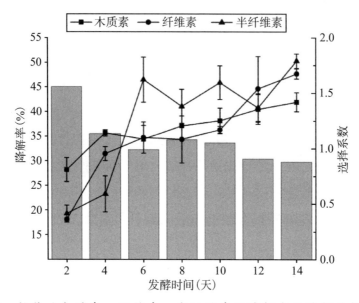

图6-10　杜仲叶木质素、纤维素、半纤维素的降解率与降解选择系数和
发酵时间的关系

杜仲叶水提对照组的黄酮产量在第4天达到最大值21 mg/L；发酵降解组在第2天便达到最高值29 mg/L，高于杜仲叶水提第2天的18 mg/L。其中，杜仲叶水提芦丁产量较少，约为1.2 mg/L，且延长提取时间对芦丁的提取无益；发酵降解组芦丁产量在第2～6天迅速上升，达到14 mg/L。

杜仲叶水提对照组的酚酸产量在第4天达到最大值22 mg/L；发酵降解组的酚酸产量在第2天达到最大值32 mg/L，高于杜仲叶水提对照组第2天时的21 mg/L。其中，绿原酸（在杜仲和金银花中的含量较高）在杜仲叶水提对照组提取2～14天的产量十分稳定，基本在4 mg/L之间浮动，杜仲叶水提效率十分有限。而发酵降解组中，绿原酸含量在第2天已超过对照组，且迅速提高，在第6天达到最大值20 mg/L。

杜仲叶水提对照组的环烯醚萜含量在第6天达到最大值575 mg/L；发

酵降解组中，环烯醚萜在第2天就远超对照组含量，达到842 mg/L，并在第4天达到最大值962 mg/L。

考虑到第2天时杜仲叶发酵组的黄酮、酚酸和环烯醚萜含量相对水提对照组涨幅最大（56.4%、46.9%和173.5%）（见表6-5），最终确定桦褐孔菌发酵降解杜仲叶释放有效成分最佳发酵时间为2天。

表6-5　杜仲叶水提对照与桦褐孔菌发酵胞外液有效成分的产量

成分	最大单位产量（mg/L）			产量增加百分比（%）	
	发酵对照组（A）	水提对照组（B）	发酵降解组（C）	C相对A	C相对B
多酚	114.42±1.28	133.81±0.77	142.56±1.54	24.59	6.54
黄酮	2.69±0.17	21.32±0.83	28.60±0.16	963.20	34.15
酚酸	10.62±0.23	21.91±0.25	31.53±4.05	196.89	43.91
环烯醚萜	0.00	574.98±48.55	961.80±45.37	–	67.28
绿原酸	–	3.95±0.00	19.91±0.00	–	404.30
芦丁	–	3.53±0.00	14.07±0.00	–	298.50

杜仲叶有效成分提取效率的大幅提高与桦褐孔菌降解杜仲叶木质纤维素的作用息息相关。发酵2天后，木质素、纤维素、半纤维素的降解率分别为28.2%、18.1%、19.3%（见图6-10），因此可以推测发酵降解2天有效成分含量的提高是由于杜仲叶木质纤维素被降解而大量释放到胞外液中。

三、桦褐孔菌发酵降解杜仲叶增强提取物的抗氧化性能

发酵降解组提取物对ABTS$^{\cdot+}$自由基（A）、DPPH自由基（B）和羟基自由基（C）的清除能力都比水提对照组强，其清除IC_{50}分别为8.19 mg/mL、3.32 mg/mL、2.50 mg/mL，均显著低于水提对照组的IC_{50}（12.38 mg/mL、22.69 mg/mL、5.02 mg/mL）。这个结果可以归因于杜仲叶抗氧化成分的有效释放（见图6-11）。

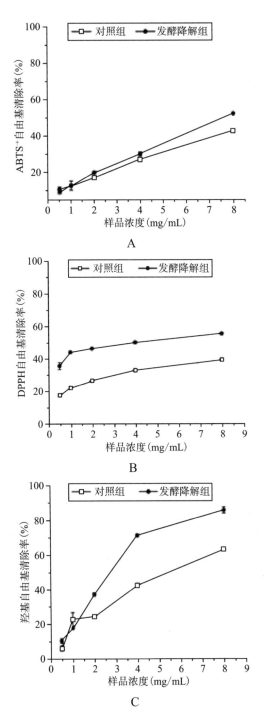

图6-11 杜仲叶水提对照与桦褐孔菌发酵胞外液提取物的抗氧化活性

　　《一种利用桦褐孔菌液体深层发酵杜仲叶提高活性成分产量的方法》获得中国发明专利授权ZL20211029542216，授权公告日为2022-12-9。发明人：徐向群、朱振铎。本发明利用桦褐孔菌，采用液体深层发酵法以杜仲叶为对象进行液体发酵，能够大大提高杜仲叶提取物中活性成分的产量，所述活性成分包括绿原酸、环烯醚萜、黄酮、多酚及酚酸；且用时短，设备要求简单，设备投资少，后处理简单，基本无污染，多种活性成分产量能得到有效提高。

　　杜仲是我国珍稀濒危二类保护树种，从杜仲叶中提取活性成分的成本也随之提高。利用本发明工艺可以有效提高杜仲叶中活性成分的释放，降低原料成本。该方法也遵从了我国节约资源和保护环境的基本国策，遵循了尊重自然、顺应自然、保护自然的理念。

第四节　绿色氧化反应－桦褐孔菌固体发酵联合提高秸秆糖化效率

　　秸秆作为丰富的农业废弃物，目前由于缺乏有效利用的方法，它们通常被焚烧，由此造成了资源的严重浪费和环境污染。传统的物理化学处理法存在着诸如高成本、高危险性、污染等问题。由此，我和团队想通过桦褐孔菌固体发酵，来解决麦秆绿色转化的产业化需求。在之前的研究中，桦褐孔菌固体发酵产生的菌丝和粗蛋白无须与底物分离，可直接作为动物饲料，但是固体发酵所需的周期较长。我们这次研究的目标是：周期短，无须大量其他培养基，含水量少，对底物粒度要求不大，通气性好。

　　Fenton 反应是一种经济环保的预处理方法，已被应用于木质纤维生物质的降解研究。Fenton 反应和类 Fenton 反应，即羟基（HO－）和过羟基（HOO－）自由基，可以氧化和降解含木质纤维素的生物质的顽固结构，改善纤维素酶的水解条件。

　　铁基纳米颗粒因其优异的性能，如低毒、生物相容性和优越的顺磁性而显示出巨大的潜力。与传统的 Fenton 反应体系相比，氧化铁与草酸共存可以在没有外加 H_2O_2 的情况下，通过生成羟基自由基来建立类 Fenton 反应的光催化体系。我们推测 Fe_3O_4 纳米颗粒与白腐真菌的联合预处理具有很大的潜在应用价值。

于是我们开展了两个体系降解木质素的研究：①Fenton反应预处理与桦褐孔菌固体发酵协同作用（Fenton组，FRP + *I.o*）；②桦褐孔菌发酵体系中添加 Fe_3O_4 纳米颗粒（NMs + *I.o*）的联合处理。

以 Fenton 反应处理协同桦褐孔菌发酵，促进农作物秸秆饲料化，并提高秸秆饲料中的蛋白质含量。研究确定木质素选择性降解的发酵时间，转化饲料的粗蛋白量、纤维素酶解糖化率。

一、Fenton反应联合桦褐孔菌发酵选择性降解木质素

在第五章，我们发现 Fenton 反应促进桦褐孔菌生长和木质素降解酶的产生，那么 Fenton 反应是如何影响降解的呢？下面以麦秆为实验材料进行研究。

我们以木质素、纤维素、半纤维素的降解率，来探究 Fenton 反应预处理和纳米铁的类 Fenton 反应对桦褐孔菌降解木质纤维素的影响。

由图 6-12A 可以看出，发酵的前 10 天，Fenton 组的木质素降解水平高于发酵对照组（$p < 0.05$），达到整个发酵周期的最大值 20.9%。Fenton 组的半纤维素降解率显著高于对照组（$p < 0.05$），在发酵的第 5 天便达到了较高的降解率 51.3%（见图 6-12B），说明经 Fenton 反应后，木质素被破坏，半纤维素大量暴露出来，促进了桦褐孔菌对它的降解。Fenton 组的纤维素降解水平显著低于发酵对照组（$p < 0.01$）。Fenton 组在发酵第 30 天达到最大降解率 24.0%，而发酵对照组降解率高达 46.8%（见图 6-12C）。

纳米铁类 Fenton 反应对麦秆木质纤维素的发酵降解水平的影响介于两者之间（见图 6-12A、B、C）。

图 6-12D 为发酵过程中木质素降解选择系数的变化情况，在发酵第 10 天，Fenton 组选择系数便达到最大值 1.9，发酵对照组于第 15 天达到周期最大值，且仅为 0.6，呈现非选择性降解，说明 Fenton 反应和纳米铁类 Fenton

反应对于麦秆木质素的选择性降解具有促进作用，并缩短了发酵周期。

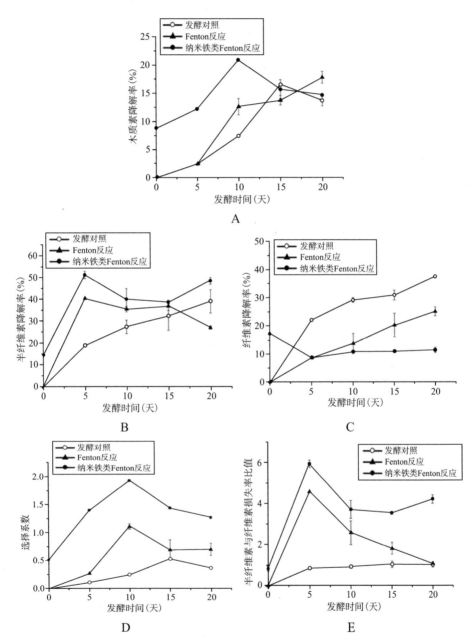

图6-12　发酵对照、Fenton反应、纳米铁类Fenton反应对桦褐孔菌降解木质纤维素效率的影响

二、Fenton反应联合桦褐孔菌发酵提高麦秆蛋白质含量

在发酵过程中，随着桦褐孔菌的生长及木质纤维素的降解，同时伴随着蛋白质的产生。发酵过程中粗蛋白变化情况如表6-6所示。发酵对照组的蛋白质含量一直处于较低水平，第20天达到最高蛋白质含量96.5 g/kg，最大增加率为47.6%。而Fenton组在发酵第15天之后，蛋白质含量迅速增加，到第20天时达到197.8 g/kg，增加率为209.1%，此时蛋白质含量超过原料中的两倍以上。第30天达到发酵周期内最大蛋白质含量205.9 g/kg，增加率为221.8%，远优于发酵对照组。

表6-6　发酵过程中粗蛋白含量的动态变化

时间 （天）	发酵对照		Fenton + 桦褐孔菌	
	粗蛋白含量（g/kg）	增加量（%）	粗蛋白含量（g/kg）	增加量（%）
0	64.6（±0.2）	0	45.0（±0.1）	0
5	77.4（±0.1）	20.9	75.0（±0.2）	17.2
10	90.9（±0.3）	42.1	82.1（±0.3）	28.2
15	91.1（±0.3）	42.4	90.8（±1.4）	41.9
20	94.5（±0.4）	47.6	139.3（±0.2）	117.6
25	85.4（±0.3）	33.4	197.8（±0.4）	209.1
30	67.1（±1.0）	4.8	205.9（±0.2）	221.8

由此可推测，经Fenton反应的麦秆不仅能够促进菌丝体的生长，同时还促进蛋白质的产生。

三、Fenton反应联合桦褐孔菌发酵提高麦秆糖化率

为了进一步确定Fenton反应和纳米铁类Fenton反应对麦秆固体发酵转化饲料营养及消化率的影响，我们对不同发酵时间的麦秆进行了糖化

率研究。结果如图6-13A所示，麦秆原料产糖量最低，经Fenton反应预处理后的麦秆在糖化48小时达到最大产糖量142.7 mg/g（见图6-13Ac）。不同发酵时间对照组的糖化水平均低于Fenton处理组（见图6-13Aa），说明Fenton反应对麦秆的糖化具有促进作用，且效果好于单一真菌发酵。与发酵对照组相比，Fenton组具有更高的糖化水平，Fenton组发酵10天的麦秆糖化效率一直处于最高，第48小时达到最大产糖量227.2 mg/g（见图6-13Ac），为发酵对照组的近两倍，与其较高的选择系数一致。纳米铁类Fenton反应组的麦秆产糖量介于相应发酵对照组和Fenton组之间（见图6-13Ab）。

图6-13B为各组糖化率，发酵对照组最高糖化率为发酵5天麦秆糖化48小时的17.6%（见图6-13Ba），但低于经单独Fenton反应处理后的20.6%。Fenton组最高糖化率为发酵10天糖化48小时的32.8%（见图6-13Bc），说明经Fenton反应处理后的麦秆糖化率优于单一真菌处理的麦秆，而Fenton反应和真菌协同处理的麦秆糖化效果更优。纳米铁类Fenton反应组产糖量介于相应发酵对照组和Fenton组之间（见图6-13Bb）。Fenton组发酵5天的麦秆产糖量213.6 mg/g与糖化率30.9%相比，同时Fenton组发酵10天糖化水平高于5天组，进一步验证了10天内发酵周期的可行性。

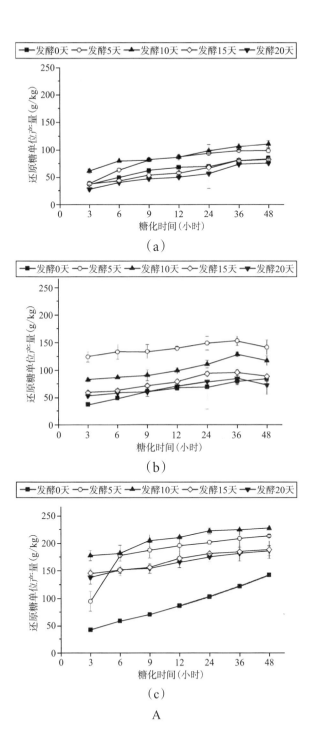

（a）

（b）

（c）

A

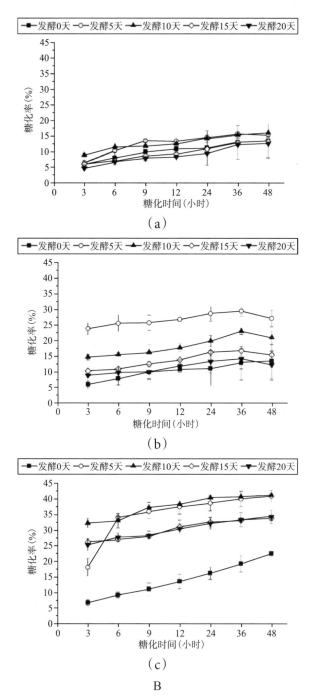

图6-13 发酵对照（a）、纳米铁类Fenton反应（b）、Fenton反应（c）对桦褐孔菌发酵0、5、10、15、20天的麦秆产糖量（A）和糖化率（B）的影响

四、Fenton反应结合诱导剂对桦褐孔菌降解木质素和糖化的作用

在第五章，我们发现Fenton反应联合桦褐孔菌诱导发酵（发酵培养基中添加诱导剂）促进木质素降解酶的产生，那么Fenton反应联合诱导发酵过程中，诱导剂可否进行优化，以提高降解和糖化效率呢？

（一）Fenton反应结合MnSO₄-没食子酸对桦褐孔菌降解麦秆的影响

原料麦秆的组成为木质素22.9%、纤维素33.1%、半纤维素29.1%。随着发酵的进行，发酵对照组、Fenton反应＋发酵（FRP＋发酵）、Fenton反应＋MnSO₄-没食子酸诱导发酵组（FRP＋MnSO₄＋GA）中麦秆的质量损失均逐渐增大然后趋于平稳，这意味着各组分逐渐降解到一定程度后保持稳定（见图6-14）。

联合Fenton反应和诱导发酵能够更大幅度地增加木质素的降解，添加MnSO₄和没食子酸的诱导效果最佳，麦秆发酵10天木质素降解率达到24%，是发酵对照组的2.5倍（见图6-14F）。Fenton反应＋发酵的降解效果居中。而且，发酵对照、Fenton反应＋发酵、Fenton反应＋诱导发酵的麦秆纤维素含量分别为27%、28%、30%，表明Fenton反应联合诱导发酵的处理方式有助于纤维素成分的保留（见图6-14C）。

高效液相色谱分析发现发酵麦秆中香草醛、阿魏酸和对香豆酸显著增加，进一步标志了木质素的降解。

扫描电镜对麦秆表面结构变化的研究发现，未经处理的麦秆表面平滑，完整性较好，结构致密，无孔洞。

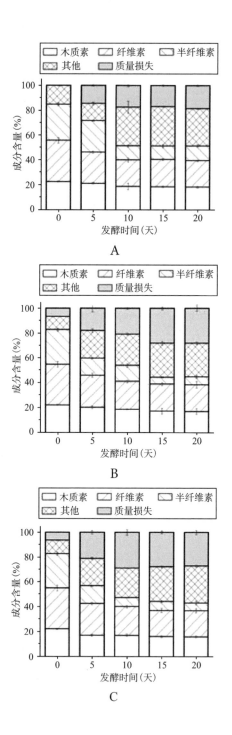

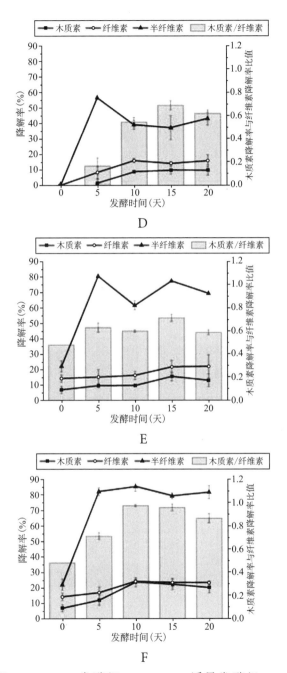

A. 发酵对照组；B. FRP＋发酵组；C. FRP＋诱导发酵组；D. 发酵对照组；
E. FRP＋发酵组；F. FRP＋诱导发酵组。

图6-14 桦褐孔菌固体发酵麦秆的化学组成变化及木质纤维素降解情况

图6-15显示了经Fenton反应预处理但未经发酵的实验组（FRP-WS）（A、B、C）、Fenton反应＋诱导发酵组（FRP＋Mn^{2+}＋GA）（D、E、F）发酵10天的麦秆放大100倍（A、D）、400倍（B、E）、1000倍（C、F）的表面结构。

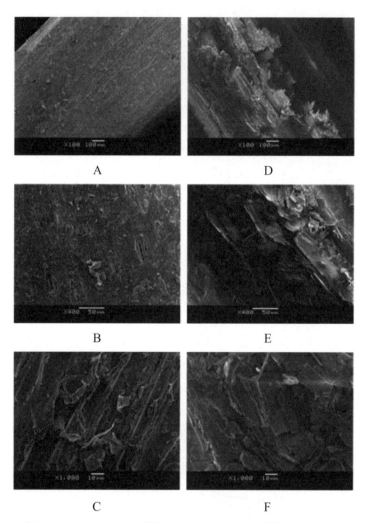

A. FRP-WS组：×100；B. FRP-WS组：×400；C. FRP-WS组：×1000；D. FRP＋诱导发酵组：×100；E. FRP＋诱导发酵组：×400；F. FRP＋诱导发酵组：×1000。

图6-15　麦秆表面结构的变化

100 倍放大图可以较完整地看到麦秆的表面，可以看到 FRP-WS 组麦秆表面相对完整光滑，而 FRP + 诱导发酵组在放大 100 倍时就能明显看到其结构被破坏以及表面的不完整。

400 倍放大图可以明显看到 FRP-WS 组虽然相对完整，但表面留下了 Fenton 反应后的蚀刻痕迹以及一些降解溶出的碎屑和孔洞，而 FRP + 诱导发酵组的表面结构已经完全碎裂，难见麦秆表面原本的形态特征。

1000 倍放大图可以看到 FRP-WS 组的麦秆表面留下了一些较深的沟壑以及断裂痕迹，可见 Fenton 反应预处理的确对木质纤维具有一定的破坏作用。而 FRP + 诱导发酵组明显可见的沟壑已经较少，可能是由于其降解程度更大，已经将沟壑断裂成更加细碎的结构。

结合图 6-14 可以得出，Fenton 反应结合 $MnSO_4$ 和没食子酸的诱导发酵能够破坏麦秆的木质纤维结构且其效果优于单一的 Fenton 反应。

（二）Fenton 反应联合诱导发酵提高桦褐孔菌木质纤维素降解酶活性

三组发酵中的桦褐孔菌木质纤维素降解酶活性详见第五章。

结合降解酶活性在发酵中的动态变化（见图 5-10），我们发现 Fenton 反应 + 发酵组的木质素降解规律与 MnP 活性变化规律一致（见图 5-10A），两者均在第 15 天达到最大之后开始下降。由此推断，经 Fenton 反应处理后，桦褐孔菌降解麦秆木质素成分的主要作用酶为 MnP，但是木质素的降解必然是多种酶共同作用的结果。

FRP + 诱导发酵组的木质素降解率变化趋势几乎与该组的 LiP 活力的变化完全一致，都在发酵第 10 天上升至最大值后均匀下降，这表明诱导剂的加入可能极大地促进了 LiP 在桦褐孔菌降解木质素过程中的作用。MnP、LiP、Lac 酶活性在这一组中都显著高于 Fenton 反应 + 发酵组的，解释了诱导组麦秆木质素被最大降解的原因。

（三）Fenton反应联合诱导发酵提高麦秆糖化率

对三组经5、10、15、20天发酵后的麦秆进行纤维素酶糖化分析，不出意料，我们发现FRP＋发酵组（见图6-16B）、FRP＋诱导发酵组（见图6-16C）在发酵5、10、15、20天后麦秆的还原糖产量均高于发酵对照组相应发酵时间的麦秆（见图6-16A），诱导剂的作用非常显著（见图6-16C）。

第0天分别为未经处理的麦秆原料和仅经Fenton反应处理的麦秆，糖化48小时的还原糖产量分别为111 g/kg和137 g/kg，糖转化率分别为18%和21%，表明Fenton反应预处理可以提高麦秆糖化率。

这两组原料经过桦褐孔菌发酵之后，发酵对照组的产糖量、糖化率分别为213 g/kg、51%（见图6-16A），而FRP＋诱导发酵组为333 g/kg、68%（见图6-16C）。两组都在发酵第10天、糖化48小时达到最大值；FRP＋发酵组的最高产糖时间也是在第10天，还原糖的产量为294 g/kg，而该组的糖化率在发酵第15和第20天持续上升至66%（见图6-16B）。

比较这两组的产糖情况可以得出，Fenton组在20天的发酵周期内每一天产糖量都高于发酵对照组，这体现了Fenton反应预处理对酶解糖化的促进作用。

FRP＋诱导发酵组的还原糖产量与木质素降解率（见图6-14）保持着一致的趋势，皆为先上升后下降，最高点在第10天。FRP＋诱导发酵组发酵前10天的产糖都远远高于FRP＋发酵组，这体现了诱导剂对于木质纤维素成分的降解作用。发酵前10天，诱导发酵在对麦秆木质素进行高效降解的同时，尽可能地保留更多的纤维素成分。因此，该组对麦秆糖化的促进作用来自Fenton反应预处理和诱导剂的双重作用，即Fenton反应预处理和诱导剂的双重作用使得发酵时间缩短的同时提高了木质素降解和糖化率，这很好地解决了单独用白腐真菌经固体发酵降解木质素周期长的问题。

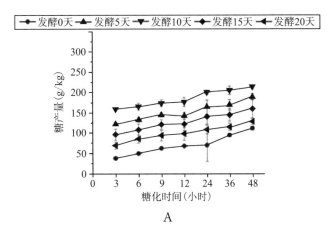

A

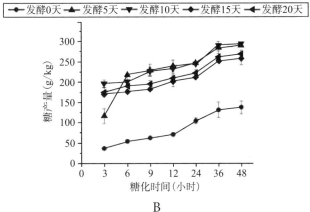

B

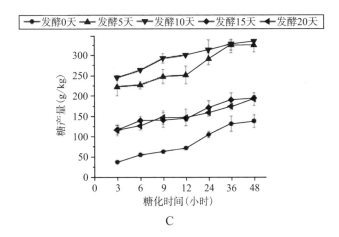

C

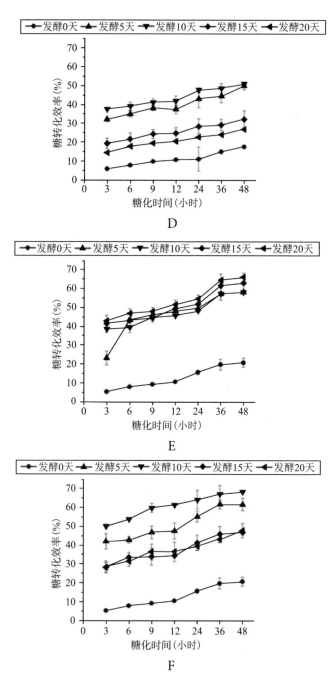

A、D. 发酵对照组；B、E. FRP＋发酵组；C、F. FRP＋诱导发酵组。

图6-16　发酵0、5、10、15、20天的麦秆还原糖产量（上图）和糖转化

效率（下图）

（四）Fenton反应联合诱导发酵对三种秸秆木质素降解的影响

为了探究Fenton反应联合$MnSO_4$-没食子酸诱导发酵对不同秸秆降解效果的影响，对玉米秸秆、油菜秸秆进行了为期10天的固体发酵，并与小麦秸秆进行了比较。

玉米秸秆的木质素、纤维素和半纤维素的含量分别为15.8%、26.8%和27.1%，油菜秸秆中它们的含量分别为27.1%、42.1%和18.0%，小麦秸秆中它们的含量分别为22.9%、33.1%和29.1%。结果表明，Fenton反应联合$MnSO_4$-没食子酸诱导发酵的方式能够在不同程度上促进不同秸秆木质纤维素的降解。

对于玉米秸秆而言，单一Fenton反应预处理对木质纤维素的降解效果要优于常规固体发酵，其效果体现在更高的木质素降解率和无显著性差异的纤维素损失（$p>0.05$）。而Fenton反应联合$MnSO_4$-没食子酸诱导发酵的处理方式直接大幅度提高了木质纤维素的降解效果，其木质素降解率、纤维素降解率分别为22.3%、27.5%。

油菜秸秆由于其本身较高的木质化程度，增加了木质素降解的难度，其27.1%的木质素含量要显著高于另外两种秸秆。由表6-7看到，Fenton反应处理（FRP）、发酵对照、Fenton反应处理＋发酵（FRP＋发酵）对木质素有一定的降解，但降解率较低，且降解效果无显著性差异（$p>0.05$），但是Fenton反应联合$MnSO_4$-没食子酸诱导发酵明显促进了木质素的降解，其木质素、纤维素降解率分别为12.6%、31.9%，并缩短发酵时间。

表6-7　固体发酵10天不同秸秆的木质纤维素降解率

	降解率（%）		
	木质素	纤维素	半纤维素
FRP-玉米秸秆	5.96±2.32[bc]	21.72±1.71[b]	26.02±1.28[c]
发酵对照	1.76±0.60[c]	24.09±4.22[ab]	52.04±2.57[b]
FRP＋发酵	8.15±2.67[b]	20.59±1.20[b]	79.17±1.58[a]
FRP＋诱导发酵	22.33±3.70[a]	27.52±1.49[a]	78.30±0.68[a]

续表

	降解率（%）		
	木质素	纤维素	半纤维素
FRP-油菜秸秆	3.11 ± 1.23^b	28.91 ± 1.09^b	24.58 ± 3.62^c
发酵对照	2.72 ± 0.01^b	25.54 ± 2.74^c	49.16 ± 7.25^b
FRP+发酵	4.14 ± 2.04^b	32.27 ± 1.13^a	72.21 ± 7.53^a
FRP+诱导发酵	12.5 ± 3.07^a	31.92 ± 1.09^{ab}	69.28 ± 9.15^a
FRP-麦秆	6.82 ± 2.24^b	14.16 ± 2.43^b	21.97 ± 3.64^d
发酵对照	8.61 ± 0.79^b	15.84 ± 1.24^b	38.97 ± 2.87^c
FRP+发酵	9.62 ± 0.13^b	16.08 ± 1.31^b	61.54 ± 2.92^b
FRP+诱导发酵	23.49 ± 2.98^a	24.14 ± 1.27^a	85.32 ± 3.08^a

注：同一列字母不同表示数据之间有显著差异（$p<0.05$）。

经 Fenton 反应预处理后进行固体发酵，玉米秸秆和油菜秸秆的半纤维素发生剧烈降解，相似的情况在麦秆中也有发生，这进一步证明 Fenton 反应预处理能够促进桦褐孔菌降解生物质材料中的半纤维素成分，这与 Fenton 反应对半纤维素酶活性的促进作用有关。

（五）Fenton 反应联合诱导发酵对三种秸秆糖化效果的影响

Fenton 反应联合 $MnSO_4$ 和没食子酸的诱导发酵提高了三种秸秆木质素的降解率，那么对不同秸秆的糖化效果有何影响呢？

天然玉米秸秆和油菜秸秆的还原糖单位产量为 51 g/kg 和 28 g/kg，仅用 Fenton 反应进行处理而未经发酵的玉米秸秆和油菜秸秆分别产糖 91 g/kg 和 61 g/kg，由此可见，Fenton 反应有助于不同秸秆的解聚，从而促进纤维素酶解糖化。

玉米秸秆和油菜秸秆经桦褐孔菌发酵的发酵对照组的还原糖产量仅为 43 g/kg 和 54 g/kg，显著低于单一 Fenton 反应处理组，这是因为单一 Fenton 反应处理对木质素的降解效果比单一常规固体发酵好（见表6-7）。

由图6-17可以看出，玉米秸秆的发酵对照组（发酵10天）与原材料的产糖量并无显著性差异，并且在酶解24小时后产糖量停止增长。这表明糖化24小时后，这两组的可利用组分已基本消耗完毕，这是因为桦褐孔菌在固体发酵过程中只有降解了少量木质素，反而优先降解了纤维素和半纤维素（见表6-7）。

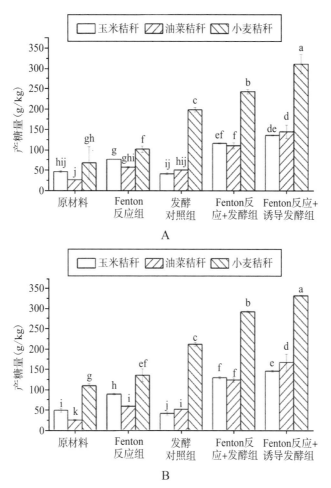

图6-17　发酵10天的玉米秸秆、油菜秸秆和小麦秸秆酶解24小时（A）、
48小时（B）的还原糖产量

油菜秸秆的Fenton反应组和发酵对照组（发酵10天）虽然都能在一定程度上促进产糖，但都出现了24小时后停止产糖的现象，这表明单一

的 Fenton 反应处理和单一的发酵处理都很难降解高木质化的油菜秸秆，只能暴露出少量可利用组分。

但是，当 Fenton 反应预处理 + 发酵组，玉米秸秆（132 g/kg）和油菜秸秆（126 g/kg）的产糖分别比发酵对照组增加了 2.0 倍和 1.3 倍（见图 6-17）。

玉米秸秆和油菜秸秆的 FRP + 诱导发酵组（148 g/kg，169 g/kg）的产糖量是 FRP + 发酵组的 1.1 倍和 1.3 倍、发酵对照组的 3.4 倍和 3.1 倍，这体现了 MnSO$_4$ 和没食子酸的加入又进一步促进了底物中可利用碳水化合物的暴露，这可能与木质素的大量降解有关（见表 6-7）。

Fenton 反应联合 MnSO$_4$-没食子酸诱导发酵的处理方法，能够有效促进玉米秸秆和油菜秸秆产糖，以便于后续制备生物乙醇。

尽管如此，由图 6-17 可知，若以产糖为目的对不同秸秆进行 Fenton 反应结合 MnSO$_4$-没食子酸诱导发酵处理，则玉米秸秆和油菜秸秆的还原糖产量远不及麦秆，这与三种秸秆的初始组分有关。玉米秸秆虽然木质素含量较低且处理后降解率大大提高，但是玉米秸秆本身除了木质纤维成分以外，其他组分含量高达 30.2%，包括粗蛋白、粗脂肪、灰分等物质，同时纤维素含量也是三中秸秆中最低的，这使得纤维素酶进行酶解糖化的底物基数最少，因此产糖量低。而油菜秸秆产糖量低于麦秆主要是因为其木质化严重，木质素含量高达 27.1%，其蜡质、硅酸盐含量较高，细胞壁的结晶度更高，因此比麦秆更难降解。

总之，玉米秸秆木质化程度较低，常规的桦褐孔菌固体发酵优先降解其纤维素成分，但是 Fenton 反应预处理以及诱导剂的加入都能在不同程度上促进发酵过程中桦褐孔菌对木质素的利用，提高了酶解糖化的能力。油菜秸秆木质化程度很高，单一的 Fenton 反应处理以及常规的桦褐孔菌固体发酵都难以降解其木质素。Fenton 反应有助于促进发酵过程中油菜秸秆的半纤维素降解，但对木质素的降解无显著促进作用，而诱导剂的加入进一步提高了油菜秸秆的木质素降解，因此在 Fenton 反应和诱导剂的共同作用下，油菜秸秆的木质素成分和半纤维素成分双双解聚，从而暴露出更多的纤维素成分，提高了纤维素酶的可及性，从而增加了还原糖产量。

麦秆的产糖能力是三种秸秆中最强的。

2023年我们发表在国际顶刊SCI中科院一区 *Fuel* 的论文 *Fenton-reaction-aid selective delignification of lignocellulose by Inonotus obliquus to improve enzymatic saccharification*（见图6-18）被引ESI 5次（WOS: 000879414300002）。

Fuel 333 (2023) 126355

Contents lists available at ScienceDirect

Fuel

journal homepage: www.elsevier.com/locate/fuel

Full Length Article

Fenton-reaction-aid selective delignification of lignocellulose by *Inonotus obliquus* to improve enzymatic saccharification

Yue Zhang [1], Xiaoxiao Chen [1], Lixiang Fang, Chao Zhang, Xiangqun Xu [*]

College of Life Sciences and Medicine, Zhejiang Sci-Tech University, Hangzhou 310018, China

ARTICLE INFO

Keywords:
Inonotus obliquus
Fenton reaction
Fe_3O_4 nanomaterials
Lignocellulose degradation
Solid-state fermentation

ABSTRACT

Aiming at improving the efficiency of recovering sugars from wheat straw by the white rot fungus *Inonotus obliquus* in solid-state fermentation, two Fenton-reaction-aid systems, i.e., one system containing Fenton reaction pretreatment (FRP) and subsequent *Inonotus obliquus* culture, one system composed of fungal combined treatment with Fe_3O_4 nanomaterials (NMs), were developed. FRP and NMs improved the fungal growth and degradation efficiency of wheat straw (WS) by regulating ligninolytic enzyme secretion with manganese peroxidase (MnP) (471.0, 359.8 IU g^{-1}), lignin peroxidase (LiP) (108.0, 48.6 IU g^{-1}), and laccase (Lac) (18.0, 13.4 IU g^{-1}) in the FRP group and NMs group within 15 days. Hemicellulose removal on Day 5 and delignification on Day 10 in FRP group (51.3 % and 20.93 %) and NMs group (40.7 % and 12.60 %) were more severe than the control group (19.2 %, 7.37 %). Sugar yield and conversion rate of 10-day-cultured FRP-WS were 228.4 g kg^{-1} and 37.2 %, 2.1 and 2.6 times higher than that of 10-day-cultured raw WS. Synergism of Fenton reaction and white-rot fungus quickened fermentation period, promoted degradation selectivity, and then subsequent enzymatic hydrolysis. The Fenton-like system established by NMs and *I. obliquus* made the synergistic system simpler and represented biocompatible chemistry for developing novel microbial cell factories.

1. Introduction

Lignocellulosic biomass is one of the primary renewable energy sources in the world and mainly consists of lignin, cellulose, and hemicellulose. Recalcitrant lignin containing complex aromatic derivatives acts as a physical barrier to prevent the hydrolysis of lignocellulose. Therefore, lignin removal is a critical step in the production of cellulosic bioethanol from lignocellulosic wastes [1]. Biological pretreatment is a sustainable way to degrade lignin. White-rot fungi are considered to be the most efficient lignin-degrading microorganisms because of their unique ligninolytic enzyme systems [2]. However, the most significant drawbacks of fungal pretreatment still exist. First, this process takes a long time [2,3], and secondly, the sugar yield of the pretreated biomass after enzymatic hydrolysis is low, which is caused by low selective lignin degradation with high consumption of cellulose [4].

Advanced oxidation processes including ozonation technology, Fenton technology, persulfate-based advanced oxidation characterized by sulfate radicals have been a research hotspot for environmental restoration in recent years [5,6]. Fenton reaction ($Fe^{2+} + H_2O_2 = Fe^{3+} +$

$\bullet OH + OH^-$) in acidic media produces strongly oxidizing hydroxyl radicals ($\bullet OH$). As an environmentally friendly and powerful advanced oxidation technique, the Fenton reaction could be used to treat lignocellulosic biomass to enhance the subsequent saccharification capacity [7,8]. Recently, it has been found that Fenton reaction pretreatment can simulate the metabolism of white-rot fungi to generate hydroxyl radicals and facilitate the degradation of lignin in lignocellulose wastes [9–11]. The lignin removal of rice straw by Fenton reaction increased the activities of lignin peroxidase (LiP) and manganese peroxidase (MnP) from *Phanerochaete chrysosporium* in solid-state fermentation [9]. Huang et al. found LiP contributed to the degradation efficiency of rice straw through a Fenton-like process in a composite system containing Fe_3O_4 nanomaterials (NMs) and *P. chrysosporium* [11]. Numerous researches have proved that oxalate played a key role in white-rot decay system when grown on a lignocellulose substrate like wheat straw [12]. Oxalate and iron oxides coexistence was reported to be capable of setting up a Fenton-like system even without external source of H_2O_2 [11].

In the authors' previous work, the white-rot fungus *Inonotus obliquus* shows considerable ligninolytic ability due to secretion of LiP, MnP, and

---

* Corresponding author.
  E-mail address: xuxiangqun@zstu.edu.cn (X. Xu).
[1] First co-author.

图6-18　刊登在杂志上的《Fenton反应辅助的桦褐孔菌选择性脱木质素并改善酶解糖化效率》论文摘要

2023 年发表在国际顶刊 SCI 中科院一区 *Renewable Energy* 的论文 *A sequential combination of advanced oxidation and enzymatic hydrolysis reduces the enzymatic dosage for lignocellulose degradation*，高度评价了我们在 Fenton 氧化反应和白腐真菌协同作用缩短发酵周期、提高选择性降解的发现。

2023 年发表在国际顶刊 SCI 中科院一区 *Journal of Cleaner Production* 的论文 *Effect of Fenton-like reactions on the hydrolysis efficiency of lignocellulose during rice straw composting based on genomics and metabolomics sequencing*，高度评价了我们在 Fenton 氧化反应和白腐真菌协同作用提高糖化效率的发现。

第五节　桦褐孔菌发酵在笋竹绿色资源化利用中的应用

中国的竹采伐余物（竹枝、竹梢竹叶、竹根）和加工剩余物（笋渣、笋壳、竹笋基部、竹屑）每年高达约2600亿吨。这些采伐加工剩余物被焚烧或者直接填埋，不仅造成环境污染，还对笋竹资源造成极大浪费。如何绿色且充分有效地利用这些木质纤维素剩余物，已成为笋竹资源综合利用的紧迫问题。以绿色可持续技术（白腐真菌发酵——绿色化学）为载体，实现笋竹废弃物的资源化利用，形成一个将第一产业与大健康产业、造纸工业相结合的产业，对于我国实现"双碳"目标和农业农村共富发展具有重要意义。

一、笋竹废弃物膳食纤维制备

随着人们生活水平的提高，所摄入的食物中，粗纤维的含量越来越低，现代"文明病"诸如便秘、肥胖症、动脉硬化、心脑血管疾病、糖尿病、结肠癌等，严重地威胁着现代人的身体健康，在人们的食物中补充膳食纤维（非淀粉 α-葡聚糖的多糖）已成为当务之急。欧美、日本等国家的方便谷物食品市场中，高纤维食品超过一半，膳食纤维添加剂在欧美、日本等国家非常盛行。食用高纯度的功能性膳食纤维作为营养补充，也许是解决当前我国公众膳食纤维摄入不足的有效途径，对提高我国人民群众的健康水平有着十分重要的意义。

笋竹作为一种快速生长的作物，其资源的绿色可持续利用具有重大意义。国内外笋产品仅限于水煮笋和几个简单的传统产品，技术含量不高，资源利用率低，只限于未出土的幼嫩部分，近一半下脚料和出土笋均无法利用。

目前，从笋竹获取膳食纤维的研发主要利用竹笋，即竹初生嫩芽，富含膳食纤维、蛋白质以及少量脂肪与无机盐，属于优质的健康食品。而笋头，即竹笋基部，由于其木质化严重使得结构坚硬致密，因此口感差且不利于人体吸收，导致它被当作加工废弃物而丢弃。

我的研究思路是利用桦褐孔菌固体发酵技术对笋头进行改良，扩展成膳食纤维产业的新方向，有望实现桦褐孔菌发酵多糖与笋竹膳食纤维的同时利用（见图6-19）。

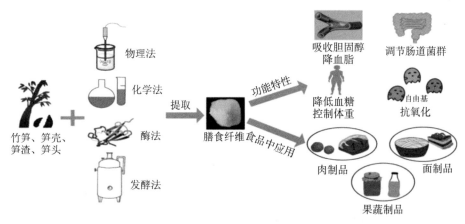

图6-19 笋竹废弃物的膳食纤维制备及其功能特性和应用

膳食纤维可分为水溶性纤维SDF与非水溶性纤维IDF。非水溶性纤维主要由纤维素、半纤维素和木质素构成。木质素-半纤维素复合体影响水溶性膳食纤维的提取和产量，影响食品的颜色、口感、风味。膳食纤维合理的 SDF/IDF 比值是 0.333，而笋竹膳食纤维的比值在 0.001～0.010 之间，其 SDF 含量明显偏低。因此必须降低木质素-半纤维素含量并改变理化性质和木质纤维素结构，以提高水溶性纤维的含量，以此改善笋竹膳食纤维的品质。

我们的研究从竹笋基部开始，后续将推及其他笋竹废弃物的利用。

（一）桦褐孔菌固体发酵降解竹笋基部木质纤维素

经过对培养条件的优化，特别是比较研究竹笋基部材料的大小、形状对发酵菌丝体生长的影响后，我们发现以一定大小形状的竹笋基部为固体发酵基质，桦褐孔菌能产生活性很强的木质素降解酶，具体详见第五章。

在木质素降解酶的作用下，竹笋基部的木质纤维素在发酵过程中得到有效降解，发酵 9 天的竹笋基部木质素降解率达 21%、综纤维素（半纤维素＋纤维素）降解率达 83%。

通过傅里叶红外光谱（FTIR）分析竹笋基部化学结构变化，我们发现竹笋基部发酵前后的样品具有较相似的红外光谱分布，但在相应的木质纤维素特征峰中存在一定的强度变化。

竹笋基部原材料在 1731 cm^{-1} 处的特征峰为半纤维素木聚糖的 C＝O 伸缩振动，经过发酵处理后该峰几乎消失，推测是由于桦褐孔菌分泌的木聚糖酶对竹笋基部半纤维素的降解引起。1648 cm^{-1} 处的强吸收峰表明存在烯烃 C＝C 拉伸振动，1545 cm^{-1} 和 1250 cm^{-1} 为木质素组分的特征弯曲或拉伸，发酵后这些峰强度变弱表明木质素结构被降解破坏。此外，在 1110 cm^{-1} 与 899 cm^{-1} 处均检测到吸收峰，这两个吸收峰分别与脱水吡喃葡萄糖环骨架与纤维素链中的脱水葡萄糖的 β-糖苷键有关，这两处的吸收峰强度减弱表明纤维素被有效降解。

化学成分分析和化学结构分析都表明竹笋基部经过桦褐孔菌固态发

酵9天后，其中的木质纤维素组分被有效降解，在扫描电镜下也可观察到其表面结构的变化（见图6-20）。

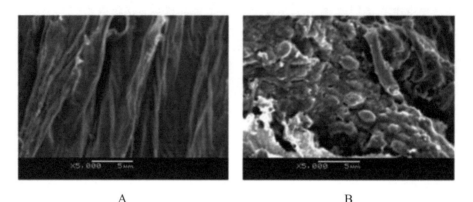

A   B

图6-20　竹笋基部原材料（A）和经发酵后的竹笋基部（B）表面结构的电镜照片

　　竹笋基部原材料的木质纤维素结构表层与断面光滑，平行排列的纤维束规则有序（见图6-20A），而发酵样品可见纤维束结构完整性被破坏，表面粗糙，并被降解侵蚀形成较大的孔洞。同时纤维束间连接变得相对松散，形成裂纹与碎屑（见图6-20B），这是由于木质纤维素的部分组分被降解使得硬度降低造成。发酵竹笋基部的结构与竹笋基部原材料相比变化显著。

　　纤维素是以葡萄糖单体通过β-1，4糖苷键连接的大分子聚合物，纤维素链间通过氢键的相互作用形成晶化纤维素是导致其结晶度高的原因。X射线衍射图谱（XRD）研究表明，两种竹笋基部样品在$2\theta = 22°$处均出现衍射峰，对应 I 型纤维素（002）晶面衍射峰，表明经发酵处理的样品的晶型未发生改变，仍为 I 型纤维素结构。竹笋基部原材料在22°处的衍射峰与发酵后样品相比更加尖锐，且其CI值由34.3%降低至发酵后的29.6%，表明在发酵处理后竹笋基部结晶区纤维素被有效降解。

综上，桦褐孔菌固态发酵能够有效破坏竹笋基部的木质纤维素结构，进一步证明桦褐孔菌对竹笋基部木质纤维素组分降解效果良好。

竹笋基部木质纤维素的降解显著提高了竹笋基部膳食纤维的品质，发酵竹笋基部的水溶性膳食纤维含量达到9.3%，比对照提高了41%，IDF/SDF下降了31%。

（二）桦褐孔菌发酵改善竹笋基部膳食纤维的功能特性

膳食纤维的持水力、膨胀力及油吸附力与其含有的亲水基团、亲脂基团密切相关，同时也受其组分、表面结构与粒径的影响。

我们的研究发现，发酵竹笋基部膳食纤维的持水力、膨胀性分别提高118%和57%，可能是由于其原本结构致密的木质纤维素组分的降解使得其结构更加松散，出现孔洞并形成更小的颗粒结构（见图6-20）。这将形成更大的表面积，同时暴露出更多的亲水基团，更多的水结合位点出现于周围的水中，使得持水力和膨胀性得到改善。

发酵前后竹笋基部膳食纤维在pH 7.0时对胆固醇的吸附力均显著高于在pH 2.0时对胆固醇的吸附力，但发酵后竹笋基部膳食纤维在pH 7.0时对胆固醇的吸附力比发酵前提高了62%。

发酵前后竹笋基部膳食纤维在pH 2.0时对亚硝酸盐的吸附性能均显著优于pH 7.0环境时。这与人参膳食纤维不同，人参膳食纤维在不同pH环境下对亚硝酸盐的吸附能力结果相似。发酵竹笋基部膳食纤维在pH 7.0时对亚硝酸盐的吸附能力比发酵前提高了107%（见图6-21）。

《一种利用桦褐孔菌发酵竹笋下脚料提高品质膳食纤维的方法》申请中国发明专利，申请号2023118073523，发明人：徐向群、方礼想。

我们2024年在国际顶刊SCI中科院一区 *Food Chemistry* 发表论文 *How lignocellulose degradation can promote the quality and function of dietary fiber from bamboo shoot residue by Inonotus obliquus fermentation*（见图6-22）。

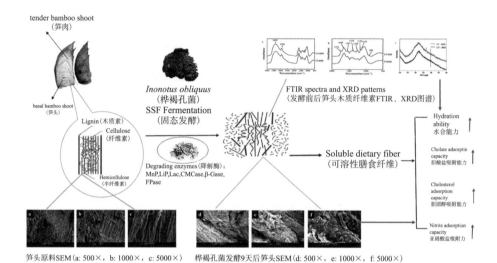

笋头原料SEM（a: 500×，b: 1000×，c: 5000×）　　桦褐孔菌发酵9天后笋头SEM（d: 500×，e: 1000×，f: 5000×）

图6-21　桦褐孔菌降解竹笋基部（笋头）木质纤维素制备高品质膳食纤维

Food Chemistry 451 (2024) 139479

Contents lists available at ScienceDirect

Food Chemistry

journal homepage: www.elsevier.com/locate/foodchem

How lignocellulose degradation can promote the quality and function of dietary fiber from bamboo shoot residue by *Inonotus obliquus* fermentation

Lixiang Fang [a], Junchen Li [a], Xiaoxiao Chen [a], Xiangqun Xu [a,b,*]

[a] College of Life Sciences and Medicine, Zhejiang Sci-Tech University, Hangzhou 310018, China
[b] Shaoxing Academy of Biomedicine of Zhejiang Sci-Tech University, Shaoxing, China

ARTICLE INFO

Keywords:
Bamboo shoot residue
Dietary fiber
Modification
Lignocellulose
Physicochemical properties
Functional properties

ABSTRACT

Lignocellulose constitutes the primary component of dietary fiber. We assessed how fermenting bamboo shoot residue with the medicinal white-rot fungus *Inonotus obliquus* affected the yield, composition, and functional attributes of dietary fiber by altering bamboo shoot residue lignocellulose's spatial structure and composition. *I. obliquus* secretes lignocellulolytic enzymes, which effectively enhance the degradation of holocellulose and lignin by 87.8% and 25.5%, respectively. Fermentation led to a more porous structure and reduced crystallinity. The yield of soluble dietary fiber increased from 5.1 g/100 g raw BSR to 7.1 g/100 g 9-day-fermented bamboo shoot residue. The total soluble sugar content of dietary fiber significantly increased from 9.2% to 13.8%, which improved the hydration, oil holding capacity, in vitro cholesterol, sodium cholate, and nitrite adsorption properties of dietary fiber from bamboo shoot residue. These findings confirm that *I. obliquus* biotransformation is promising for enhancing dietary fiber yield and quality.

图6-22　刊登在杂志上的《桦褐孔菌降解竹笋基部木质纤维素如何能提高膳食纤维品质》论文摘要

二、竹材纤维在绿色环保造纸中的资源化利用

木材是质量优良的造纸纤维原料，而我国木材资源十分短缺。长期以来，纤维原料供应短缺成为制约我国造纸工业发展的关键因素之一，开发利用非木材纤维原料是保证造纸工业持续发展的重要举措。我国竹材资源丰富，竹林面积达720万 hm^2，约占世界总量的30%，种类、面积、蓄积量、产量均居世界首位。竹材资源是中国除木材外第二大重要资源，而且竹材具有生长周期短、强度大和韧性好的特点，被认为是代替木材的最佳资源。

我国作为世界上竹林面积最大、竹类资源最为丰富的国家，竹材资源的利用始终受到木质素难降解的影响，导致竹类资源一直难以实现综合利用。竹材木质素因木质素化学结构复杂，常同纤维等物质结合紧密，难以降解或脱除。目前化学或物理方法去除木质素生产过程的能耗高、污染重，因此亟须寻求一种高效、低成本且对环境友好的木质素降解技术和绿色竹材造纸工艺。

木质素的生物降解具有反应条件温和、低能耗、低成本、环境友好等优点。白腐真菌是微生物中唯一能同时降解木质素、纤维素和半纤维素的微生物，也是唯一能在纯系培养中降解木质素的真菌，但是白腐真菌生物处理方法存在木质素降解效率低、纤维素和半纤维素损失较大、生长速度慢导致脱木质素时间长等问题，尤其是竹材木质素含量高于阔叶木，接近针叶木纤维原料，特别是竹材木质素结构复杂组织紧密，微生物很难作用到组织结构内部，且竹子本身具有多种抑菌物质，菌种的选择难度较大。以上原因导致竹材木质素的生物降解在国际上依然是难点。

正如前述，我们的研究发现桦褐孔菌对秸秆木质素具有较强的选择性降解能力，而且使麦秆固体发酵转化饲料、高效糖化的时间缩短至10天。因此，我们对桦褐孔菌降解竹材木质素充满期待。

前期，我们进行了纺织竹丝的制备研究，结果是喜人的。桦褐孔菌液体发酵24天对机械压制粗竹丝的木质素降解率达31%，竹条变软，更易弯折，木质素的降解改变了粗竹丝偏硬不易弯折的性状（见图6-23）。

A   B

图6-23 竹丝在发酵前后的形貌变化（A为对照组，B为发酵组）

我们通过培养条件优化，克服了桦褐孔菌难以在松木、竹材培养基中生长的问题。然后我们对松木、竹材、松竹混合材、机械热磨松竹纤维（以下简称松竹纤维）的桦褐孔菌发酵降解特性进行了研究，发现机械热磨的松竹纤维，经桦褐孔菌液体发酵3～5天，明显变得顺滑细腻（见图6-24），木质素降解率达21%～33%，而综纤维素的含量保持在67%～72%，这体现了桦褐孔菌对松竹纤维木质素的高效选择性降解。

A   B

图6-24 松竹纤维原材料（A）和发酵后松竹纤维（B）的形貌对比

扫描电镜（SEM）显示松竹纤维明显润胀变粗，纤维出现孔洞、断层和裂缝（见图6-25）。

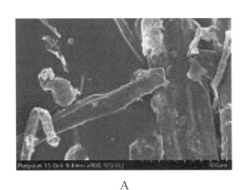

A

B　　　　　　　　　　　　　　C

A. 松竹纤维原材料；B. 处理1；C. 处理2。

图6-25　发酵3天松竹纤维形貌电镜照片（×500）

桦褐孔菌液体发酵松竹纤维时，未添加其他碳源难以生长，添加的碳源能刺激菌丝体生长，且不同碳源（见图6-25B、C）下菌丝体生长状况不同。

我们进一步用Fenton反应预处理协同桦褐孔菌液体发酵后，大大提高了松竹纤维木质纤维素降解率。处理1，木质素降解率为32.3%；处理2，木质素降解率为33.2%。

经不同处理的松竹纤维，由于木质素被降解，表面结构也发生了变化。松竹纤维原材料表面光滑，结构致密紧凑，完整性较好（见图6-

26A)。经单一Fenton反应处理后，可观察到一部分松竹纤维表面存在被蚀刻的痕迹以及表面结构的断裂，出现深浅不一的沟壑和孔洞。同时，还能观察到，依旧存在结构完整光滑的松竹纤维（见图6-26B），证明单一Fenton反应只能一定程度地破坏而不是完全地破坏松竹纤维木质纤维素结构。

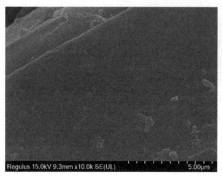
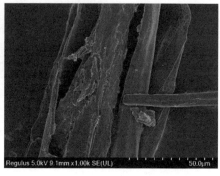

A   B

图6-26　松竹纤维原材料（A）和经Fenton反应预处理的松竹纤维（B）的表面结构

　　500倍放大图中，处理1、处理2的Fenton反应预处理＋发酵组松竹纤维表面结构均被破坏，表现为不完整（见图6-27A、D）。1000倍放大图中，可观察到处理1（Fenton反应预处理＋发酵）组松竹纤维上，留有较多的裂纹、孔洞以及降解后残存的碎屑（见图6-27B）；处理2（Fenton反应预处理＋发酵）组松竹纤维上也出现了明显的被侵蚀的痕迹、结构的断裂和孔洞（见图6-27E）。5000倍放大图中，处理1组的结构断裂明显，不再具有完整性（见图6-27C）；处理2组的松竹纤维表面出现较深的沟壑、较大的孔洞和明显的蚀刻痕迹（见图6-27F）。

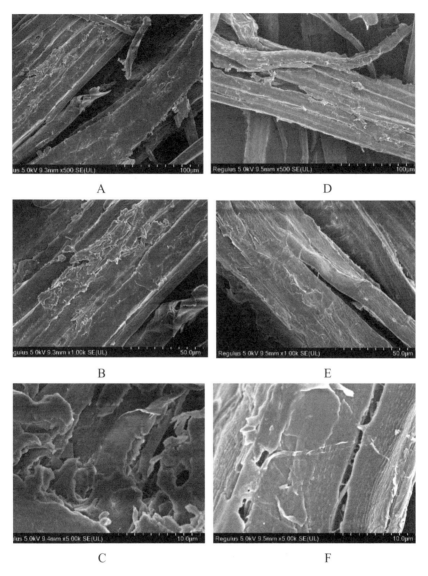

图6-27　处理1组三种放大倍数和处理2组三种放大倍数的SEM图。处理1-FRP发酵：×500（A）、×1000（B）、×5000（C）的SEM图；处理2-FRP发酵：×500（D）、×1000（E）、×5000（F）的SEM图

　　总体上看，Fenton反应预处理能破坏松竹纤维部分木质纤维素结构。预处理后再经过桦褐孔菌发酵后，松竹纤维木质纤维素结构进一步被破

坏，与化学分析的结果相一致。

Fenton反应预处理协同桦褐孔菌液体发酵松竹纤维，提高了木质素降解酶的酶活性，对纤维素酶无显著影响。MnP和LiP在松竹纤维木质素降解中起主要作用。纤维素酶的酶活性较低，有利于纤维素成分的保留，有利于提高松竹纤维在造纸中的利用率。

与对照相比，在不同碳源中，Fenton反应协同桦褐孔菌发酵均能提高木质素降解酶的酶活性。

碳源1，Fenton反应预处理松竹纤维后，LiP酶活性从6.45 IU/mL提高至13.98 IU/mL；MnP酶活性增加到15.73 IU/mL；与对照组0.60 IU/mL的Lac酶活性相比，Fenton反应＋发酵组Lac酶活性无显著变化。

碳源2，Fenton反应＋发酵组LiP酶活性增加至17.83 IU/mL；MnP酶活性大幅增加，约为对照组的2.8倍；然而在发酵对照组中并未检测到Lac酶活性，经Fenton反应预处理后，测得Lac酶活性仅为0.49 IU/mL。木质素降解酶的酶活性提高，导致了木质素降解程度的增加。

我们下一步的研究目标是明确桦褐孔菌高效降解竹材木质素的作用机制，以及木质素降解酶的基因遗传工程改造和表达增强。

此外，计划优化桦褐孔菌发酵技术，进一步提高竹材木质素的选择性降解效率。